Linear Algebra

これからの線形代数

3重対角化，特異値分解，一般逆行列

藤岡　敦　ATSUSHI FUJIOKA

森北出版

はじめに

線形代数は微分積分と並んで，数学を用いるさまざまな場面で非常に多く現れる．そのため，理工系のような数学的知識が必要とされる分野を志す学生は，大学入学後の早い段階で線形代数に関する授業を履修するのが常である．通常，1年かけて行われる入門的な線形代数の授業であれば，行列の計算，連立1次方程式，行列式といった行列に関する基礎的内容のほか，やや抽象度の高い，ベクトル空間，線形写像，正方行列の対角化といった内容を扱うだろう．とくに，対角化に関しては，対称行列の直交行列による対角化を最終目標とすることが多い．さらに線形代数について学ぶのであれば，ジョルダン標準形や正規行列の対角化のほか，双対空間やテンソル空間などについて理解することが目標となる．このような発展的内容についても，程度の差こそあれ，その先の数学を理解するうえでほぼ必須のものであるといえる．

しかしながら，線形代数は長年にわたって多くの大学などで教えられてきた，こういった内容だけにはとどまらない．たとえば，上述の流れに沿えば，行列は線形写像の表現行列として語られることが多いであろうが，行列は数値として表されたデータを並べたものという側面ももつ．このことから，行列は工学や統計学といったさまざまな分野に現れることになるのであるが，計算機などを用いてデータを分析する際には，計算の速度や精度といった，上述の伝統的な線形代数では触れずにいた観点がとても重要な問題となる．

このような背景のもと，本書は伝統的な線形代数の教科書とは一線を画すこととし，数学の中だけにはとどまらない応用を意識した題材を扱うこととした．本書の内容は，おおむね以下のとおりである．まず，本書に現れるベクトル空間はほとんどの場合，ユークリッド空間かその部分空間であり，また，直交行列はとても重要な役割を果たす．そこで，第1章では準備としてユークリッド空間と直交行列を扱う．続いて，第2章では，直交行列の幾何学的な意味を述べるための準備をするとともに，行列の簡約化や連立1次方程式，さらにQR分解を扱う．続いて，第3章では，正方行列の対角化や対称行列の直交行列による対角化について述べた後，通常の線形代数の授業では扱われることの少ない正方行列の直交行列によるヘッセンベルク化や対称行列の直交行列による3重対角化について述べる．第3章の第2節までの内容は，ユークリッド空間の等長変換やQR分解に関する事項を除けば，伝統的な線形代数でも扱われることが多く，ある程度の知識は前提としており，簡単な復習の意味も兼ねている．第4章では，正方行列とは限らない一般的なサイズの行列に対して，特異値分解の存在を示し，関連する話題として，最小2乗法と主成分分析について述べる．さらに，逆行列の一般化である一般逆行列についても扱う．

3重対角化，特異値分解，一般逆行列などに関する計算は，基本的に人間ではなく計算機が行うものであるが，本書では手計算のしやすさも意識しつつ，関連する問いや章末問題を，巻末の詳細な解答とともに用意した．また，著者本人が線形代

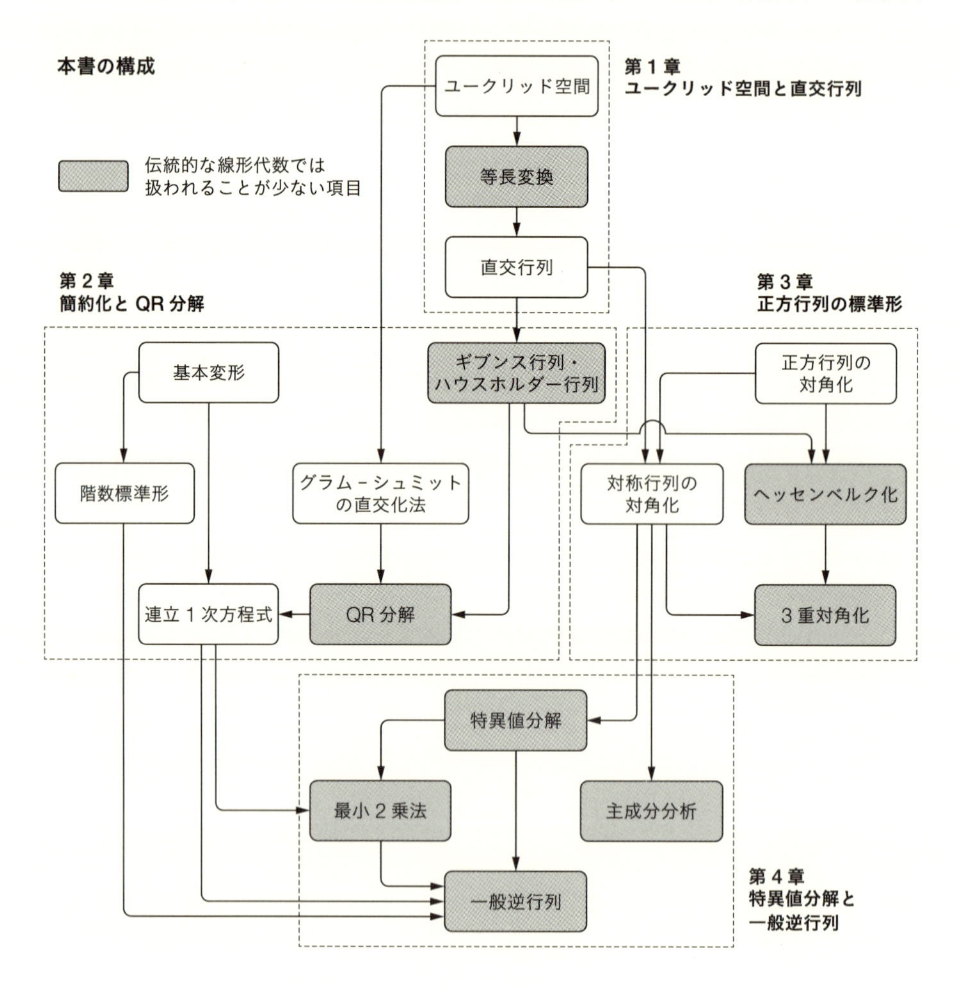

数を数学以外の世界で応用する専門家ではないこともあり，本書は基本的な考え方を述べることが中心となっているが，関連する文献も巻末に挙げておいた．これらも積極的に参考にしてほしい．

本書の執筆にあたり，貴重な意見を寄せてくれた関西大学数学教室の同僚諸氏に感謝する．また，森北出版出版部の藤原祐介氏，大野裕司氏には終始大変お世話になった．この場を借りて心より御礼申し上げたい．

2024 年 10 月

藤岡　敦

目次

第1章 ユークリッド空間と直交行列

本書に現れるベクトル空間は主として実数全体の集合の上の数ベクトル空間であり，さらに，その上に標準内積を考える．このとき，数ベクトル空間はユークリッド空間となり，直交行列は標準内積を保つ線形変換として特徴付けられる．本章では，本書全体を通して重要な役割を果たすユークリッド空間と直交行列に関する基本事項を述べる．

1.1 ユークリッド空間

1.1.1 列ベクトルに対する和とスカラー倍

正の整数 n を固定しておき，実数を成分とする n 次列ベクトルについて考えよう．

まず，$\boldsymbol{x}, \boldsymbol{y}$ を実数を成分とする n 次列ベクトルとする．このとき，$\boldsymbol{x}, \boldsymbol{y}$ は実数 $x_1, x_2, \ldots, x_n, y_1, y_2, \ldots, y_n$ を用いて，

$$\boldsymbol{x} = \begin{pmatrix} x_1 \\ x_2 \\ \vdots \\ x_n \end{pmatrix}, \quad \boldsymbol{y} = \begin{pmatrix} y_1 \\ y_2 \\ \vdots \\ y_n \end{pmatrix} \tag{1.1}$$

と表すことができる．よって，実数に対する通常の和を用いると，$\boldsymbol{x}$ と $\boldsymbol{y}$ の**和** $\boldsymbol{x}+\boldsymbol{y}$ を，実数を成分とする n 次列ベクトルとして，

$$\boldsymbol{x}+\boldsymbol{y} = \begin{pmatrix} x_1+y_1 \\ x_2+y_2 \\ \vdots \\ x_n+y_n \end{pmatrix} \tag{1.2}$$

により定めることができる．

次に，式(1.1)の第1式のように表された$\boldsymbol{x}$を考え，さらにcを実数とする．このとき，実数に対する通常の積を用いると，$\boldsymbol{x}$のc倍$c\boldsymbol{x}$を，実数を成分とするn次列ベクトルとして，

$$c\boldsymbol{x} = \begin{pmatrix} cx_1 \\ cx_2 \\ \vdots \\ cx_n \end{pmatrix} \tag{1.3}$$

により定めることができる．数のことをスカラーともいうことから，この演算は**スカラー倍**とよばれる．

1.1.2　数ベクトル空間

以下では，実数全体の集合を$\mathbf{R}$と表す．また，実数を成分とするn次列ベクトル全体の集合を$\mathbf{R}^n$と表す．すなわち，集合の記号を用いると，

$$\mathbf{R}^n = \left\{ \begin{pmatrix} x_1 \\ x_2 \\ \vdots \\ x_n \end{pmatrix} \middle| \; x_1,\, x_2,\, \ldots,\, x_n \in \mathbf{R} \right\} \tag{1.4}$$

である[1]．$\mathbf{R}^1$は$\mathbf{R}$のことである．また，$\mathbf{R}$，$\mathbf{R}^2$，$\mathbf{R}^3$をそれぞれ直線，平面，空間と同一視することもある（図1.1〜1.3）．

$\mathbf{R}^n$を式(1.4)のように表された単なる集合ではなく，式(1.2)，(1.3)により定められた和とスカラー倍という演算も兼ね備えたものと考えよう．このとき，$\mathbf{R}^n$を**数ベクトル空間**という．数ベクトル空間$\mathbf{R}^n$に対して，次がなりたつことがわかる．

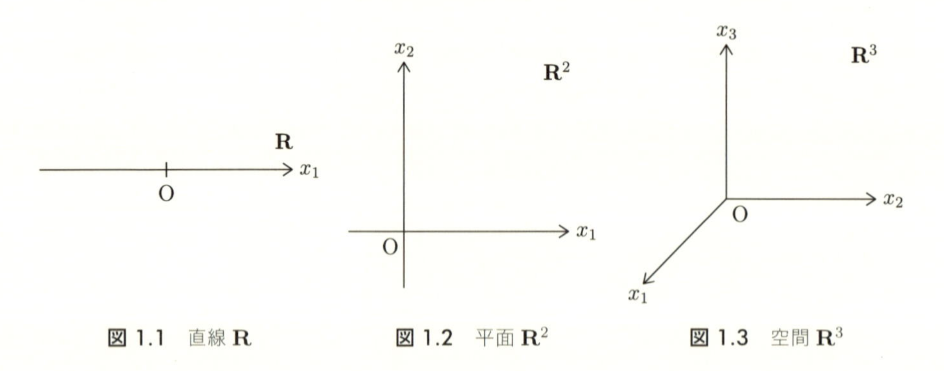

図1.1　直線$\mathbf{R}$　　図1.2　平面$\mathbf{R}^2$　　図1.3　空間$\mathbf{R}^3$

1）n次行ベクトル全体の集合を$\mathbf{R}^n$と表すこともある．

定理 1.1 $\boldsymbol{x}, \boldsymbol{y}, \boldsymbol{z} \in \mathbf{R}^n$，$c, d \in \mathbf{R}$ とすると，次の(1)〜(8)がなりたつ．

（1）$\boldsymbol{x}+\boldsymbol{y}=\boldsymbol{y}+\boldsymbol{x}$（和の**交換律**）

（2）$(\boldsymbol{x}+\boldsymbol{y})+\boldsymbol{z}=\boldsymbol{x}+(\boldsymbol{y}+\boldsymbol{z})$（和の**結合律**）

（3）すべての成分が0となる $\mathbf{R}^n$ の元を $\mathbf{0}$ とおくと，任意の $\boldsymbol{x}$ に対して，$\boldsymbol{x}+\mathbf{0}=\mathbf{0}+\boldsymbol{x}=\boldsymbol{x}$ となる．この $\mathbf{0}$ を**零ベクトル**という．

（4）$c(d\boldsymbol{x})=(cd)\boldsymbol{x}$（スカラー倍の**結合律**）

（5）$(c+d)\boldsymbol{x}=c\boldsymbol{x}+d\boldsymbol{x}$（**分配律**）

（6）$c(\boldsymbol{x}+\boldsymbol{y})=c\boldsymbol{x}+c\boldsymbol{y}$（**分配律**）

（7）$1\boldsymbol{x}=\boldsymbol{x}$

（8）$0\boldsymbol{x}=\mathbf{0}$

1.1.3 ベクトル空間

ここで，数ベクトル空間を一般化した概念であるベクトル空間について簡単に述べておこう．

定義 1.1 V を集合とし，$\boldsymbol{x}, \boldsymbol{y} \in V$，$c \in \mathbf{R}$ に対して，$\boldsymbol{x}$ と $\boldsymbol{y}$ の和 $\boldsymbol{x}+\boldsymbol{y} \in V$ および $\boldsymbol{x}$ の c 倍 $c\boldsymbol{x} \in V$ が定められているとする．$\boldsymbol{x}, \boldsymbol{y}, \boldsymbol{z} \in V$，$c, d \in \mathbf{R}$ とすると，次の(1)〜(8)がなりたつとき，V を $\mathbf{R}$ 上の**ベクトル空間**または**線形空間**という．また，V の元を**ベクトル**ともいう．

（1）$\boldsymbol{x}+\boldsymbol{y}=\boldsymbol{y}+\boldsymbol{x}$（和の**交換律**）

（2）$(\boldsymbol{x}+\boldsymbol{y})+\boldsymbol{z}=\boldsymbol{x}+(\boldsymbol{y}+\boldsymbol{z})$（和の**結合律**）

（3）ある特別な元 $\mathbf{0} \in V$ が存在し，任意の $\boldsymbol{x}$ に対して，$\boldsymbol{x}+\mathbf{0}=\mathbf{0}+\boldsymbol{x}=\boldsymbol{x}$ となる．この $\mathbf{0}$ を**零ベクトル**という．

（4）$c(d\boldsymbol{x})=(cd)\boldsymbol{x}$（スカラー倍の**結合律**）

（5）$(c+d)\boldsymbol{x}=c\boldsymbol{x}+d\boldsymbol{x}$（**分配律**）

（6）$c(\boldsymbol{x}+\boldsymbol{y})=c\boldsymbol{x}+c\boldsymbol{y}$（**分配律**）

（7）$1\boldsymbol{x}=\boldsymbol{x}$

（8）$0\boldsymbol{x}=\mathbf{0}$

注意 1.1 複素数全体の集合を $\mathbf{C}$ と表す．定義 1.1 において，$\mathbf{R}$ とした部分をすべて $\mathbf{C}$ に置き換えると，$\mathbf{C}$ 上のベクトル空間の定義が得られる．本書では，とくに断らない限り，$\mathbf{R}$ 上のベクトル空間を考え，これを単にベクトル空間ということにする．

数ベクトル空間 $\mathbf{R}^n$ はベクトル空間であり，その零ベクトル $\mathbf{0}$ は定理 1.1 (3) で定めたものである．■

X を空でない集合とし，X を定義域とする実数値関数全体の集合を $F(X)$ とおく．次の問いに答えよ．

（1）$f, g \in F(X)$ とすると，$\mathbf{R}$ に対する通常の和を用いて，f と g の和 $f+g \in F(X)$ を

$$(f+g)(x) = f(x) + g(x) \quad (x \in X) \tag{1.5}$$

により定めることができる．このとき，$F(X)$ は定義 1.1 の条件(1)をみたすことを示せ．

（2）$f \in F(X)$，$c \in \mathbf{R}$ とすると，$\mathbf{R}$ に対する通常の積を用いて，f の c 倍 $cf \in F(X)$ を

$$(cf)(x) = cf(x) \quad (x \in X) \tag{1.6}$$

により定めることができる．このとき，$F(X)$ は定義 1.1 の条件(4)をみたすことを示せ．

解説　まず，関数の一般化である写像に関して，二つの写像が等しいということの定義を確認しておこう．X_1, X_2, Y_1, Y_2 を空でない集合，$f\colon X_1 \to Y_1$，$g\colon X_2 \to Y_2$ を写像とする．このとき，$f = g$ であるとは，$X_1 = X_2$ かつ $Y_1 = Y_2$ であり，この二つの条件のもとで任意の $x \in X_1$ $(= X_2)$ に対して $f(x) = g(x)$ であることをいう．なお，二つの写像が等しいことを示す際に，はじめの二つの条件については，みたされることがほとんど明らかである場合はわざわざ述べないことも多い．

(1) $f, g \in F(X)$，$x \in X$ とする．$\mathbf{R}$ に対する和については交換律がなりたつことに注意すると，式(1.5)より，

$$(f+g)(x) = f(x) + g(x) = g(x) + f(x) = (g+f)(x) \tag{1.7}$$

となる．よって，x は X の任意の元であることから，$f+g = g+f$ である．したがって，$F(X)$ は定義 1.1 の条件(1)をみたす．

(2) $f \in F(X)$，$c, d \in \mathbf{R}$，$x \in X$ とする．$\mathbf{R}$ に対する積については結合律がなりたつことに注意すると，式(1.6)より，

$$(c(df))(x) = c(df)(x) = c(df(x)) = (cd)(f(x)) = ((cd)f)(x) \tag{1.8}$$

となる．よって，x は X の任意の元であることから，$c(df) = (cd)f$ である．したがって，$F(X)$ は定義 1.1 の条件(4)をみたす．■

問 1.1 例題 1.1 について，次の問いに答えよ．

（1）$F(X)$ は定義 1.1 の条件(2)をみたすことを示せ．

（2）任意の $x \in X$ に対して 0 となる $F(X)$ の元を $\mathbf{0}$ と表す．このとき，定義 1.1 の条件(3)がなりたち，$\mathbf{0}$ は $F(X)$ の零ベクトルとなることを示せ．

（3）$F(X)$ は定義 1.1 の条件(5)をみたすことを示せ．

（4）$F(X)$ は定義 1.1 の条件(6)をみたすことを示せ．

（5）$F(X)$ は定義 1.1 の条件(7)，(8)をみたすことを示せ．

補足 例題 1.1 と問 1.1 より，$F(X)$ はベクトル空間となる．

1.1.4 標準内積とユークリッド空間

数ベクトル空間 $\mathbf{R}^n$ に対しては，標準内積とよばれるものをしばしば考える．$\mathbf{R}^n$ の**標準内積** $\langle\ ,\ \rangle$ は，$\mathbf{R}^n$ と $\mathbf{R}^n$ の直積 $\mathbf{R}^n \times \mathbf{R}^n$ で定義された実数値関数であり[2]，式(1.1)のように表された $\boldsymbol{x}, \boldsymbol{y} \in \mathbf{R}^n$ に対して，

$$\langle \boldsymbol{x}, \boldsymbol{y} \rangle = x_1 y_1 + x_2 y_2 + \cdots + x_n y_n \tag{1.9}$$

とおくことにより定められる．

例 1.2 $\mathbf{R}^n$ の零ベクトル $\mathbf{0}$ の成分はすべて 0 である➡定理 1.1(3)．よって，$\boldsymbol{x} \in \mathbf{R}^n$ とすると，式(1.9)より，

$$\langle \mathbf{0}, \boldsymbol{x} \rangle = \langle \boldsymbol{x}, \mathbf{0} \rangle = 0 \tag{1.10}$$

である．

$\mathbf{R}^n$ の標準内積に関して，次がなりたつことがわかる．

定理 1.2 $\boldsymbol{x}, \boldsymbol{y}, \boldsymbol{z} \in \mathbf{R}^n$，$c \in \mathbf{R}$ とすると，次の(1)〜(4)がなりたつ．

（1）$\langle \boldsymbol{x}, \boldsymbol{y} \rangle = \langle \boldsymbol{y}, \boldsymbol{x} \rangle$ （**対称性**）

（2）$\langle \boldsymbol{x} + \boldsymbol{y}, \boldsymbol{z} \rangle = \langle \boldsymbol{x}, \boldsymbol{z} \rangle + \langle \boldsymbol{y}, \boldsymbol{z} \rangle$，$\langle \boldsymbol{x}, \boldsymbol{y} + \boldsymbol{z} \rangle = \langle \boldsymbol{x}, \boldsymbol{y} \rangle + \langle \boldsymbol{x}, \boldsymbol{z} \rangle$ （**線形性**）

（3）$\langle c\boldsymbol{x}, \boldsymbol{y} \rangle = \langle \boldsymbol{x}, c\boldsymbol{y} \rangle = c\langle \boldsymbol{x}, \boldsymbol{y} \rangle$ （**線形性**）

（4）$\langle \boldsymbol{x}, \boldsymbol{x} \rangle \geq 0$ であり，$\langle \boldsymbol{x}, \boldsymbol{x} \rangle = 0$ となるのは $\boldsymbol{x} = \mathbf{0}$ のときに限る．（**正値性**）

2）要するに，$\mathbf{R}^n$ の二つの元を変数とする実数値関数である，ということである．

例 1.3　$\boldsymbol{x}_1, \boldsymbol{x}_2, \boldsymbol{y}_1, \boldsymbol{y}_2 \in \mathbf{R}^n$, $c_1, c_2, d_1, d_2 \in \mathbf{R}$ とする．このとき，$\mathbf{R}^n$ の標準内積の線形性➲定理 1.2 (2), (3) より，

$$\begin{aligned}\langle c_1\boldsymbol{x}_1 + c_2\boldsymbol{x}_2, d_1\boldsymbol{y}_1 + d_2\boldsymbol{y}_2\rangle &= \langle c_1\boldsymbol{x}_1, d_1\boldsymbol{y}_1 + d_2\boldsymbol{y}_2\rangle + \langle c_2\boldsymbol{x}_2, d_1\boldsymbol{y}_1 + d_2\boldsymbol{y}_2\rangle \\ &= \langle c_1\boldsymbol{x}_1, d_1\boldsymbol{y}_1\rangle + \langle c_1\boldsymbol{x}_1, d_2\boldsymbol{y}_2\rangle + \langle c_2\boldsymbol{x}_2, d_1\boldsymbol{y}_1\rangle + \langle c_2\boldsymbol{x}_2, d_2\boldsymbol{y}_2\rangle \\ &= c_1\langle \boldsymbol{x}_1, d_1\boldsymbol{y}_1\rangle + c_1\langle \boldsymbol{x}_1, d_2\boldsymbol{y}_2\rangle + c_2\langle \boldsymbol{x}_2, d_1\boldsymbol{y}_1\rangle + c_2\langle \boldsymbol{x}_2, d_2\boldsymbol{y}_2\rangle \\ &= c_1d_1\langle \boldsymbol{x}_1, \boldsymbol{y}_1\rangle + c_1d_2\langle \boldsymbol{x}_1, \boldsymbol{y}_2\rangle + c_2d_1\langle \boldsymbol{x}_2, \boldsymbol{y}_1\rangle + c_2d_2\langle \boldsymbol{x}_2, \boldsymbol{y}_2\rangle \qquad (1.11)\end{aligned}$$

となる．すなわち，

$$\begin{aligned}\langle c_1\boldsymbol{x}_1 + c_2\boldsymbol{x}_2, d_1\boldsymbol{y}_1 + d_2\boldsymbol{y}_2\rangle = c_1d_1\langle \boldsymbol{x}_1, \boldsymbol{y}_1\rangle + c_1d_2\langle \boldsymbol{x}_1, \boldsymbol{y}_2\rangle \\ + c_2d_1\langle \boldsymbol{x}_2, \boldsymbol{y}_1\rangle + c_2d_2\langle \boldsymbol{x}_2, \boldsymbol{y}_2\rangle \qquad (1.12)\end{aligned}$$

である．これも，標準内積の線形性という．■

数ベクトル空間 $\mathbf{R}^n$ を単なるベクトル空間ではなく，標準内積 $\langle\ ,\ \rangle$ も兼ね備えたものと考えよう．このとき，$\mathbf{R}^n$ を**ユークリッド空間**という．以下では，とくに断らない限り，ユークリッド空間としての $\mathbf{R}^n$ を考える．

1.1.5　ユークリッド空間のノルム

標準内積を用いることにより，ユークリッド空間 $\mathbf{R}^n$ に対してノルムとよばれるものを考えることができる．$\mathbf{R}^n$ の**ノルム** $\|\ \|$ は，$\mathbf{R}^n$ で定義された実数値関数であり，

$$\|\boldsymbol{x}\| = \sqrt{\langle \boldsymbol{x}, \boldsymbol{x}\rangle} \qquad (\boldsymbol{x} \in \mathbf{R}^n) \qquad (1.13)$$

により定められる．とくに，$\boldsymbol{x}$ を式 (1.1) の第1式のように表しておくと，式 (1.9) より，

$$\|\boldsymbol{x}\| = \sqrt{x_1^2 + x_2^2 + \cdots + x_n^2} \qquad (1.14)$$

である．$\|\boldsymbol{x}\|$ を $\boldsymbol{x}$ の**大きさ**または**ノルム**という．$\mathbf{R}^n$ のノルムに関して，次がなりたつ．

定理 1.3　$\boldsymbol{x}, \boldsymbol{y} \in \mathbf{R}^n$, $c \in \mathbf{R}$ とすると，次の (1)〜(4) がなりたつ．

(1) $\|\boldsymbol{x}\| \geq 0$ であり，$\|\boldsymbol{x}\| = 0$ となるのは $\boldsymbol{x} = \boldsymbol{0}$ のときに限る．（**正値性**）

(2) $\|c\boldsymbol{x}\| = |c|\|\boldsymbol{x}\|$．ただし，$|\ |$ は実数に対する絶対値を表す．

(3) $|\langle \boldsymbol{x}, \boldsymbol{y}\rangle| \leq \|\boldsymbol{x}\|\|\boldsymbol{y}\|$（**コーシー－シュワルツの不等式**）

（4）$\|\boldsymbol{x}+\boldsymbol{y}\| \leq \|\boldsymbol{x}\|+\|\boldsymbol{y}\|$（**三角不等式**）

証明　(1)〜(3)については，標準内積の性質やノルムの定義を用いて示すこともできるが，ここでは議論が抽象的になるのを避け，式(1.9)や式(1.14)を用いることにする．

(1)　まず，式(1.14)より，$\|\boldsymbol{x}\| \geq 0$ である．さらに，$\boldsymbol{x}$ を式(1.1)の第1式のように表しておくと，式(1.14)より，$\|\boldsymbol{x}\| = 0$ となるのは

$$x_1^2 + x_2^2 + \cdots + x_n^2 = 0 \tag{1.15}$$

のとき，すなわち，

$$x_1 = x_2 = \cdots = x_n = 0 \tag{1.16}$$

より，$\boldsymbol{x} = \mathbf{0}$ のときに限る．よって，(1)がなりたつ．

(2)　$\boldsymbol{x}$ を式(1.1)の第1式のように表しておくと，式(1.3)，(1.14)より，

$$\begin{aligned}\|c\boldsymbol{x}\| &= \sqrt{(cx_1)^2 + (cx_2)^2 + \cdots + (cx_n)^2} = \sqrt{c^2(x_1^2 + x_2^2 + \cdots + x_n^2)} \\ &= |c|\sqrt{x_1^2 + x_2^2 + \cdots + x_n^2} = |c|\|\boldsymbol{x}\|\end{aligned} \tag{1.17}$$

となる．よって，(2)がなりたつ．

(3)　まず，$\boldsymbol{x} = \mathbf{0}$ のとき，式(1.10)および(1)より，(3)の両辺はともに0となり，等しい．

次に，$\boldsymbol{x} \neq \mathbf{0}$ のとき，$\boldsymbol{x}, \boldsymbol{y}$ を式(1.1)のように表しておくと，任意の $t \in \mathbf{R}$ に対して，不等式

$$(x_1 t + y_1)^2 + (x_2 t + y_2)^2 + \cdots + (x_n t + y_n)^2 \geq 0 \tag{1.18}$$

すなわち，

$$(x_1^2 + x_2^2 + \cdots + x_n^2)t^2 + 2(x_1 y_1 + x_2 y_2 + \cdots + x_n y_n)t + y_1^2 + y_2^2 + \cdots + y_n^2 \geq 0 \tag{1.19}$$

がなりたつ．さらに，式(1.9)，(1.14)より，式(1.19)は

$$\|\boldsymbol{x}\|^2 t^2 + 2\langle \boldsymbol{x}, \boldsymbol{y} \rangle t + \|\boldsymbol{y}\|^2 \geq 0 \tag{1.20}$$

となる．ここで，(1)より，$\|\boldsymbol{x}\| > 0$ なので，式(1.20)の左辺は t の2次式である．よって，

$$\frac{1}{4}\,(\text{判別式}) = \langle \boldsymbol{x}, \boldsymbol{y} \rangle^2 - \|\boldsymbol{x}\|^2 \|\boldsymbol{y}\|^2 \leq 0 \tag{1.21}$$

すなわち，

$$\langle \boldsymbol{x}, \boldsymbol{y} \rangle^2 \leq \|\boldsymbol{x}\|^2 \|\boldsymbol{y}\|^2 \tag{1.22}$$

である．さらに，(1)に注意すると，(3)が得られる．

したがって，(3)がなりたつ．

(4) ノルムの定義➲式(1.13)，標準内積の線形性➲式(1.12)，標準内積の対称性➲定理1.2(1)，(3)より，

$$\begin{aligned}\|\boldsymbol{x}+\boldsymbol{y}\|^2 &= \langle \boldsymbol{x}+\boldsymbol{y}, \boldsymbol{x}+\boldsymbol{y}\rangle = \langle \boldsymbol{x},\boldsymbol{x}\rangle + \langle \boldsymbol{x},\boldsymbol{y}\rangle + \langle \boldsymbol{y},\boldsymbol{x}\rangle + \langle \boldsymbol{y},\boldsymbol{y}\rangle \\ &= \|\boldsymbol{x}\|^2 + 2\langle \boldsymbol{x},\boldsymbol{y}\rangle + \|\boldsymbol{y}\|^2 \leq \|\boldsymbol{x}\|^2 + 2\|\boldsymbol{x}\|\|\boldsymbol{y}\| + \|\boldsymbol{y}\|^2 \\ &= (\|\boldsymbol{x}\| + \|\boldsymbol{y}\|)^2 \end{aligned} \tag{1.23}$$

となる．すなわち，

$$\|\boldsymbol{x}+\boldsymbol{y}\|^2 \leq (\|\boldsymbol{x}\| + \|\boldsymbol{y}\|)^2 \tag{1.24}$$

である．さらに，(1)に注意すると，(4)が得られる． □

1.1.6 平面ベクトル

ここで，$\mathbf{R}^2$ を例にして，ユークリッド空間を幾何学的なイメージで捉えておこう．まず，$\mathbf{R}^2$ を平面と同一視しておく➲図1.2．このとき，$\mathbf{R}^2$ の点 $\boldsymbol{x} = \begin{pmatrix} x_1 \\ x_2 \end{pmatrix} \in \mathbf{R}^2$ は，原点 $\mathrm{O} = \mathbf{0} = \begin{pmatrix} 0 \\ 0 \end{pmatrix}$ を始点とし，$\begin{pmatrix} x_1 \\ x_2 \end{pmatrix}$ を終点とする平面ベクトルとみなすことができる（図1.4）．さらに，式(1.14)より，$\boldsymbol{x}$ の大きさ $\|\boldsymbol{x}\|$ は対応する平面ベクトルの大きさとなる．

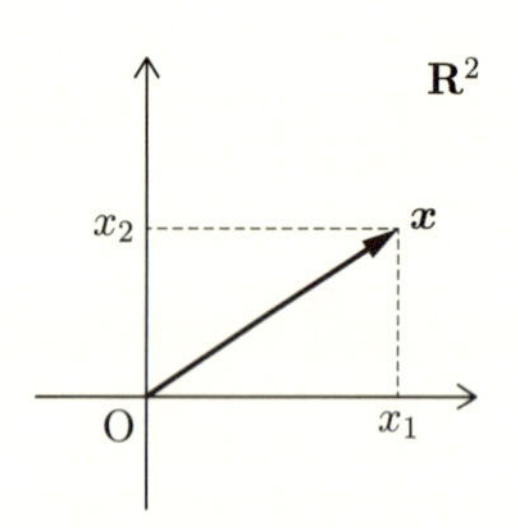

図 1.4　平面ベクトル

そこで，$\boldsymbol{a} = \begin{pmatrix} a_1 \\ a_2 \end{pmatrix}, \boldsymbol{b} = \begin{pmatrix} b_1 \\ b_2 \end{pmatrix} \in \mathbf{R}^2$ とし，$\boldsymbol{a}$，$\boldsymbol{b}$ を上のように平面ベクトルとみなし，$\boldsymbol{a}$ と $\boldsymbol{b}$ のなす角を θ とする．ただし，$0 \leq \theta \leq \pi$ である．このとき，

$$\langle \boldsymbol{a}, \boldsymbol{b}\rangle = \|\boldsymbol{a}\|\|\boldsymbol{b}\| \cos\theta \tag{1.25}$$

であることを示そう．

$\boldsymbol{a} = \mathbf{0}$ または $\boldsymbol{b} = \mathbf{0}$ のとき，式(1.10)およびノルムの正値性➲定理1.3(1)より，式(1.25)の両辺はともに0となる．よって，式(1.25)がなりたつ．

$\boldsymbol{a}, \boldsymbol{b} \neq \boldsymbol{0}$ かつ $\theta = 0$ のとき，ある $c > 0$ が存在し，$\boldsymbol{b} = c\boldsymbol{a}$ となる（図 1.5）．よって，標準内積の線形性 ➲定理 1.2 (3) およびノルムの定義 ➲式 (1.13) より，

$$\langle \boldsymbol{a}, \boldsymbol{b} \rangle = \langle \boldsymbol{a}, c\boldsymbol{a} \rangle = c\langle \boldsymbol{a}, \boldsymbol{a} \rangle = c\|\boldsymbol{a}\|^2 \tag{1.26}$$

となる．また，定理 1.3 (2) より，

$$\|\boldsymbol{a}\|\|\boldsymbol{b}\| \cos\theta = \|\boldsymbol{a}\|\|c\boldsymbol{a}\| \cos 0 = c\|\boldsymbol{a}\|^2 \tag{1.27}$$

となる．したがって，式 (1.25) がなりたつ．

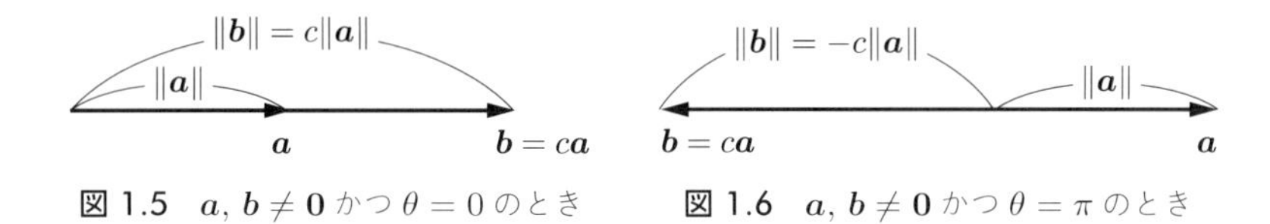

図 1.5 $\boldsymbol{a}, \boldsymbol{b} \neq \boldsymbol{0}$ かつ $\theta = 0$ のとき　図 1.6 $\boldsymbol{a}, \boldsymbol{b} \neq \boldsymbol{0}$ かつ $\theta = \pi$ のとき

$\boldsymbol{a}, \boldsymbol{b} \neq \boldsymbol{0}$ かつ $\theta = \pi$ のとき，ある $c < 0$ が存在し，$\boldsymbol{b} = c\boldsymbol{a}$ となる（図 1.6）．よって，

$$\langle \boldsymbol{a}, \boldsymbol{b} \rangle = \langle \boldsymbol{a}, c\boldsymbol{a} \rangle = c\langle \boldsymbol{a}, \boldsymbol{a} \rangle = c\|\boldsymbol{a}\|^2 \tag{1.28}$$

となる．また，

$$\|\boldsymbol{a}\|\|\boldsymbol{b}\| \cos\theta = \|\boldsymbol{a}\|\|c\boldsymbol{a}\| \cos\pi = -|c|\|\boldsymbol{a}\|^2 = c\|\boldsymbol{a}\|^2 \tag{1.29}$$

となる．したがって，式 (1.25) がなりたつ．

$\boldsymbol{a}, \boldsymbol{b} \neq \boldsymbol{0}$ かつ $0 < \theta < \pi$ のとき，$\boldsymbol{a}$，$\boldsymbol{b}$ を二辺とする三角形に対して余弦定理を用いると，

$$\|\boldsymbol{a} - \boldsymbol{b}\|^2 = \|\boldsymbol{a}\|^2 + \|\boldsymbol{b}\|^2 - 2\|\boldsymbol{a}\|\|\boldsymbol{b}\| \cos\theta \tag{1.30}$$

である[3]（図 1.7）．すなわち，式 (1.14) より，

$$(a_1 - b_1)^2 + (a_2 - b_2)^2 = a_1^2 + a_2^2 + b_1^2 + b_2^2 - 2\|\boldsymbol{a}\|\|\boldsymbol{b}\| \cos\theta \tag{1.31}$$

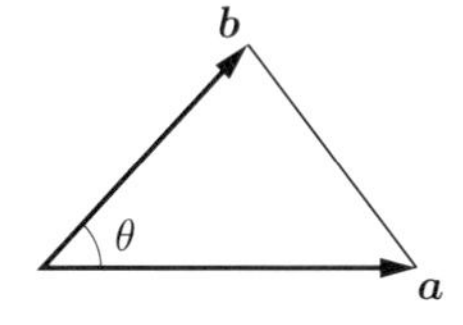

図 1.7 $\boldsymbol{a}$，$\boldsymbol{b}$ を二辺とする三角形

3) 通常の数の演算の場合と同様に，$\boldsymbol{a} - \boldsymbol{b}$ とは $\boldsymbol{a} + (-1)\boldsymbol{b}$ のことである．

となる．よって，

$$a_1b_1 + a_2b_2 = \|\boldsymbol{a}\|\|\boldsymbol{b}\|\cos\theta \tag{1.32}$$

すなわち，式(1.9)より，式(1.25)がなりたつ．

とくに，$\boldsymbol{a}, \boldsymbol{b} \neq \boldsymbol{0}$ のとき，$\boldsymbol{a}$ と $\boldsymbol{b}$ が直交する，すなわち，$\theta = \dfrac{\pi}{2}$ となるのは，$\langle \boldsymbol{a}, \boldsymbol{b} \rangle = 0$ のときである．

1.2 等長変換と直交行列

1.2.1 ユークリッド距離

ユークリッド空間 $\mathbf{R}^n$ のノルムを用いることにより，ユークリッド距離とよばれるものを考えることができる．$\mathbf{R}^n$ の**ユークリッド距離** d は，$\mathbf{R}^n \times \mathbf{R}^n$ で定義された実数値関数であり，

$$d(\boldsymbol{x}, \boldsymbol{y}) = \|\boldsymbol{x} - \boldsymbol{y}\| \quad (\boldsymbol{x}, \boldsymbol{y} \in \mathbf{R}^n) \tag{1.33}$$

により定められる．とくに，$\boldsymbol{x}$, $\boldsymbol{y}$ を式(1.1)のように表しておくと，式(1.14)より，

$$d(\boldsymbol{x}, \boldsymbol{y}) = \sqrt{(x_1 - y_1)^2 + (x_2 - y_2)^2 + \cdots + (x_n - y_n)^2} \tag{1.34}$$

である．すなわち，$d(\boldsymbol{x}, \boldsymbol{y})$ は三平方の定理を用いて得られる，点 $\boldsymbol{x}$ と点 $\boldsymbol{y}$ を結ぶ線分の長さを表す（図 1.8）．$d(\boldsymbol{x}, \boldsymbol{y})$ を，$\boldsymbol{x}$ と $\boldsymbol{y}$ の**ユークリッド距離**という．$\mathbf{R}^n$ のユークリッド距離に関して，次がなりたつ．

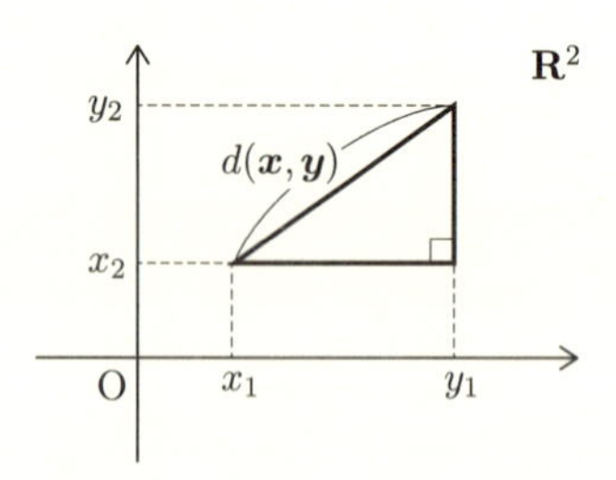

図 1.8　$\mathbf{R}^2$ のユークリッド距離

定理 1.4 $\boldsymbol{x}, \boldsymbol{y}, \boldsymbol{z} \in \mathbf{R}^n$ とすると，次の(1)〜(3)がなりたつ．

(1) $d(\boldsymbol{x},\boldsymbol{y}) \geq 0$ であり，$d(\boldsymbol{x},\boldsymbol{y}) = 0$ となるのは $\boldsymbol{x} = \boldsymbol{y}$ のときに限る．（**正値性**）

(2) $d(\boldsymbol{x},\boldsymbol{y}) = d(\boldsymbol{y},\boldsymbol{x})$（**対称性**）

(3) $d(\boldsymbol{x},\boldsymbol{z}) \leq d(\boldsymbol{x},\boldsymbol{y}) + d(\boldsymbol{y},\boldsymbol{z})$（**三角不等式**）

証明 (1)，(2)のみ示し，(3)の証明は問 1.2 とする．

(1) ユークリッド距離の定義➲式 (1.33) およびノルムの正値性➲定理 1.3 (1) より，

$$d(\boldsymbol{x},\boldsymbol{y}) = \|\boldsymbol{x}-\boldsymbol{y}\| \geq 0 \tag{1.35}$$

である．また，$d(\boldsymbol{x},\boldsymbol{y}) = 0$ となるのは

$$\|\boldsymbol{x}-\boldsymbol{y}\| = 0 \tag{1.36}$$

となるとき，すなわち，$\boldsymbol{x}-\boldsymbol{y} = \mathbf{0}$ より，$\boldsymbol{x} = \boldsymbol{y}$ のときに限る．

(2) ユークリッド距離の定義➲式 (1.33) および定理 1.3 (2) より，

$$d(\boldsymbol{x},\boldsymbol{y}) = \|\boldsymbol{x}-\boldsymbol{y}\| = \|(-1)(\boldsymbol{y}-\boldsymbol{x})\| = |-1|\|\boldsymbol{y}-\boldsymbol{x}\| = d(\boldsymbol{y},\boldsymbol{x}) \tag{1.37}$$

となる．すなわち，(2)がなりたつ． □

問 1.2 定理 1.4 (3) を示せ．

注意 1.2 一般に，空でない集合 X に対して，実数値関数 $d\colon X \times X \to \mathbf{R}$ が定理 1.4 の条件(1)〜(3)をみたすとき，組 (X, d) を**距離空間**という．

1.2.2 等長変換

$\mathbf{R}^n$ のユークリッド距離を考えると，$\mathbf{R}^n$ から $\mathbf{R}^n$ 自身への特別な写像として，等長変換とよばれるものを定めることができる．

定義 1.2 $f\colon \mathbf{R}^n \to \mathbf{R}^n$ を写像とする．次の(1)〜(3)がなりたつとき，f を $\mathbf{R}^n$ の**等長変換**または**合同変換**という（図 1.9）．

(1) f は全射である，すなわち，任意の $\boldsymbol{y} \in \mathbf{R}^n$ に対して，ある $\boldsymbol{x} \in \mathbf{R}^n$ が存在し，$\boldsymbol{y} = f(\boldsymbol{x})$ となる．

(2) f は単射である，すなわち，$\boldsymbol{x}_1, \boldsymbol{x}_2 \in \mathbf{R}^n$ かつ $\boldsymbol{x}_1 \neq \boldsymbol{x}_2$ ならば，$f(\boldsymbol{x}_1) \neq f(\boldsymbol{x}_2)$ である．あるいは，対偶を考えると，$\boldsymbol{x}_1, \boldsymbol{x}_2 \in \mathbf{R}^n$ かつ $f(\boldsymbol{x}_1) = f(\boldsymbol{x}_2)$ ならば，$\boldsymbol{x}_1 = \boldsymbol{x}_2$ である．

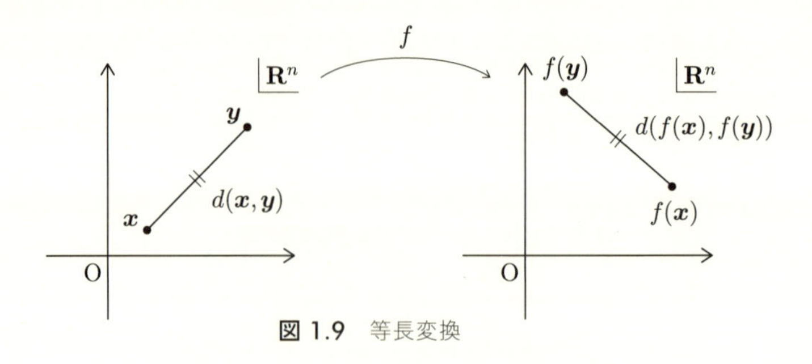

図 1.9　等長変換

（3）f は**ユークリッド距離を保つ**，すなわち，任意の $\boldsymbol{x}$, $\boldsymbol{y} \in \mathbf{R}^n$ に対して，

$$d(f(\boldsymbol{x}), f(\boldsymbol{y})) = d(\boldsymbol{x}, \boldsymbol{y}) \tag{1.38}$$

である．

注意 1.3　距離空間➡注意1.2 の間の写像に対しても，定義 1.2 と同様に等長変換を定めることができる．このとき，条件(2)は条件(3)と距離の正値性➡定理1.4(1) から導かれる．また，後に述べる定理 1.11 の証明からわかるように，$\mathbf{R}^n$ の等長変換の場合には条件(1)も条件(3)から導かれる．写像に関する概念に慣れていないと，定義 1.2 の条件(1)，(2)はわかりにくいかもしれないが，本書では条件(3)のみに注目すればよい．

例 1.4　$1_{\mathbf{R}^n} \colon \mathbf{R}^n \to \mathbf{R}^n$ を $\mathbf{R}^n$ 上の恒等写像とする．すなわち，

$$1_{\mathbf{R}^n}(\boldsymbol{x}) = \boldsymbol{x} \quad (\boldsymbol{x} \in \mathbf{R}^n) \tag{1.39}$$

である．このとき，$1_{\mathbf{R}^n}$ は明らかに定義 1.2 の条件(1)～(3)をみたす．よって，$1_{\mathbf{R}^n}$ は等長変換である．■

1.2.3　転置行列

後で定理 1.11 で示すように，ユークリッド空間の等長変換は，直交行列と列ベクトルを用いて具体的に表すことができる．ここでは，準備として，行列に関する基本的な演算規則などは認めたうえで，転置行列について簡単に述べておこう．

まず，行列 A の転置行列を A^{T} と表す[4]．すなわち，A^{T} は A の行と列を入れ替えて得られる行列であり，A が

4）A の転置行列はほかにも ${}^{\mathrm{T}}A$，A^t，${}^tA$ などと表すこともある．

$$A = \begin{pmatrix} a_{11} & a_{12} & \cdots & a_{1n} \\ a_{21} & a_{22} & \cdots & a_{2n} \\ \vdots & \vdots & \ddots & \vdots \\ a_{m1} & a_{m2} & \cdots & a_{mn} \end{pmatrix} \tag{1.40}$$

と表される $m \times n$ 行列のとき，A^{T} は

$$A^{\mathrm{T}} = \begin{pmatrix} a_{11} & a_{21} & \cdots & a_{m1} \\ a_{12} & a_{22} & \cdots & a_{m2} \\ \vdots & \vdots & \ddots & \vdots \\ a_{1n} & a_{2n} & \cdots & a_{mn} \end{pmatrix} \tag{1.41}$$

と表される $n \times m$ 行列である．

以下では，実数を成分とする $m \times n$ 行列全体の集合を $M_{m,n}(\mathbf{R})$ と表す．さらに，実数を成分とする n 次行列全体の集合を $M_n(\mathbf{R})$ と表す．すなわち，

$$M_n(\mathbf{R}) = M_{n,n}(\mathbf{R}) \tag{1.42}$$

である．

転置行列に関して，次がなりたつことがわかる．

定理 1.5 次の(1)～(4)がなりたつ．

（1）$A \in M_{m,n}(\mathbf{R})$ とすると，$(A^{\mathrm{T}})^{\mathrm{T}} = A$

（2）$A, B \in M_{m,n}(\mathbf{R})$ とすると，$(A+B)^{\mathrm{T}} = A^{\mathrm{T}} + B^{\mathrm{T}}$

（3）$A \in M_{m,n}(\mathbf{R})$，$c \in \mathbf{R}$ とすると，$(cA)^{\mathrm{T}} = cA^{\mathrm{T}}$

（4）$A \in M_{l,m}(\mathbf{R})$，$B \in M_{m,n}(\mathbf{R})$ とすると，$(AB)^{\mathrm{T}} = B^{\mathrm{T}}A^{\mathrm{T}}$

1 次行列 (c) は，スカラー c と同一視することができる．このとき，$\mathbf{R}^n$ の標準内積は転置行列を用いて表すことができる．すなわち，$\boldsymbol{x}, \boldsymbol{y} \in \mathbf{R}^n$ とすると，標準内積の定義➲式 (1.9) および転置行列の定義より，

$$\langle \boldsymbol{x}, \boldsymbol{y} \rangle = \boldsymbol{x}^{\mathrm{T}}\boldsymbol{y} \tag{1.43}$$

である．右辺は行列 $\boldsymbol{x}^{\mathrm{T}} \in M_{1,n}(\mathbf{R})$ と $\boldsymbol{y} \in M_{n,1}(\mathbf{R})$ の積 $\boldsymbol{x}^{\mathrm{T}}\boldsymbol{y} \in M_1(\mathbf{R})$ だが，これをスカラーとみなしているのである．さらに，次がなりたつ．

定理 1.6 $\boldsymbol{x} \in \mathbf{R}^m$，$\boldsymbol{y} \in \mathbf{R}^n$，$A \in M_{m,n}(\mathbf{R})$ とすると，

$$\langle \boldsymbol{x}, A\boldsymbol{y} \rangle = \langle A^{\mathrm{T}}\boldsymbol{x}, \boldsymbol{y} \rangle \tag{1.44}$$

である[5].

証明　式(1.43)および定理1.5 (1)，(4)より，

$$\langle \boldsymbol{x}, A\boldsymbol{y} \rangle = \boldsymbol{x}^{\mathrm{T}}(A\boldsymbol{y}) = \boldsymbol{x}^{\mathrm{T}}(A^{\mathrm{T}})^{\mathrm{T}}\boldsymbol{y} = (A^{\mathrm{T}}\boldsymbol{x})^{\mathrm{T}}\boldsymbol{y} = \langle A^{\mathrm{T}}\boldsymbol{x}, \boldsymbol{y} \rangle \tag{1.45}$$

である．よって，式(1.44)がなりたつ．□

1.2.4　直交行列

次に，直交行列について簡単に述べておこう．

定義 1.3　$A \in M_n(\mathbf{R})$ とする．等式

$$AA^{\mathrm{T}} = A^{\mathrm{T}}A = E_n \tag{1.46}$$

がなりたつとき，A を**直交行列**という．ただし，E_n は n 次単位行列である．

注意 1.4　定義1.3において，式(1.46)より，A を直交行列とすると，A は正則である．すなわち，A の逆行列 A^{-1} が存在する．とくに，$A^{-1} = A^{\mathrm{T}}$ である．

また，逆行列の基本的性質より，直交行列は $AA^{\mathrm{T}} = E_n$ または $A^{\mathrm{T}}A = E_n$ の少なくとも一方をみたす $A \in M_n(\mathbf{R})$ であると定めてもよい．

さらに，定理1.5 (1)より，式(1.46)は

$$A^{\mathrm{T}}(A^{\mathrm{T}})^{\mathrm{T}} = (A^{\mathrm{T}})^{\mathrm{T}}A^{\mathrm{T}} = E_n \tag{1.47}$$

と同値である．よって，A が直交行列ならば，A^{T} も直交行列である．

n 次単位行列 E_n に対して，

$$E_nE_n^{\mathrm{T}} = E_n^{\mathrm{T}} = E_n \tag{1.48}$$

となる．すなわち，$E_nE_n^{\mathrm{T}} = E_n$ である．よって，E_n は直交行列である．■

1次の直交行列は1または -1 であることを示せ．

解説　まず，1次単位行列 E_1 は

$$E_1 = (1) = 1 \tag{1.49}$$

と表される．そこで，直交行列の条件➡式(1.46)に注意し，1次行列 $(x) = x$ についての方

5) 左辺は $\mathbf{R}^m$ の標準内積，右辺は $\mathbf{R}^n$ の標準内積を考えている．

程式

$$x^2 = 1 \tag{1.50}$$

を解くと，$x = \pm 1$ である．よって，1 次の直交行列は 1 または -1 である． ■

問 1.3　2 次の直交行列は，ある $\theta \in [0, 2\pi)$ を用いて[6)]

$$\begin{pmatrix} \cos\theta & \mp\sin\theta \\ \sin\theta & \pm\cos\theta \end{pmatrix} \quad (\text{複号同順}) \tag{1.51}$$

と表されることを示せ．

以下では，n 次の直交行列全体の集合を $\mathrm{O}(n)$ と表す．たとえば，例題 1.2 より，

$$\mathrm{O}(1) = \{\pm 1\} \tag{1.52}$$

である．また，問 1.3 より，

$$\mathrm{O}(2) = \left\{ \begin{pmatrix} \cos\theta & -\sin\theta \\ \sin\theta & \cos\theta \end{pmatrix}, \begin{pmatrix} \cos\theta & \sin\theta \\ \sin\theta & -\cos\theta \end{pmatrix} \middle| \ \theta \in [0, 2\pi) \right\} \tag{1.53}$$

である．

直交行列の基本的性質として，次がなりたつ．

定理 1.7　$A,\ B \in \mathrm{O}(n)$ ならば，$AB \in \mathrm{O}(n)$ である．

証明　行列の積の定義より，$AB \in M_n(\mathbf{R})$ となるので，直交行列の条件➲式 (1.46) を確認すればよい．

直交行列の定義➲定義 1.3 より，

$$AA^{\mathrm{T}} = E_n, \quad BB^{\mathrm{T}} = E_n \tag{1.54}$$

である．よって，定理 1.5 (4) より，

$$(AB)(AB)^{\mathrm{T}} = ABB^{\mathrm{T}}A^{\mathrm{T}} = AE_nA^{\mathrm{T}} = AA^{\mathrm{T}} = E_n \tag{1.55}$$

となる．すなわち，

$$(AB)(AB)^{\mathrm{T}} = E_n \tag{1.56}$$

である．したがって，注意 1.4 より，$AB \in \mathrm{O}(n)$ である． □

---

6)　$a < b$ をみたす $a, b \in \mathbf{R}$ に対して，a 以上 b 未満の実数全体の集合を $[a, b)$ と表す．すなわち，$[a, b) = \{x \in \mathbf{R} \mid a \leq x < b\}$ である．これを**右半開区間**という．また，$(a, b] = \{x \in \mathbf{R} \mid a < x \leq b\}$ とおき，これを**左半開区間**という．

ユークリッド空間の標準内積やノルムを用いて，直交行列の条件➲式 (1.46) を言い換えることができる．

定理 1.8　$A \in M_n(\mathbf{R})$ とすると，次の(1)〜(3)は互いに同値である．

（1）$A \in \mathrm{O}(n)$

（2）A は**ノルムを保つ**，すなわち，任意の $\boldsymbol{x} \in \mathbf{R}^n$ に対して，$\|A\boldsymbol{x}\| = \|\boldsymbol{x}\|$

（3）A は**標準内積を保つ**，すなわち，任意の $\boldsymbol{x}, \boldsymbol{y} \in \mathbf{R}^n$ に対して，$\langle A\boldsymbol{x}, A\boldsymbol{y}\rangle = \langle \boldsymbol{x}, \boldsymbol{y}\rangle$

証明　(1) ⇒ (2)，(2) ⇒ (3)，(3) ⇒ (1) の順に示せばよい．ここでは，(1) ⇒ (2)，(2) ⇒ (3) のみ示し，(3) ⇒ (1) の証明は問 1.4 とする．

(1) ⇒ (2)　ノルムの定義➲式 (1.13)，定理 1.6，(1)および直交行列の定義➲定義 1.3 より，

$$\|A\boldsymbol{x}\| = \sqrt{\langle A\boldsymbol{x}, A\boldsymbol{x}\rangle} = \sqrt{\langle A^{\mathrm{T}}A\boldsymbol{x}, \boldsymbol{x}\rangle} = \sqrt{\langle E_n\boldsymbol{x}, \boldsymbol{x}\rangle} = \sqrt{\langle \boldsymbol{x}, \boldsymbol{x}\rangle} = \|\boldsymbol{x}\| \tag{1.57}$$

となる．よって，(2)がなりたつ．

(2) ⇒ (3)　(2)より，

$$\|A(\boldsymbol{x}+\boldsymbol{y})\| = \|\boldsymbol{x}+\boldsymbol{y}\| \tag{1.58}$$

である．よって，ノルムの定義➲式 (1.13)，標準内積の線形性➲式 (1.12)，標準内積の対称性➲定理 1.2 (1) および(2)より，

$$\begin{aligned}
0 &= \|A(\boldsymbol{x}+\boldsymbol{y})\|^2 - \|\boldsymbol{x}+\boldsymbol{y}\|^2 = \langle A(\boldsymbol{x}+\boldsymbol{y}), A(\boldsymbol{x}+\boldsymbol{y})\rangle - \langle \boldsymbol{x}+\boldsymbol{y}, \boldsymbol{x}+\boldsymbol{y}\rangle \\
&= \langle A\boldsymbol{x}+A\boldsymbol{y}, A\boldsymbol{x}+A\boldsymbol{y}\rangle - \langle \boldsymbol{x}+\boldsymbol{y}, \boldsymbol{x}+\boldsymbol{y}\rangle \\
&= \langle A\boldsymbol{x}, A\boldsymbol{x}\rangle + \langle A\boldsymbol{x}, A\boldsymbol{y}\rangle + \langle A\boldsymbol{y}, A\boldsymbol{x}\rangle + \langle A\boldsymbol{y}, A\boldsymbol{y}\rangle \\
&\quad - \langle \boldsymbol{x}, \boldsymbol{x}\rangle - \langle \boldsymbol{x}, \boldsymbol{y}\rangle - \langle \boldsymbol{y}, \boldsymbol{x}\rangle - \langle \boldsymbol{y}, \boldsymbol{y}\rangle \\
&= \|A\boldsymbol{x}\|^2 + 2\langle A\boldsymbol{x}, A\boldsymbol{y}\rangle + \|A\boldsymbol{y}\|^2 - \|\boldsymbol{x}\|^2 - 2\langle \boldsymbol{x}, \boldsymbol{y}\rangle - \|\boldsymbol{y}\|^2 \\
&= 2(\langle A\boldsymbol{x}, A\boldsymbol{y}\rangle - \langle \boldsymbol{x}, \boldsymbol{y}\rangle)
\end{aligned} \tag{1.59}$$

となる．よって，(3)がなりたつ．　□

問 1.4　定理 1.8 において，(3) ⇒ (1) を示せ．

1.2.5　線形写像

さらに，ベクトル空間の間の線形写像について簡単に述べておこう．

定義 1.4 V, W をベクトル空間, $f: V \to W$ を写像とする. 次の(1), (2)がなりたつとき, f を**線形写像**という. とくに, $V = W$ のときは, f を**線形変換**ともいう.

(1) 任意の $\boldsymbol{x}, \boldsymbol{y} \in V$ に対して, $f(\boldsymbol{x}+\boldsymbol{y}) = f(\boldsymbol{x}) + f(\boldsymbol{y})$

(2) 任意の $\boldsymbol{x} \in V$ および任意の $c \in \mathbf{R}$ に対して, $f(c\boldsymbol{x}) = cf(\boldsymbol{x})$

線形写像の定義➲定義 1.4と数学的帰納法を用いることにより, 次を示すことができる.

定理 1.9 V, W をベクトル空間, $f: V \to W$ を線形写像とし, $\boldsymbol{x}_1, \boldsymbol{x}_2, \ldots, \boldsymbol{x}_n \in V$, $c_1, c_2, \ldots, c_n \in \mathbf{R}$ とする. このとき,

$$f(c_1\boldsymbol{x}_1 + c_2\boldsymbol{x}_2 + \cdots + c_n\boldsymbol{x}_n) = c_1 f(\boldsymbol{x}_1) + c_2 f(\boldsymbol{x}_2) + \cdots + c_n f(\boldsymbol{x}_n) \quad (1.60)$$

である[7].

数ベクトル空間の間の線形写像は, 行列を用いて表すことができる. まず, 次の例題から始めよう.

例題 1.3 $A \in M_{m,n}(\mathbf{R})$ とする. このとき, 行列の積を用いることにより, 写像 $f: \mathbf{R}^n \to \mathbf{R}^m$ を

$$f(\boldsymbol{x}) = A\boldsymbol{x} \quad (\boldsymbol{x} \in \mathbf{R}^n) \quad (1.61)$$

により定めることができる. f は定義 1.4 の条件(1)をみたすことを示せ.

解説 $\boldsymbol{x}, \boldsymbol{y} \in \mathbf{R}^n$ とすると, f の定義➲式 (1.61)より,

$$f(\boldsymbol{x}+\boldsymbol{y}) = A(\boldsymbol{x}+\boldsymbol{y}) = A\boldsymbol{x} + A\boldsymbol{y} = f(\boldsymbol{x}) + f(\boldsymbol{y}) \quad (1.62)$$

となる. よって, f は定義 1.4 の条件(1)をみたす. ■

問 1.5 例題 1.3 において, f は定義 1.4 の条件(2)をみたすことを示せ.

例題 1.3 および問 1.5 より, 式(1.61)により定められる写像 f は, 数ベクトル空間 $\mathbf{R}^n$ から数ベクトル空間 $\mathbf{R}^m$ への線形写像である[8]. 逆に, 次に示すように, 数

7) 和の結合律➲定義 1.1(2)より, たとえば, $(\boldsymbol{x}+\boldsymbol{y})+\boldsymbol{z}$ および $\boldsymbol{x}+(\boldsymbol{y}+\boldsymbol{z})$ はともに $\boldsymbol{x}+\boldsymbol{y}+\boldsymbol{z}$ と表しても構わない.

8) ここでは, ユークリッド空間の標準内積は不要である.

ベクトル空間の間の線形写像は，式(1.61)のように表される．

定理 1.10　$f\colon \mathbf{R}^n \to \mathbf{R}^m$ を線形写像とする．このとき，ある $A \in M_{m,n}(\mathbf{R})$ が存在し，式(1.61)がなりたつ．

証明　$\boldsymbol{e}_1, \boldsymbol{e}_2, \ldots, \boldsymbol{e}_n \in \mathbf{R}^n$ を**基本ベクトル**とする．すなわち，$i = 1, 2, \ldots, n$ に対して，$\boldsymbol{e}_i$ の第 i 成分は 1 であり，その他の成分はすべて 0 である．また，$\boldsymbol{x} \in \mathbf{R}^n$ とする．このとき，$\boldsymbol{x}$ を式(1.1)の第1式のように表しておくと，

$$\boldsymbol{x} = x_1\boldsymbol{e}_1 + x_2\boldsymbol{e}_2 + \cdots + x_n\boldsymbol{e}_n \tag{1.63}$$

である．よって，定理 1.9 より，

$$f(\boldsymbol{x}) = f(x_1\boldsymbol{e}_1 + x_2\boldsymbol{e}_2 + \cdots + x_n\boldsymbol{e}_n) = x_1 f(\boldsymbol{e}_1) + x_2 f(\boldsymbol{e}_2) + \cdots + x_n f(\boldsymbol{e}_n) \tag{1.64}$$

となる．したがって，$A \in M_{m,n}(\mathbf{R})$ を

$$A = (f(\boldsymbol{e}_1)\ f(\boldsymbol{e}_2)\ \cdots\ f(\boldsymbol{e}_n)) \tag{1.65}$$

により定めると，式(1.61)がなりたつ．　□

1.2.6　等長変換の具体的表示

次に述べるように，ユークリッド空間の等長変換は直交行列と列ベクトルを用いて具体的に表すことができる．

定理 1.11　等長変換 $f\colon \mathbf{R}^n \to \mathbf{R}^n$ は，$A \in \mathrm{O}(n)$ および $\boldsymbol{b} \in \mathbf{R}^n$ を用いて，

$$f(\boldsymbol{x}) = A\boldsymbol{x} + \boldsymbol{b} \quad (\boldsymbol{x} \in \mathbf{R}^n) \tag{1.66}$$

と表される．

証明　まず，$f\colon \mathbf{R}^n \to \mathbf{R}^n$ を式(1.66)のように表される写像とし，定義 1.2 の条件(1)〜(3)を確認することにより，f が等長変換であることを示す．

条件(1)　注意 1.4 より，A の逆行列 A^{-1} が存在する．ここで，$\boldsymbol{y} \in \mathbf{R}^n$ とする．このとき，$\boldsymbol{x} \in \mathbf{R}^n$ を

$$\boldsymbol{x} = A^{-1}(\boldsymbol{y} - \boldsymbol{b}) \tag{1.67}$$

により定めると，

$$f(\boldsymbol{x}) = A\boldsymbol{x} + \boldsymbol{b} = AA^{-1}(\boldsymbol{y} - \boldsymbol{b}) + \boldsymbol{b} = (\boldsymbol{y} - \boldsymbol{b}) + \boldsymbol{b} = \boldsymbol{y} \tag{1.68}$$

となる．すなわち，$f(\boldsymbol{x}) = \boldsymbol{y}$ である．よって，f は全射である．

条件(2) $\boldsymbol{x}_1, \boldsymbol{x}_2 \in \mathbf{R}^n$，$f(\boldsymbol{x}_1) = f(\boldsymbol{x}_2)$ と仮定すると，

$$A\boldsymbol{x}_1 + \boldsymbol{b} = A\boldsymbol{x}_2 + \boldsymbol{b} \tag{1.69}$$

である．式(1.69)の両辺に $-\boldsymbol{b}$ を加えると，$A\boldsymbol{x}_1 = A\boldsymbol{x}_2$ となる．さらに，この式の両辺に左から A^{-1} を掛けると，$\boldsymbol{x}_1 = \boldsymbol{x}_2$ となる．よって，f は単射である．

条件(3) $\boldsymbol{x}, \boldsymbol{y} \in \mathbf{R}^n$ とする．ユークリッド距離の定義➲式 (1.33) と直交行列はノルムを保つ➲定理 1.8(2) ことより，

$$\begin{aligned} d(f(\boldsymbol{x}), f(\boldsymbol{y})) &= \|f(\boldsymbol{x}) - f(\boldsymbol{y})\| = \|(A\boldsymbol{x} + \boldsymbol{b}) - (A\boldsymbol{y} + \boldsymbol{b})\| = \|A(\boldsymbol{x} - \boldsymbol{y})\| \\ &= \|\boldsymbol{x} - \boldsymbol{y}\| = d(\boldsymbol{x}, \boldsymbol{y}) \end{aligned} \tag{1.70}$$

となる．よって，f はユークリッド距離を保つ．

逆に，$f\colon \mathbf{R}^n \to \mathbf{R}^n$ を等長変換とする．このとき，f が式(1.66)のように表されることは，次の(i)～(v)の手順により示せばよい．

（i）写像 $g\colon \mathbf{R}^n \to \mathbf{R}^n$ を

$$g(\boldsymbol{x}) = f(\boldsymbol{x}) - f(\boldsymbol{0}) \quad (\boldsymbol{x} \in \mathbf{R}^n) \tag{1.71}$$

により定める．このとき，g は等長変換であることを示す．

（ii）g がノルムを保つ，すなわち，任意の $\boldsymbol{x} \in \mathbf{R}^n$ に対して，

$$\|g(\boldsymbol{x})\| = \|\boldsymbol{x}\| \tag{1.72}$$

となることを示す．

（iii）g が標準内積を保つ，すなわち，任意の $\boldsymbol{x}, \boldsymbol{y} \in \mathbf{R}^n$ に対して，

$$\langle g(\boldsymbol{x}), g(\boldsymbol{y}) \rangle = \langle \boldsymbol{x}, \boldsymbol{y} \rangle \tag{1.73}$$

となることを示す．

（iv）g が線形変換であることを示す．よって，定理 1.10 より，ある $A \in M_n(\mathbf{R})$ が存在し，

$$g(\boldsymbol{x}) = A\boldsymbol{x} \quad (\boldsymbol{x} \in \mathbf{R}^n) \tag{1.74}$$

となる．

（v）$A \in \mathrm{O}(n)$ であることを示す．

(i) まず，g が定義 1.2 の条件(1)，(2)をみたすことは，f が定義 1.2 の条件(1)，(2)をみたすことを用いて，上と同様の議論により示すことができる．

次に，$\boldsymbol{x}, \boldsymbol{y} \in \mathbf{R}^n$ とすると，ユークリッド距離の定義➲式 (1.33) と f が等長変換であることから，

$$\begin{aligned} d(g(\boldsymbol{x}), g(\boldsymbol{y})) &= \|g(\boldsymbol{x}) - g(\boldsymbol{y})\| = \|(f(\boldsymbol{x}) - f(\boldsymbol{0})) - (f(\boldsymbol{y}) - f(\boldsymbol{0}))\| \\ &= \|f(\boldsymbol{x}) - f(\boldsymbol{y})\| = d(f(\boldsymbol{x}), f(\boldsymbol{y})) = d(\boldsymbol{x}, \boldsymbol{y}) \end{aligned} \tag{1.75}$$

となる．よって，g は定義 1.2 の条件(3)をみたす．

したがって，g は等長変換である．

(ii) $\boldsymbol{x} \in \mathbf{R}^n$ とすると，ユークリッド距離の定義➲式(1.33) と f が等長変換であることから，

$$\|g(\boldsymbol{x})\| = \|f(\boldsymbol{x}) - f(\boldsymbol{0})\| = d(f(\boldsymbol{x}), f(\boldsymbol{0})) = d(\boldsymbol{x}, \boldsymbol{0}) = \|\boldsymbol{x} - \boldsymbol{0}\| = \|\boldsymbol{x}\| \tag{1.76}$$

となる．よって，g はノルムを保つ．

(iii) $\boldsymbol{x}, \boldsymbol{y} \in \mathbf{R}^n$ とすると，ユークリッド距離の定義➲式(1.33)，ノルムの定義➲式(1.13)，標準内積の線形性➲式(1.12)，標準内積の対称性➲定理1.2(1) および(ii)より，

$$\begin{aligned}(d(g(\boldsymbol{x}), g(\boldsymbol{y})))^2 &= \|g(\boldsymbol{x}) - g(\boldsymbol{y})\|^2 = \langle g(\boldsymbol{x}) - g(\boldsymbol{y}), g(\boldsymbol{x}) - g(\boldsymbol{y})\rangle \\ &= \langle g(\boldsymbol{x}), g(\boldsymbol{x})\rangle - \langle g(\boldsymbol{x}), g(\boldsymbol{y})\rangle - \langle g(\boldsymbol{y}), g(\boldsymbol{x})\rangle + \langle g(\boldsymbol{y}), g(\boldsymbol{y})\rangle \\ &= \|g(\boldsymbol{x})\|^2 - 2\langle g(\boldsymbol{x}), g(\boldsymbol{y})\rangle + \|g(\boldsymbol{y})\|^2 \\ &= \|\boldsymbol{x}\|^2 - 2\langle g(\boldsymbol{x}), g(\boldsymbol{y})\rangle + \|\boldsymbol{y}\|^2\end{aligned} \tag{1.77}$$

となる．すなわち，

$$(d(g(\boldsymbol{x}), g(\boldsymbol{y})))^2 = \|\boldsymbol{x}\|^2 - 2\langle g(\boldsymbol{x}), g(\boldsymbol{y})\rangle + \|\boldsymbol{y}\|^2 \tag{1.78}$$

である．同様に，

$$(d(\boldsymbol{x}, \boldsymbol{y}))^2 = \|\boldsymbol{x}\|^2 - 2\langle \boldsymbol{x}, \boldsymbol{y}\rangle + \|\boldsymbol{y}\|^2 \tag{1.79}$$

である．式(1.78)，(1.79)および(i)より，

$$\|\boldsymbol{x}\|^2 - 2\langle g(\boldsymbol{x}), g(\boldsymbol{y})\rangle + \|\boldsymbol{y}\|^2 = \|\boldsymbol{x}\|^2 - 2\langle \boldsymbol{x}, \boldsymbol{y}\rangle + \|\boldsymbol{y}\|^2 \tag{1.80}$$

である．よって，式(1.73)が得られ，g は標準内積を保つ．

(iv) まず，$\boldsymbol{x}, \boldsymbol{y} \in \mathbf{R}^n$ とすると，標準内積の線形性➲式(1.12) および(iii)より，

$$\begin{aligned}&\langle g(\boldsymbol{x}+\boldsymbol{y}) - g(\boldsymbol{x}) - g(\boldsymbol{y}), g(\boldsymbol{x}+\boldsymbol{y}) - g(\boldsymbol{x}) - g(\boldsymbol{y})\rangle \\ &\quad = \langle g(\boldsymbol{x}+\boldsymbol{y}), g(\boldsymbol{x}+\boldsymbol{y})\rangle - \langle g(\boldsymbol{x}+\boldsymbol{y}), g(\boldsymbol{x})\rangle - \langle g(\boldsymbol{x}+\boldsymbol{y}), g(\boldsymbol{y})\rangle \\ &\qquad - \langle g(\boldsymbol{x}), g(\boldsymbol{x}+\boldsymbol{y})\rangle + \langle g(\boldsymbol{x}), g(\boldsymbol{x})\rangle + \langle g(\boldsymbol{x}), g(\boldsymbol{y})\rangle \\ &\qquad - \langle g(\boldsymbol{y}), g(\boldsymbol{x}+\boldsymbol{y})\rangle + \langle g(\boldsymbol{y}), g(\boldsymbol{x})\rangle + \langle g(\boldsymbol{y}), g(\boldsymbol{y})\rangle \\ &\quad = \langle \boldsymbol{x}+\boldsymbol{y}, \boldsymbol{x}+\boldsymbol{y}\rangle - \langle \boldsymbol{x}+\boldsymbol{y}, \boldsymbol{x}\rangle - \langle \boldsymbol{x}+\boldsymbol{y}, \boldsymbol{y}\rangle - \langle \boldsymbol{x}, \boldsymbol{x}+\boldsymbol{y}\rangle + \langle \boldsymbol{x}, \boldsymbol{x}\rangle + \langle \boldsymbol{x}, \boldsymbol{y}\rangle \\ &\qquad - \langle \boldsymbol{y}, \boldsymbol{x}+\boldsymbol{y}\rangle + \langle \boldsymbol{y}, \boldsymbol{x}\rangle + \langle \boldsymbol{y}, \boldsymbol{y}\rangle \\ &\quad = \langle \boldsymbol{x}, \boldsymbol{x}\rangle + \langle \boldsymbol{x}, \boldsymbol{y}\rangle + \langle \boldsymbol{y}, \boldsymbol{x}\rangle + \langle \boldsymbol{y}, \boldsymbol{y}\rangle - \langle \boldsymbol{x}, \boldsymbol{x}\rangle - \langle \boldsymbol{y}, \boldsymbol{x}\rangle - \langle \boldsymbol{x}, \boldsymbol{y}\rangle - \langle \boldsymbol{y}, \boldsymbol{y}\rangle \\ &\qquad - \langle \boldsymbol{x}, \boldsymbol{x}\rangle - \langle \boldsymbol{x}, \boldsymbol{y}\rangle + \langle \boldsymbol{x}, \boldsymbol{x}\rangle + \langle \boldsymbol{x}, \boldsymbol{y}\rangle - \langle \boldsymbol{y}, \boldsymbol{x}\rangle - \langle \boldsymbol{y}, \boldsymbol{y}\rangle + \langle \boldsymbol{y}, \boldsymbol{x}\rangle + \langle \boldsymbol{y}, \boldsymbol{y}\rangle \\ &\quad = 0\end{aligned} \tag{1.81}$$

となる．よって，標準内積の正値性➲定理1.2(4) より，

$$g(\boldsymbol{x}+\boldsymbol{y})-g(\boldsymbol{x})-g(\boldsymbol{y})=\mathbf{0} \tag{1.82}$$

すなわち，

$$g(\boldsymbol{x}+\boldsymbol{y})=g(\boldsymbol{x})+g(\boldsymbol{y}) \tag{1.83}$$

である．さらに，$c \in \mathbf{R}$ とすると，標準内積の線形性➲式(1.12)および(iii)より，

$$\begin{aligned}
&\langle g(c\boldsymbol{x})-cg(\boldsymbol{x}), g(c\boldsymbol{x})-cg(\boldsymbol{x})\rangle \\
&\quad =\langle g(c\boldsymbol{x}), g(c\boldsymbol{x})\rangle - c\langle g(c\boldsymbol{x}), g(\boldsymbol{x})\rangle - c\langle g(\boldsymbol{x}), g(c\boldsymbol{x})\rangle + c^2\langle g(\boldsymbol{x}), g(\boldsymbol{x})\rangle \\
&\quad =\langle c\boldsymbol{x}, c\boldsymbol{x}\rangle - c\langle c\boldsymbol{x}, \boldsymbol{x}\rangle - c\langle \boldsymbol{x}, c\boldsymbol{x}\rangle + c^2\langle \boldsymbol{x}, \boldsymbol{x}\rangle = 0
\end{aligned} \tag{1.84}$$

となる．よって，標準内積の正値性より，

$$g(c\boldsymbol{x})-cg(\boldsymbol{x})=\mathbf{0} \tag{1.85}$$

すなわち，

$$g(c\boldsymbol{x})=cg(\boldsymbol{x}) \tag{1.86}$$

である．式(1.83)，(1.86)より，g は線形変換である．

(v)「(ii)と(iv)」または「(iii)と(iv)」および定理1.8より，$A \in \mathrm{O}(n)$ である．よって，$\boldsymbol{b}=f(\mathbf{0})$ とおくと，式(1.66)がなりたつ．□

章末問題

問題 1.1　V をベクトル空間，W を V の部分集合とする．W が V の和およびスカラー倍によりベクトル空間となるとき，W を V の**部分空間**という．W が V の部分空間であることと，次の条件(a)～(c)がなりたつことは同値であることがわかる．

(a) $\mathbf{0} \in W$

(b) $\boldsymbol{x}, \boldsymbol{y} \in W$ ならば，$\boldsymbol{x}+\boldsymbol{y} \in W$

(c) $\boldsymbol{x} \in W$，$c \in \mathbf{R}$ ならば，$c\boldsymbol{x} \in W$

$A \in M_{m,n}(\mathbf{R})$ とし，W を同次連立1次方程式

$$A\boldsymbol{x}=\mathbf{0}_{\mathbf{R}^m} \tag{1.87}$$

の解全体の集合とする．すなわち，W は

$$W=\{\boldsymbol{x} \in \mathbf{R}^n \mid A\boldsymbol{x}=\mathbf{0}_{\mathbf{R}^m}\} \tag{1.88}$$

により定められる $\mathbf{R}^n$ の部分集合である．ただし，$\mathbf{0}_{\mathbf{R}^m}$ は $\mathbf{R}^m$ の零ベクトルを表す．次の問いに答えよ．

(1) W は条件(b)をみたすことを示せ．

(2) W は条件(c)をみたすことを示せ．

補足　式(1.88)の W は，明らかに条件(a)をみたす．よって，(1)，(2)とあわせると，W は $\mathbf{R}^n$ の部分空間である．

問題 1.2　$A \in M_n(\mathbf{R})$ とする．等式

$$A^{\mathrm{T}} = A \tag{1.89}$$

がなりたつとき，A を**対称行列**という．すなわち，A の (i, j) 成分を a_{ij} とすると，A が対称行列であるとは，任意の $i, j = 1, 2, \ldots, n$ に対して，

$$a_{ij} = a_{ji} \tag{1.90}$$

となることである．次の行列が対称行列となるような a の値を求めよ．

（1）$\begin{pmatrix} 1 & a \\ a^2 & a^3 \end{pmatrix}$

（2）$\begin{pmatrix} 1 & a & a^2 \\ a^3 & a^4 & a^5 \\ a^6 & a^7 & a^8 \end{pmatrix}$

問題 1.3　n 次の対称行列全体の集合を $\mathrm{Sym}(n)$ と表す．次の問いに答えよ．

（1）$A, B \in \mathrm{Sym}(n)$ ならば，$A + B \in \mathrm{Sym}(n)$ であることを示せ．

（2）$A \in \mathrm{Sym}(n)$，$c \in \mathbf{R}$ ならば，$cA \in \mathrm{Sym}(n)$ であることを示せ．

補足　$M_n(\mathbf{R})$ は，行列の和とスカラー倍によりベクトル空間となる．たとえば，$M_n(\mathbf{R})$ の零ベクトルは n 次の零行列 O である．また，$\mathrm{Sym}(n)$ は $M_n(\mathbf{R})$ の部分集合である．さらに，O は明らかに対称行列，すなわち，$O \in \mathrm{Sym}(n)$ である．よって，(1)，(2)とあわせると，$\mathrm{Sym}(n)$ は問題 1.1 で述べた部分空間の条件(a)～(c)をみたし，$M_n(\mathbf{R})$ の部分空間である．

問題 1.4　$A \in M_n(\mathbf{R})$ に対して，その行列式を $|A|$ または $\det A$ などと表す．ただし，行列式とは次の(a)～(d)によって特徴付けられる実数である[9)]．

（a）任意の $i = 1, 2, \ldots, n$ および任意の $\boldsymbol{a}_1, \ldots, \boldsymbol{a}_{i-1}, \boldsymbol{a}_{i+1}, \ldots, \boldsymbol{a}_n, \boldsymbol{b}, \boldsymbol{c} \in \mathbf{R}^n$ に対して，

$$\begin{aligned} &|\,\boldsymbol{a}_1 \ \cdots \ \boldsymbol{a}_{i-1} \ \boldsymbol{b} + \boldsymbol{c} \ \boldsymbol{a}_{i+1} \ \cdots \ \boldsymbol{a}_n\,| \\ &\quad = |\,\boldsymbol{a}_1 \ \cdots \ \boldsymbol{a}_{i-1} \ \boldsymbol{b} \ \boldsymbol{a}_{i+1} \ \cdots \ \boldsymbol{a}_n\,| + |\,\boldsymbol{a}_1 \ \cdots \ \boldsymbol{a}_{i-1} \ \boldsymbol{c} \ \boldsymbol{a}_{i+1} \ \cdots \ \boldsymbol{a}_n\,| \end{aligned} \tag{1.91}$$

（b）任意の $i = 1, 2, \ldots, n$，任意の $\boldsymbol{a}_1, \boldsymbol{a}_2, \ldots, \boldsymbol{a}_n \in \mathbf{R}^n$ および任意の $c \in \mathbf{R}$ に対して，

$$|\,\boldsymbol{a}_1 \ \cdots \ \boldsymbol{a}_{i-1} \ c\boldsymbol{a}_i \ \boldsymbol{a}_{i+1} \ \cdots \ \boldsymbol{a}_n\,| = c\,|\,\boldsymbol{a}_1 \ \boldsymbol{a}_2 \ \cdots \ \boldsymbol{a}_n\,| \tag{1.92}$$

---

9)　成分を複素数とする正方行列の行列式についても，まったく同様に定めることができる．

（c）$i < j$ となる任意の $i, j = 1, 2, \ldots, n$ および任意の $\boldsymbol{a}_1, \ldots, \boldsymbol{a}_{i-1}, \boldsymbol{a}_{i+1}, \ldots, \boldsymbol{a}_{j-1}, \boldsymbol{a}_{j+1}, \ldots, \boldsymbol{a}_n, \boldsymbol{b}, \boldsymbol{c} \in \mathbf{R}^n$ に対して，

$$|\, \boldsymbol{a}_1 \ \cdots \ \boldsymbol{a}_{i-1} \ \boldsymbol{b} \ \boldsymbol{a}_{i+1} \ \cdots \ \boldsymbol{a}_{j-1} \ \boldsymbol{c} \ \boldsymbol{a}_{j+1} \ \cdots \ \boldsymbol{a}_n \,| = -|\, \boldsymbol{a}_1 \ \cdots \ \boldsymbol{a}_{i-1} \ \boldsymbol{c} \ \boldsymbol{a}_{i+1} \ \cdots \ \boldsymbol{a}_{j-1} \ \boldsymbol{b} \ \boldsymbol{a}_{j+1} \ \cdots \ \boldsymbol{a}_n \,| \tag{1.93}$$

（d）$|E_n| = 1$

たとえば，1 次行列 (c) の行列式は c であり，2 次行列の行列式は

$$\begin{vmatrix} a & b \\ c & d \end{vmatrix} = ad - bc \tag{1.94}$$

となることがわかる．次の問いに答えよ．

（1）式(1.94)を用いることにより，2 次の直交行列の行列式が 1 または -1 であることを確かめよ．

（2）行列式に関して，次の(i)，(ii)がなりたつことがわかる．

（i）$A \in M_n(\mathbf{R})$ とすると，$|A^{\mathrm{T}}| = |A|$

（ii）$A, B \in M_n(\mathbf{R})$ とすると，$|AB| = |BA| = |A||B|$

直交行列の行列式は 1 または -1 であることを示せ．

問題 1.5　数を複素数の範囲まで広げて考え，複素数全体の集合を $\mathbf{C}$，複素数を成分とする n 次列ベクトル全体の集合を $\mathbf{C}^n$，複素数を成分とする n 次行列全体の集合を $M_n(\mathbf{C})$ と表す．

$A \in M_n(\mathbf{C})$ とする．$\boldsymbol{x} \in \mathbf{C}^n \setminus \{\mathbf{0}\}$[10] および $\lambda \in \mathbf{C}$ が等式

$$A\boldsymbol{x} = \lambda \boldsymbol{x} \tag{1.95}$$

をみたすとき，λ を A の**固有値**といい，$\boldsymbol{x}$ を固有値 λ に対する A の**固有ベクトル**という．A の固有値 λ は，λ についての n 次方程式

$$|\lambda E_n - A| = 0 \tag{1.96}$$

の解として得られることがわかる．式(1.96)の左辺を A の**固有多項式**または**特性多項式**といい，方程式(1.96)を A の**固有方程式**または**特性方程式**という．

$A \in \mathrm{O}(2)$ に対して，次の問いに答えよ．

（1）$|A| = 1$ のとき，A の固有値は，ある $\theta \in [0, 2\pi)$ を用いて $\cos\theta \pm i \sin\theta$ と表されることを示せ．ただし，i は虚数単位である．

（2）(1)において，$\sin\theta \neq 0$ とする．固有値 $\cos\theta + i\sin\theta$ に対する A の固有ベクトルを一つ求めよ．

---

10) 集合 A, B に対して，A の元であるが B の元ではないもの全体からなる集合を $A \setminus B$ と表し，A と B の**差**という．

（3）(1)において，$\sin\theta \neq 0$ とする．固有値 $\cos\theta - i\sin\theta$ に対する A の固有ベクトルを一つ求めよ．

（4）$|A| = -1$ のとき，A の固有値は ± 1 であることを示せ．

（5）(4)において，固有値 1 に対する A の固有ベクトルを一つ求めよ．

（6）(4)において，固有値 -1 に対する A の固有ベクトルを一つ求めよ．

問題 1.6　行列式が 1，-1 の奇数次の直交行列は，それぞれ 1，-1 を固有値にもつことを示せ．

第2章 簡約化とQR分解

行列を用いて表される問題を考える際には，正則行列や直交行列などを掛けることによって，もともとの行列を特別な行列へと変形することや，あるいは，もともとの行列を特別な行列の積として分解することをしばしば行う．本章では，まず，連立1次方程式を解く際に用いられる簡約化とよばれる行列の変形を述べる．次に，内積空間に関する準備をした後，ユークリッド空間の等長変換の幾何学的意味やQR分解とよばれる行列の分解を扱う．さらに，QR分解の連立1次方程式への応用を述べる．

2.1 連立1次方程式と簡約化

2.1.1 行に関する基本変形

$A \in M_{m,n}(\mathbf{R})$，$\boldsymbol{b} \in \mathbf{R}^m$ とし，未知の列ベクトル $\boldsymbol{x} \in \mathbf{R}^n$ についての連立1次方程式

$$A\boldsymbol{x} = \boldsymbol{b} \tag{2.1}$$

を考えよう．このとき，A を**係数行列**という．また，A と $\boldsymbol{b}$ を並べて得られる行列 $(\,A \mid \boldsymbol{b}\,) \in M_{m,n+1}(\mathbf{R})$ を**拡大係数行列**という[1]．連立1次方程式(2.1)は，拡大係数行列に対して行に関する基本変形とよばれる操作を繰り返し，最終的に簡約行列とよばれる行列を得ることによって解くことができる．

まず，行に関する基本変形について述べよう．行列に対する次の(1)〜(3)の操作を，**行に関する基本変形**または**初等変形**という．

（1）一つの行に0でない定数を掛ける（図2.1）．

1）$(\,A \mid \boldsymbol{b}\,)$ の「|」の部分は A と $\boldsymbol{b}$ を区別するために書いているものであり，省略しても構わない．

$$\begin{pmatrix} & \cdots\cdots & & \\ a_{i1} & a_{i2} & \cdots & a_{in} \\ & \cdots\cdots & & \end{pmatrix} \xrightarrow{\text{第}\,i\,\text{行}\times c} \begin{pmatrix} & \cdots\cdots & & \\ ca_{i1} & ca_{i2} & \cdots & ca_{in} \\ & \cdots\cdots & & \end{pmatrix}$$

図 2.1　第 i 行を c 倍する

$$\begin{pmatrix} & \cdots\cdots & \\ a_{i1} & \cdots & a_{in} \\ & \cdots\cdots & \\ a_{j1} & \cdots & a_{jn} \\ & \cdots\cdots & \end{pmatrix} \xrightarrow[\text{の入れ替え}]{\text{第}\,i\,\text{行と第}\,j\,\text{行}} \begin{pmatrix} & \cdots\cdots & \\ a_{j1} & \cdots & a_{jn} \\ & \cdots\cdots & \\ a_{i1} & \cdots & a_{in} \\ & \cdots\cdots & \end{pmatrix}$$

図 2.2　第 i 行と第 j 行を入れ替える

$$\begin{pmatrix} & \cdots\cdots & \\ a_{i1} & \cdots & a_{in} \\ & \cdots\cdots & \\ a_{j1} & \cdots & a_{jn} \\ & \cdots\cdots & \end{pmatrix} \xrightarrow{\text{第}\,i\,\text{行}+\text{第}\,j\,\text{行}\times c} \begin{pmatrix} & \cdots\cdots & \\ a_{i1}+ca_{j1} & \cdots & a_{in}+ca_{jn} \\ & \cdots\cdots & \\ a_{j1} & \cdots & a_{jn} \\ & \cdots\cdots & \end{pmatrix}$$

図 2.3　第 i 行に第 j 行の c 倍を加える

（2）二つの行を入れ替える（図 2.2）.

（3）一つの行にほかの行の 0 ではない定数を掛けたものを加える（図 2.3）.

2.1.2　簡約行列

次に，簡約行列について述べよう．まず，行列を行ベクトルに分割して考える．このとき，零ベクトルではない行ベクトルに対して，0 ではない最初の成分をその行の**主成分**という．

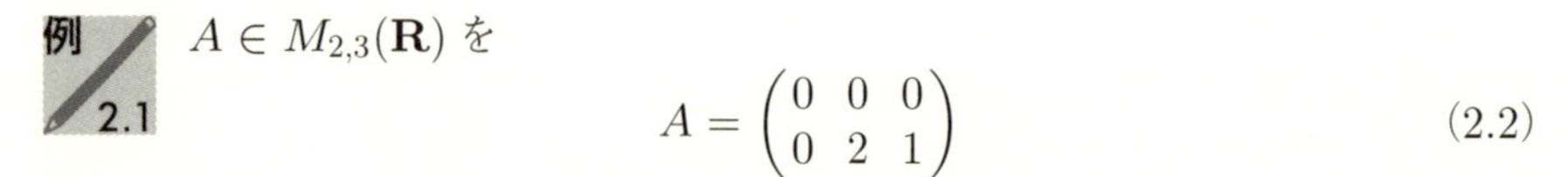

例 2.1　$A \in M_{2,3}(\mathbf{R})$ を

$$A = \begin{pmatrix} 0 & 0 & 0 \\ 0 & 2 & 1 \end{pmatrix} \tag{2.2}$$

により定める．このとき，A の第 1 行は零ベクトルである．また，A の第 2 行は $(0\ 2\ 1)$ であり，その主成分は 2 である． ■

そして，次のように定める．

定義 2.1　次の(1)～(4)をみたす行列を，簡約行列という．

（1）零ベクトルである行ベクトルは，すべて零ベクトルではない行ベクトルより下にある．

（2）零ベクトルではない行ベクトルの主成分は，すべて1である．
（3）主成分をもつ行ベクトルは，下の行にあるほど主成分が右にある．
（4）主成分を含む列の主成分以外の成分は，すべて0である．

例 2.2　まず，行列

$$\begin{pmatrix} 0 & 0 \\ 1 & 2 \end{pmatrix}, \quad \begin{pmatrix} 2 & 1 \\ 0 & 0 \end{pmatrix}, \quad \begin{pmatrix} 0 & 1 \\ 1 & 0 \end{pmatrix}, \quad \begin{pmatrix} 1 & 2 \\ 0 & 1 \end{pmatrix} \tag{2.3}$$

はすべて簡約行列ではない．実際，定義2.1の条件について，一つめの行列は(1)，二つめの行列は(2)，三つめの行列は(3)，四つめの行列は(4)をみたさないからである．

一方，行列

$$\begin{pmatrix} 1 & 2 \\ 0 & 0 \end{pmatrix}, \quad \begin{pmatrix} 1 & 0 \\ 0 & 1 \end{pmatrix}, \quad \begin{pmatrix} 1 & 2 & 0 \\ 0 & 0 & 1 \\ 0 & 0 & 0 \end{pmatrix}, \quad \begin{pmatrix} 1 & 0 & 2 \\ 0 & 1 & 1 \\ 0 & 0 & 0 \end{pmatrix} \tag{2.4}$$

はすべて簡約行列である．■

2.1.3　簡約化と階数

行に関する基本変形と簡約行列に関して，次がなりたつことがわかる．

定理 2.1　任意の行列に対して，行に関する基本変形を繰り返すことにより，簡約行列を得ることができる．さらに，このときに得られる簡約行列は一意的である．

行に関する基本変形を繰り返すことにより，簡約行列を得ることを行列の**簡約化**という．また，$A \in M_{m,n}(\mathbf{R})$ に対する簡約行列の主成分の個数を

$$\operatorname{rank} A \tag{2.5}$$

と表し，A の**階数**という．ただし，$A = O$ のときは $\operatorname{rank} A = 0$ と約束する．

例 2.3　式(2.4)の簡約行列の主成分の個数は，順に1，2，2，2である．よって，

$$\operatorname{rank}\begin{pmatrix} 1 & 2 \\ 0 & 0 \end{pmatrix} = 1, \quad \operatorname{rank}\begin{pmatrix} 1 & 0 \\ 0 & 1 \end{pmatrix} = 2, \quad \operatorname{rank}\begin{pmatrix} 1 & 2 & 0 \\ 0 & 0 & 1 \\ 0 & 0 & 0 \end{pmatrix} = 2 \tag{2.6}$$

$$\operatorname{rank}\begin{pmatrix} 1 & 0 & 2 \\ 0 & 1 & 1 \\ 0 & 0 & 0 \end{pmatrix} = 2 \tag{2.7}$$

である. ■

2.1.4 掃き出し法

連立1次方程式(2.1)は，拡大係数行列 $(\,A \mid \boldsymbol{b}\,)$ の簡約化を行うことによって解くことができる．それは，

$$A = \begin{pmatrix} a_{11} & a_{12} & \cdots & a_{1n} \\ a_{21} & a_{22} & \cdots & a_{2n} \\ \vdots & \vdots & \ddots & \vdots \\ a_{m1} & a_{m2} & \cdots & a_{mn} \end{pmatrix}, \quad \boldsymbol{b} = \begin{pmatrix} b_1 \\ b_2 \\ \vdots \\ b_m \end{pmatrix}, \quad \boldsymbol{x} = \begin{pmatrix} x_1 \\ x_2 \\ \vdots \\ x_n \end{pmatrix} \tag{2.8}$$

と表しておくと，式(2.1)は

$$\begin{cases} a_{11}x_1 + a_{12}x_2 + \cdots + a_{1n}x_n = b_1 \\ a_{21}x_1 + a_{22}x_2 + \cdots + a_{2n}x_n = b_2 \\ \qquad\qquad\vdots \\ a_{m1}x_1 + a_{m2}x_2 + \cdots + a_{mn}x_n = b_m \end{cases} \tag{2.9}$$

と表され，2.1.1 項で述べた行に関する基本変形(1)～(3)はそれぞれ式(2.9)のように表される連立1次方程式に対する次の変形に対応するからである．

（1）一つの式に0でない定数を掛ける．
（2）二つの式を入れ替える．
（3）一つの式にほかの式の0ではない定数を掛けたものを加える．

拡大係数行列の簡約化によって連立1次方程式を解く方法を，**掃き出し法**または**ガウスの消去法**という．

次の連立1次方程式を，掃き出し法を用いて解け．また，係数行列および拡大係数行列の階数を答えよ[2]．

（1）$\begin{pmatrix} 2 & 3 \\ 1 & 2 \end{pmatrix}\begin{pmatrix} x \\ y \end{pmatrix} = \begin{pmatrix} 8 \\ 5 \end{pmatrix}$

（2）$\begin{pmatrix} 2 & 3 & 1 \\ 1 & 2 & 1 \\ 1 & 1 & 0 \end{pmatrix}\begin{pmatrix} x \\ y \\ z \end{pmatrix} = \begin{pmatrix} 8 \\ 5 \\ 3 \end{pmatrix}$

2）係数行列および拡大係数行列の階数を調べることで，連立1次方程式の解の存在や一意性がわかる ➲定理 2.15．

（3）$\begin{pmatrix} 2 & 1 & 1 \\ 3 & 2 & 1 \\ 1 & 1 & 0 \\ 0 & 1 & -1 \end{pmatrix}\begin{pmatrix} x \\ y \\ z \end{pmatrix} = \begin{pmatrix} 3 \\ 5 \\ 2 \\ 0 \end{pmatrix}$

解説　拡大係数行列の簡約化を行えば，係数行列の簡約化も得られることに注意する．

(1) 拡大係数行列の簡約化を行うと，

$$\left(\begin{array}{cc|c} 2 & 3 & 8 \\ 1 & 2 & 5 \end{array}\right) \xrightarrow{\text{第 1 行}-\text{第 2 行}\times 2} \left(\begin{array}{cc|c} 0 & -1 & -2 \\ 1 & 2 & 5 \end{array}\right) \xrightarrow{\text{第 1 行}\times(-1)} \left(\begin{array}{cc|c} 0 & 1 & 2 \\ 1 & 2 & 5 \end{array}\right)$$
$$\xrightarrow{\text{第 2 行}-\text{第 1 行}\times 2} \left(\begin{array}{cc|c} 0 & 1 & 2 \\ 1 & 0 & 1 \end{array}\right) \xrightarrow{\text{第 1 行と第 2 行の入れ替え}} \left(\begin{array}{cc|c} 1 & 0 & 1 \\ 0 & 1 & 2 \end{array}\right) \tag{2.10}$$

となる[3]．最後に現れた簡約行列に対する方程式は

$$\begin{pmatrix} 1 & 0 \\ 0 & 1 \end{pmatrix}\begin{pmatrix} x \\ y \end{pmatrix} = \begin{pmatrix} 1 \\ 2 \end{pmatrix} \tag{2.11}$$

である．よって，解は

$$x = 1, \quad y = 2 \tag{2.12}$$

である．

また，式(2.10)より，係数行列の階数は

$$\mathrm{rank}\begin{pmatrix} 2 & 3 \\ 1 & 2 \end{pmatrix} = \mathrm{rank}\begin{pmatrix} 1 & 0 \\ 0 & 1 \end{pmatrix} = 2 \tag{2.13}$$

である．さらに，拡大係数行列の階数は

$$\mathrm{rank}\left(\begin{array}{cc|c} 2 & 3 & 8 \\ 1 & 2 & 5 \end{array}\right) = \mathrm{rank}\left(\begin{array}{cc|c} 1 & 0 & 1 \\ 0 & 1 & 2 \end{array}\right) = 2 \tag{2.14}$$

である．

(2) 拡大係数行列の簡約化を行うと，

$$\left(\begin{array}{ccc|c} 2 & 3 & 1 & 8 \\ 1 & 2 & 1 & 5 \\ 1 & 1 & 0 & 3 \end{array}\right) \xrightarrow[\text{第 3 行}-\text{第 2 行}]{\text{第 1 行}-\text{第 2 行}\times 2} \left(\begin{array}{ccc|c} 0 & -1 & -1 & -2 \\ 1 & 2 & 1 & 5 \\ 0 & -1 & -1 & -2 \end{array}\right)$$
$$\xrightarrow{\text{第 1 行と第 2 行の入れ替え}} \left(\begin{array}{ccc|c} 1 & 2 & 1 & 5 \\ 0 & -1 & -1 & -2 \\ 0 & -1 & -1 & -2 \end{array}\right) \xrightarrow{\text{第 3 行}-\text{第 2 行}} \left(\begin{array}{ccc|c} 1 & 2 & 1 & 5 \\ 0 & -1 & -1 & -2 \\ 0 & 0 & 0 & 0 \end{array}\right)$$
$$\xrightarrow{\text{第 2 行}\times(-1)} \left(\begin{array}{ccc|c} 1 & 2 & 1 & 5 \\ 0 & 1 & 1 & 2 \\ 0 & 0 & 0 & 0 \end{array}\right) \xrightarrow{\text{第 1 行}-\text{第 2 行}\times 2} \left(\begin{array}{ccc|c} 1 & 0 & -1 & 1 \\ 0 & 1 & 1 & 2 \\ 0 & 0 & 0 & 0 \end{array}\right) \tag{2.15}$$

となる．最後に現れた簡約行列に対する方程式は

3）最後の変形は行わなくても，解が式(2.12)であることはわかる．

$$\begin{pmatrix} 1 & 0 & -1 \\ 0 & 1 & 1 \\ 0 & 0 & 0 \end{pmatrix}\begin{pmatrix} x \\ y \\ z \end{pmatrix} = \begin{pmatrix} 1 \\ 2 \\ 0 \end{pmatrix} \tag{2.16}$$

すなわち,

$$x = z + 1, \quad y = -z + 2 \tag{2.17}$$

である．よって，解は $c \in \mathbf{R}$ を任意の定数として,

$$x = c + 1, \quad y = -c + 2, \quad z = c \tag{2.18}$$

である．

また，式(2.15)より，係数行列の階数は

$$\operatorname{rank}\begin{pmatrix} 2 & 3 & 1 \\ 1 & 2 & 1 \\ 1 & 1 & 0 \end{pmatrix} = \operatorname{rank}\begin{pmatrix} 1 & 0 & -1 \\ 0 & 1 & 1 \\ 0 & 0 & 0 \end{pmatrix} = 2 \tag{2.19}$$

である．さらに，拡大係数行列の階数は

$$\operatorname{rank}\left(\begin{array}{ccc|c} 2 & 3 & 1 & 8 \\ 1 & 2 & 1 & 5 \\ 1 & 1 & 0 & 3 \end{array}\right) = \operatorname{rank}\left(\begin{array}{ccc|c} 1 & 0 & -1 & 1 \\ 0 & 1 & 1 & 2 \\ 0 & 0 & 0 & 0 \end{array}\right) = 2 \tag{2.20}$$

である．

(3) 拡大係数行列の簡約化を行うと,

$$\left(\begin{array}{ccc|c} 2 & 1 & 1 & 3 \\ 3 & 2 & 1 & 5 \\ 1 & 1 & 0 & 2 \\ 0 & 1 & -1 & 0 \end{array}\right) \xrightarrow[\text{第2行}-\text{第3行}\times 3]{\text{第1行}-\text{第3行}\times 2} \left(\begin{array}{ccc|c} 0 & -1 & 1 & -1 \\ 0 & -1 & 1 & -1 \\ 1 & 1 & 0 & 2 \\ 0 & 1 & -1 & 0 \end{array}\right)$$

$$\xrightarrow[\text{第2行と第4行の入れ替え}]{\text{第1行と第3行の入れ替え}} \left(\begin{array}{ccc|c} 1 & 1 & 0 & 2 \\ 0 & 1 & -1 & 0 \\ 0 & -1 & 1 & -1 \\ 0 & -1 & 1 & -1 \end{array}\right) \xrightarrow{\text{第4行}-\text{第3行}} \left(\begin{array}{ccc|c} 1 & 1 & 0 & 2 \\ 0 & 1 & -1 & 0 \\ 0 & -1 & 1 & -1 \\ 0 & 0 & 0 & 0 \end{array}\right)$$

$$\xrightarrow[\text{第3行}+\text{第2行}]{\text{第1行}-\text{第2行}} \left(\begin{array}{ccc|c} 1 & 0 & 1 & 2 \\ 0 & 1 & -1 & 0 \\ 0 & 0 & 0 & -1 \\ 0 & 0 & 0 & 0 \end{array}\right) \xrightarrow{\text{第3行}\times(-1)} \left(\begin{array}{ccc|c} 1 & 0 & 1 & 2 \\ 0 & 1 & -1 & 0 \\ 0 & 0 & 0 & 1 \\ 0 & 0 & 0 & 0 \end{array}\right)$$

$$\xrightarrow{\text{第1行}-\text{第3行}\times 2} \left(\begin{array}{ccc|c} 1 & 0 & 1 & 0 \\ 0 & 1 & -1 & 0 \\ 0 & 0 & 0 & 1 \\ 0 & 0 & 0 & 0 \end{array}\right) \tag{2.21}$$

となる[4)]．最後に現れた簡約行列の第3行に注目すると，対応する方程式の一つとして，$0 = 1$ が得られる．よって，解は存在しない．

4)　最後の二つの変形は行わなくても，解が存在しないことはわかる．

また，式(2.21)より，係数行列の階数は

$$\operatorname{rank}\begin{pmatrix}2&1&1\\3&2&1\\1&1&0\\0&1&-1\end{pmatrix}=\operatorname{rank}\begin{pmatrix}1&0&1\\0&1&-1\\0&0&0\\0&0&0\end{pmatrix}=2 \tag{2.22}$$

である．さらに，拡大係数行列の階数は

$$\operatorname{rank}\left(\begin{array}{ccc|c}2&1&1&3\\3&2&1&5\\1&1&0&2\\0&1&-1&0\end{array}\right)=\operatorname{rank}\left(\begin{array}{ccc|c}1&0&1&0\\0&1&-1&0\\0&0&0&1\\0&0&0&0\end{array}\right)=3 \tag{2.23}$$

である． ■

問 2.1　次の連立1次方程式を，掃き出し法を用いて解け．また，係数行列および拡大係数行列の階数を答えよ．

（1）$\begin{pmatrix}3&1\\1&2\end{pmatrix}\begin{pmatrix}x\\y\end{pmatrix}=\begin{pmatrix}7\\4\end{pmatrix}$

（2）$\begin{pmatrix}3&1&8\\1&2&1\\2&-1&7\end{pmatrix}\begin{pmatrix}x\\y\\z\end{pmatrix}=\begin{pmatrix}7\\4\\3\end{pmatrix}$

（3）$\begin{pmatrix}1&2&-1\\8&1&7\\0&1&-1\\3&1&2\end{pmatrix}\begin{pmatrix}x\\y\\z\end{pmatrix}=\begin{pmatrix}3\\9\\0\\4\end{pmatrix}$

2.1.5　基本行列

行に関する基本変形は，行列の掛け算として表すことができる．正の整数 m を固定しておく．まず，$i=1,2,\ldots,m$，$c\in\mathbf{R}\setminus\{0\}$ とし，単位行列 $E_m\in M_m(\mathbf{R})$ の (i,i) 成分を c に置き換えたものを $P_m(i;c)$ と表す．また，$i,j=1,2,\ldots,m$，$i\neq j$ とし，E_m の第 i 行と第 j 行を入れ替えたものを $Q_m(i,j)$ と表す．さらに，$i,j=1,2,\ldots,m$，$i\neq j$，$c\in\mathbf{R}\setminus\{0\}$ とし，E_m の (i,j) 成分を c に置き換えたものを $R_m(i,j;c)$ と表す．$P_m(i;c)$，$Q_m(i,j)$，$R_m(i,j;c)$ を**基本行列**という．

1次の基本行列は，

$$P_1(1;c)=(c)=c \tag{2.24}$$

のみである．

2次の基本行列を具体的にすべて書け．

解説　$c \in \mathbf{R} \setminus \{0\}$ とする．まず，

$$P_2(1;c) = \begin{pmatrix} c & 0 \\ 0 & 1 \end{pmatrix}, \quad P_2(2;c) = \begin{pmatrix} 1 & 0 \\ 0 & c \end{pmatrix} \tag{2.25}$$

である．また，

$$Q_2(1,2) = Q_2(2,1) = \begin{pmatrix} 0 & 1 \\ 1 & 0 \end{pmatrix} \tag{2.26}$$

である．さらに，

$$R_2(1,2;c) = \begin{pmatrix} 1 & c \\ 0 & 1 \end{pmatrix}, \quad R_2(2,1;c) = \begin{pmatrix} 1 & 0 \\ c & 1 \end{pmatrix} \tag{2.27}$$

である．■

問 2.2　3 次の基本行列を具体的にすべて書け．

基本行列に関して，次がなりたつ．

定理 2.2　$A \in M_{m,n}(\mathbf{R})$ とすると，次の(1)～(3)がなりたつ．

（1）$P_m(i;c)A$ は，A の第 i 行を c 倍したものである．

（2）$Q_m(i,j)A$ は，A の第 i 行と第 j 行を入れ替えたものである．

（3）$R_m(i,j;c)A$ は，A の第 i 行に A の第 j 行の c 倍を加えたものである．

すなわち，A に左から $P_m(i;c)$，$Q_m(i,j)$，$R_m(i,j;c)$ を掛けることは，それぞれ 2.1.1 項で述べた行に関する基本変形の(1)～(3)に対応する．

証明　簡単のため，$p, q, r, s, t, u \in \mathbf{R}$ とし，

$$A = \begin{pmatrix} p & q & r \\ s & t & u \end{pmatrix} \in M_{2,3}(\mathbf{R}) \tag{2.28}$$

の場合について示す．

(1) まず，式(2.25)の第 1 式より，

$$P_2(1;c)A = \begin{pmatrix} c & 0 \\ 0 & 1 \end{pmatrix}\begin{pmatrix} p & q & r \\ s & t & u \end{pmatrix} = \begin{pmatrix} cp & cq & cr \\ s & t & u \end{pmatrix} \tag{2.29}$$

である．また，式(2.25)の第 2 式より，

$$P_2(2;c)A = \begin{pmatrix} 1 & 0 \\ 0 & c \end{pmatrix}\begin{pmatrix} p & q & r \\ s & t & u \end{pmatrix} = \begin{pmatrix} p & q & r \\ cs & ct & cu \end{pmatrix} \tag{2.30}$$

である．よって，(1)がなりたつ．

(2) 次に，式(2.26)より，

$$Q_2(1,2)A = Q_2(2,1)A = \begin{pmatrix} 0 & 1 \\ 1 & 0 \end{pmatrix}\begin{pmatrix} p & q & r \\ s & t & u \end{pmatrix} = \begin{pmatrix} s & t & u \\ p & q & r \end{pmatrix} \tag{2.31}$$

である．よって，(2)がなりたつ．

(3) さらに，式(2.27)の第1式より，

$$R_2(1,2;c)A = \begin{pmatrix} 1 & c \\ 0 & 1 \end{pmatrix}\begin{pmatrix} p & q & r \\ s & t & u \end{pmatrix} = \begin{pmatrix} p+cs & q+ct & r+cu \\ s & t & u \end{pmatrix} \tag{2.32}$$

である．また，式(2.27)の第2式より，

$$R_2(2,1;c)A = \begin{pmatrix} 1 & 0 \\ c & 1 \end{pmatrix}\begin{pmatrix} p & q & r \\ s & t & u \end{pmatrix} = \begin{pmatrix} p & q & r \\ s+cp & t+cq & u+cr \end{pmatrix} \tag{2.33}$$

である．よって，(3)がなりたつ． □

定理2.2より，

$$P_m(i;c)P_m\left(i;\frac{1}{c}\right) = P_m\left(i;\frac{1}{c}\right)P_m(i;c) = E_m \tag{2.34}$$

$$Q_m(i,j)Q_m(i,j) = E_m \tag{2.35}$$

$$R_m(i,j;c)R_m(i,j;-c) = R_m(i,j;-c)R_m(i,j;c) = E_m \tag{2.36}$$

である．よって，基本行列はすべて正則であり，とくに，

$$P_m(i;c)^{-1} = P_m\left(i;\frac{1}{c}\right), \quad Q_m(i,j)^{-1} = Q_m(i,j) \tag{2.37}$$

$$R_m(i,j;c)^{-1} = R_m(i,j;-c) \tag{2.38}$$

である．したがって，定理2.1とあわせると，次が得られる．

定理 2.3 $A \in M_{m,n}(\mathbf{R})$ とすると，ある正則行列 $P \in M_m(\mathbf{R})$ が存在し，PA は簡約行列となる．

例 2.5 式(2.10)の簡約化を用いて，

$$P\begin{pmatrix} 2 & 3 & 8 \\ 1 & 2 & 5 \end{pmatrix} = \begin{pmatrix} 1 & 0 & 1 \\ 0 & 1 & 2 \end{pmatrix} \tag{2.39}$$

となる正則行列 $P \in M_2(\mathbf{R})$ を求めよう．まず，式(2.10)に現れている行に関する基本変形に対応する基本行列は順に，$R_2(1,2;-2)$，$P_2(1;-1)$，$R_2(2,1;-2)$，$Q_2(1,2)$ である．よって，

$$\begin{aligned} P &= Q_2(1,2)R_2(2,1;-2)P_2(1;-1)R_2(1,2;-2) \\ &= \begin{pmatrix} 0 & 1 \\ 1 & 0 \end{pmatrix}\begin{pmatrix} 1 & 0 \\ -2 & 1 \end{pmatrix}\begin{pmatrix} -1 & 0 \\ 0 & 1 \end{pmatrix}\begin{pmatrix} 1 & -2 \\ 0 & 1 \end{pmatrix} \end{aligned}$$

$$= \begin{pmatrix} -2 & 1 \\ 1 & 0 \end{pmatrix} \begin{pmatrix} -1 & 2 \\ 0 & 1 \end{pmatrix} = \begin{pmatrix} 2 & -3 \\ -1 & 2 \end{pmatrix} \tag{2.40}$$

である. ■

2.1.6 正則行列の逆行列

例2.5では, $A \in M_{m,n}(\mathbf{R})$ に対して, PA が簡約行列となる正則行列 $P \in M_m(\mathbf{R})$ を求めるために, A を簡約化した後で, 現れた基本変形に対応する基本行列を掛けた. しかし実はそうせずとも, 行列 $(\, A \mid E_m \,)$ に対して, A の部分が簡約行列となるまで行に関する基本変形を行えばよい. このとき, E_m の部分が求める正則行列 P となる. とくに, $A \in M_n(\mathbf{R})$ の簡約化が E_n となる場合は

$$PA = E_n \tag{2.41}$$

となり, 逆行列の基本的性質より, A は正則であり, $A^{-1} = P$ である.

$a \in \mathbf{R}$ とし, $A \in M_2(\mathbf{R})$ を

$$A = \begin{pmatrix} a & 1 \\ 1 & a \end{pmatrix} \tag{2.42}$$

により定める. 行に関する基本変形を用いることにより, A が正則となるような a の値を求めよ. また, A が正則となるとき, A の逆行列を求めよ.

解説 $(\, A \mid E_2 \,)$ に対して, 行に関する基本変形を繰り返すと,

$$\left(\begin{array}{cc|cc} a & 1 & 1 & 0 \\ 1 & a & 0 & 1 \end{array}\right) \xrightarrow{\text{第1行}-\text{第2行}\times a} \left(\begin{array}{cc|cc} 0 & 1-a^2 & 1 & -a \\ 1 & a & 0 & 1 \end{array}\right)$$
$$\xrightarrow{\text{第1行と第2行の入れ替え}} \left(\begin{array}{cc|cc} 1 & a & 0 & 1 \\ 0 & 1-a^2 & 1 & -a \end{array}\right) \tag{2.43}$$

となる.

$1 - a^2 = 0$, すなわち, $a = \pm 1$ のとき, 式(2.43)の最後の行列は

$$\left(\begin{array}{cc|cc} 1 & a & 0 & 1 \\ 0 & 0 & 1 & -a \end{array}\right) \tag{2.44}$$

となる. ここで, $\begin{pmatrix} 1 & a \\ 0 & 0 \end{pmatrix}$ は単位行列ではない簡約行列である. よって, A は正則ではない.

$a \neq \pm 1$ のとき, 式(2.43)の変形をさらに続けると,

$$\left(\begin{array}{cc|cc} 1 & a & 0 & 1 \\ 0 & 1-a^2 & 1 & -a \end{array}\right) \xrightarrow{\text{第2行}\times \frac{1}{1-a^2}} \left(\begin{array}{cc|cc} 1 & a & 0 & 1 \\ 0 & 1 & \frac{1}{1-a^2} & -\frac{a}{1-a^2} \end{array}\right)$$

$$\xrightarrow{\text{第 1 行}-\text{第 2 行}\times a} \left(\begin{array}{cc|cc} 1 & 0 & -\frac{a}{1-a^2} & \frac{1}{1-a^2} \\ 0 & 1 & \frac{1}{1-a^2} & -\frac{a}{1-a^2} \end{array}\right) \tag{2.45}$$

となる．よって，A は正則であり，A の逆行列は

$$A^{-1} = \begin{pmatrix} -\frac{a}{1-a^2} & \frac{1}{1-a^2} \\ \frac{1}{1-a^2} & -\frac{a}{1-a^2} \end{pmatrix} = \frac{1}{a^2-1}\begin{pmatrix} a & -1 \\ -1 & a \end{pmatrix} \tag{2.46}$$

である． ■

問 2.3 $a \in \mathbf{R}$ とし，$A \in M_3(\mathbf{R})$ を

$$A = \begin{pmatrix} a & 1 & 1 \\ 1 & a & 1 \\ 1 & 1 & a \end{pmatrix} \tag{2.47}$$

により定める．行に関する基本変形を用いることにより，A が正則となるような a の値を求めよ．また，A が正則となるとき，A の逆行列を求めよ．

2.2 内積空間の正規直交基底

2.2.1 内積空間

ここでは，内積空間に関する準備をしておこう．まず，1.1.4 項で述べたように，ユークリッド空間とは数ベクトル空間に標準内積を兼ね備えたものであった．このことを一般化し，次のように定める．

定義 2.2 V をベクトル空間➲定義 1.1，$\langle\ ,\ \rangle\colon V \times V \to \mathbf{R}$ を実数値関数とする．任意の $\boldsymbol{x}, \boldsymbol{y}, \boldsymbol{z} \in V$ および任意の $c \in \mathbf{R}$ に対して，次の(1)〜(3)がなりたつとき，$\langle\ ,\ \rangle$ を V の**内積**といい，組 $(V, \langle\ ,\ \rangle)$ または V を**内積空間**または**計量ベクトル空間**という．

（1）$\langle \boldsymbol{x}, \boldsymbol{y} \rangle = \langle \boldsymbol{y}, \boldsymbol{x} \rangle$（**対称性**）

（2）$\langle \boldsymbol{x}+\boldsymbol{y}, \boldsymbol{z} \rangle = \langle \boldsymbol{x}, \boldsymbol{z} \rangle + \langle \boldsymbol{y}, \boldsymbol{z} \rangle$，$\langle c\boldsymbol{x}, \boldsymbol{y} \rangle = c\langle \boldsymbol{x}, \boldsymbol{y} \rangle$（**線形性**）

（3）$\langle \boldsymbol{x}, \boldsymbol{x} \rangle \geq 0$ であり，$\langle \boldsymbol{x}, \boldsymbol{x} \rangle = 0$ となるのは $\boldsymbol{x} = \mathbf{0}$ のときに限る．（**正値性**）

ユークリッド空間 $\mathbf{R}^n$ は内積空間である． ■

例 2.7　$a, b \in \mathbf{R}$，$a < b$ とし，$C([a,b])$ を有界閉区間

$$[a,b] = \{x \in \mathbf{R} \mid a \leq x \leq b\} \tag{2.48}$$

で連続な実数値関数全体の集合とする．すなわち，

$$C([a,b]) = \{f\colon\ [a,b] \to \mathbf{R} \mid f \text{ は連続}\} \tag{2.49}$$

である．$f, g \in C([a,b])$ とすると，f と g の和 $f+g \in C([a,b])$ を

$$(f+g)(x) = f(x) + g(x) \quad (x \in [a,b]) \tag{2.50}$$

により定めることができる．さらに，$c \in \mathbf{R}$ とすると，f の c 倍 $cf \in C([a,b])$ を

$$(cf)(x) = cf(x) \quad (x \in [a,b]) \tag{2.51}$$

により定めることができる．このとき，例題 1.1 および問 1.1 と同様に，$C([a,b])$ は定義 1.1 の条件(1)〜(8)をみたし，ベクトル空間となる．

ここで，実数値関数 $\langle\ ,\ \rangle\colon C([a,b]) \times C([a,b]) \to \mathbf{R}$ を

$$\langle f, g\rangle = \int_a^b f(x)g(x)\,dx \quad (f,\ g \in C([a,b])) \tag{2.52}$$

により定める．このとき，定積分の基本的性質より，$\langle\ ,\ \rangle$ は定義 2.2 の条件(1)〜(3)をみたす．よって，$\langle\ ,\ \rangle$ は $C([a,b])$ の内積となり，$(C([a,b]), \langle\ ,\ \rangle)$ は内積空間である．■

例 2.8　$(V, \langle\ ,\ \rangle)$ を内積空間，W を V の部分空間 ➔問題 1.1 とし，$\langle\ ,\ \rangle|_{W\times W}$ を V の内積 $\langle\ ,\ \rangle$ の $W \times W$ への制限とする．すなわち，

$$\langle \boldsymbol{x}, \boldsymbol{y}\rangle|_{W\times W} = \langle \boldsymbol{x}, \boldsymbol{y}\rangle \quad (\boldsymbol{x},\ \boldsymbol{y} \in W) \tag{2.53}$$

である．このとき，明らかに $\langle\ ,\ \rangle|_{W\times W}$ は定義 2.2 の条件(1)〜(3)をみたす．よって，$\langle\ ,\ \rangle|_{W\times W}$ は W の内積となり，$(W, \langle\ ,\ \rangle|_{W\times W})$ は内積空間である．■

内積空間に対して，次がなりたつことがわかる．

定理 2.4　$(V, \langle\ ,\ \rangle)$ を内積空間とし，$\boldsymbol{x}, \boldsymbol{x}_1, \boldsymbol{x}_2, \ldots, \boldsymbol{x}_n, \boldsymbol{y}, \boldsymbol{y}_1, \boldsymbol{y}_2, \ldots, \boldsymbol{y}_n \in V$，$c_1, c_2, \ldots, c_n \in \mathbf{R}$ とすると，次の(1)〜(3)がなりたつ．

（1）$\langle c_1\boldsymbol{x}_1 + c_2\boldsymbol{x}_2 + \cdots + c_n\boldsymbol{x}_n, \boldsymbol{y}\rangle = c_1\langle \boldsymbol{x}_1, \boldsymbol{y}\rangle + c_2\langle \boldsymbol{x}_2, \boldsymbol{y}\rangle + \cdots + c_n\langle \boldsymbol{x}_n, \boldsymbol{y}\rangle$

（2）$\langle \boldsymbol{x}, c_1\boldsymbol{y}_1 + c_2\boldsymbol{y}_2 + \cdots + c_n\boldsymbol{y}_n \rangle = c_1\langle \boldsymbol{x}, \boldsymbol{y}_1 \rangle + c_2\langle \boldsymbol{x}, \boldsymbol{y}_2 \rangle + \cdots + c_n\langle \boldsymbol{x}, \boldsymbol{y}_n \rangle$

（3）$\langle \boldsymbol{0}, \boldsymbol{x} \rangle = \langle \boldsymbol{x}, \boldsymbol{0} \rangle = 0$

注意 2.1 | 定理 2.4 (1)，(2)の性質も，内積の線形性という．

2.2.2 内積空間のノルム

ユークリッド空間の場合と同様に，内積空間に対してノルムを考えることができる➲1.1.5項．$(V, \langle\ ,\ \rangle)$ を内積空間とする．このとき，内積の正値性➲定義2.2(3) より，実数値関数 $\|\ \|: V \to \mathbf{R}$ を

$$\|\boldsymbol{x}\| = \sqrt{\langle \boldsymbol{x}, \boldsymbol{x} \rangle} \quad (\boldsymbol{x} \in V) \tag{2.54}$$

により定めることができる．$\|\ \|$ を V の**ノルム**，$\|\boldsymbol{x}\|$ を $\boldsymbol{x}$ の**大きさ**または**ノルム**という．さらに，次がなりたつ．

定理 2.5 $(V, \langle\ ,\ \rangle)$ を内積空間とし，$\boldsymbol{x}, \boldsymbol{y} \in V$，$c \in \mathbf{R}$ とすると，次の(1)～(4)がなりたつ．

（1）$\|\boldsymbol{x}\| \geq 0$ であり，$\|\boldsymbol{x}\| = 0$ となるのは $\boldsymbol{x} = \boldsymbol{0}$ のときに限る．(**正値性**)

（2）$\|c\boldsymbol{x}\| = |c|\|\boldsymbol{x}\|$

（3）$|\langle \boldsymbol{x}, \boldsymbol{y} \rangle| \leq \|\boldsymbol{x}\|\|\boldsymbol{y}\|$ (**コーシー－シュワルツの不等式**)

（4）$\|\boldsymbol{x} + \boldsymbol{y}\| \leq \|\boldsymbol{x}\| + \|\boldsymbol{y}\|$ (**三角不等式**)

証明 (1)，(2)のみ示し，(3)は問 2.4 とする．また，(4)の証明については，定理 1.3 (4) の証明とまったく同様である．

(1) ノルムの定義➲式(2.54) より，$\|\boldsymbol{x}\| \geq 0$ である．さらに，$\|\boldsymbol{x}\| = 0$ となるのは $\langle \boldsymbol{x}, \boldsymbol{x} \rangle = 0$ のとき，すなわち，内積の正値性➲定義2.2(3) より，$\boldsymbol{x} = \boldsymbol{0}$ のときである．よって，(1)がなりたつ．

(2) ノルムの定義➲式(2.54) および内積の線形性➲定理2.4(1)，(2) より，

$$\|c\boldsymbol{x}\| = \sqrt{\langle c\boldsymbol{x}, c\boldsymbol{x} \rangle} = \sqrt{c^2\langle \boldsymbol{x}, \boldsymbol{x} \rangle} = |c|\sqrt{\langle \boldsymbol{x}, \boldsymbol{x} \rangle} = |c|\|\boldsymbol{x}\| \tag{2.55}$$

となる．よって，(2)がなりたつ． □

問 2.4 定理 2.5 において，$t \in \mathbf{R}$ に対して，$\|t\boldsymbol{x} + \boldsymbol{y}\|^2$ を計算することにより，(3)を示せ．

また，内積空間のノルムに関して，次がなりたつ．

定理 2.6 (中線定理) $(V, \langle\ ,\ \rangle)$ を内積空間とし，$\boldsymbol{x}, \boldsymbol{y} \in V$ とすると，

$$\|\boldsymbol{x}+\boldsymbol{y}\|^2 + \|\boldsymbol{x}-\boldsymbol{y}\|^2 = 2(\|\boldsymbol{x}\|^2 + \|\boldsymbol{y}\|^2) \tag{2.56}$$

である（図 2.4）.

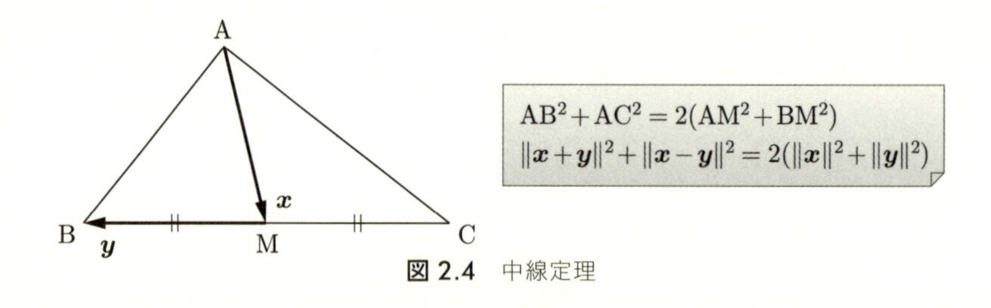

図 2.4 中線定理

証明 ノルムの定義→式(2.54) および内積の線形性→定理2.4(1), (2) より,

$$\begin{aligned}\|\boldsymbol{x}+\boldsymbol{y}\|^2 + \|\boldsymbol{x}-\boldsymbol{y}\|^2 &= \langle \boldsymbol{x}+\boldsymbol{y}, \boldsymbol{x}+\boldsymbol{y}\rangle + \langle \boldsymbol{x}-\boldsymbol{y}, \boldsymbol{x}-\boldsymbol{y}\rangle \\ &= \langle \boldsymbol{x}, \boldsymbol{x}\rangle + \langle \boldsymbol{x}, \boldsymbol{y}\rangle + \langle \boldsymbol{y}, \boldsymbol{x}\rangle + \langle \boldsymbol{y}, \boldsymbol{y}\rangle + \langle \boldsymbol{x}, \boldsymbol{x}\rangle - \langle \boldsymbol{x}, \boldsymbol{y}\rangle - \langle \boldsymbol{y}, \boldsymbol{x}\rangle + \langle \boldsymbol{y}, \boldsymbol{y}\rangle \\ &= 2(\langle \boldsymbol{x}, \boldsymbol{x}\rangle + \langle \boldsymbol{y}, \boldsymbol{y}\rangle) = 2(\|\boldsymbol{x}\|^2 + \|\boldsymbol{y}\|^2)\end{aligned} \tag{2.57}$$

となる．よって，式(2.56)がなりたつ． □

注意 2.2 ベクトル空間 V に対して，実数値関数 $\|\ \|: V \to \mathbf{R}$ が定理 2.5 の条件(1)，(2)，(4)をみたすとき，組 $(V, \|\ \|)$ を**ノルム空間**という．ノルム空間に対して，中線定理がなりたつこととノルムが内積から定められることは同値であることが知られている．

また，ユークリッド空間の場合と同様に，内積空間に対して距離とよばれるものを考えることができる→1.2.1項．

2.2.3 基底と次元

定理 1.8 では直交行列をユークリッド空間のノルムや標準内積を保つ行列として特徴付けたが，直交行列は正規直交基底とよばれる概念を用いても特徴付けることができる．まず，準備として，ベクトル空間について，その基底を次のように定めることにしよう．

定義 2.3 V をベクトル空間とし，$\boldsymbol{a}_1, \boldsymbol{a}_2, \ldots, \boldsymbol{a}_n \in V$ とする．組 $\{\boldsymbol{a}_1, \boldsymbol{a}_2, \ldots, \boldsymbol{a}_n\}$ が次の(1)，(2)をみたすとき，$\{\boldsymbol{a}_1, \boldsymbol{a}_2, \ldots, \boldsymbol{a}_n\}$ を V の**基底**という．

（1）$\boldsymbol{a}_1, \boldsymbol{a}_2, \ldots, \boldsymbol{a}_n$ は**1次独立**である．すなわち，$c_1, c_2, \ldots, c_n \in \mathbf{R}$ に対して，

$$c_1\boldsymbol{a}_1 + c_2\boldsymbol{a}_2 + \cdots + c_n\boldsymbol{a}_n = \mathbf{0} \tag{2.58}$$

ならば，

$$c_1 = c_2 = \cdots = c_n = 0 \tag{2.59}$$

である．

（2）V は $\boldsymbol{a}_1, \boldsymbol{a}_2, \ldots, \boldsymbol{a}_n$ で**生成される**，すなわち，

$$V = \{c_1\boldsymbol{a}_1 + c_2\boldsymbol{a}_2 + \cdots + c_n\boldsymbol{a}_n \mid c_1, c_2, \ldots, c_n \in \mathbf{R}\} \tag{2.60}$$

である．

定義 2.3 において，V の基底は一意的ではないが，基底を構成するベクトルの個数 n は基底の選び方に依存しないことがわかる．そこで，基底を構成するベクトルの個数を $\dim V$ と表し，V の**次元**という．

数ベクトル空間としての $\mathbf{R}^n$ の基底について，いくつか述べておこう．

例 2.9 （標準基底） $\boldsymbol{e}_1, \boldsymbol{e}_2, \ldots, \boldsymbol{e}_n \in \mathbf{R}^n$ を $\mathbf{R}^n$ の基本ベクトル➲定理 1.10 の証明 とする．このとき，$c_1, c_2, \ldots, c_n \in \mathbf{R}$ に対して，

$$c_1\boldsymbol{e}_1 + c_2\boldsymbol{e}_2 + \cdots + c_n\boldsymbol{e}_n = \mathbf{0} \tag{2.61}$$

とすると，

$$\begin{pmatrix} c_1 \\ c_2 \\ \vdots \\ c_n \end{pmatrix} = \mathbf{0} \tag{2.62}$$

である．よって，式(2.59)がなりたち，$\boldsymbol{e}_1, \boldsymbol{e}_2, \ldots, \boldsymbol{e}_n$ は 1 次独立である．すなわち，$\boldsymbol{e}_1, \boldsymbol{e}_2, \ldots, \boldsymbol{e}_n$ は定義 2.3 の条件(1)をみたす．また，$\boldsymbol{x} \in \mathbf{R}^n$ を

$$\boldsymbol{x} = \begin{pmatrix} x_1 \\ x_2 \\ \vdots \\ x_n \end{pmatrix} \quad (x_1, x_2, \ldots, x_n \in \mathbf{R}) \tag{2.63}$$

と表しておくと，

$$\boldsymbol{x} = x_1\boldsymbol{e}_1 + x_2\boldsymbol{e}_2 + \cdots + x_n\boldsymbol{e}_n \tag{2.64}$$

である．よって，$\mathbf{R}^n$ は $\boldsymbol{e}_1, \boldsymbol{e}_2, \ldots, \boldsymbol{e}_n$ で生成される．すなわち，$\boldsymbol{e}_1, \boldsymbol{e}_2, \ldots, \boldsymbol{e}_n$ は定義 2.3 の条件(2)をみたす．したがって，$\{\boldsymbol{e}_1, \boldsymbol{e}_2, \ldots, \boldsymbol{e}_n\}$ は $\mathbf{R}^n$ の基底である．これを $\mathbf{R}^n$ の**標準基底**という．とくに，

$$\dim \mathbf{R}^n = n \tag{2.65}$$

である．■

式(2.65)より，$\mathbf{R}^n$ の基底は n 個のベクトルから構成されるが，実際に，$\mathbf{R}^n$ の n 個のベクトルが基底となるための条件は次のようになることがわかる．

定理 2.7　$\boldsymbol{a}_1, \boldsymbol{a}_2, \ldots, \boldsymbol{a}_n \in \mathbf{R}^n$ とする．$\{\boldsymbol{a}_1, \boldsymbol{a}_2, \ldots, \boldsymbol{a}_n\}$ が $\mathbf{R}^n$ の基底となるための必要十分条件は，

$$|\,\boldsymbol{a}_1\ \boldsymbol{a}_2\ \cdots\ \boldsymbol{a}_n\,| \neq 0 \tag{2.66}$$

である．

例 2.10　例 2.9 において，定理 2.7 を用いて，$\{\boldsymbol{e}_1, \boldsymbol{e}_2, \ldots, \boldsymbol{e}_n\}$ が $\mathbf{R}^n$ の基底であることを確かめることができる．実際，問題 1.4 (d)より，

$$|\,\boldsymbol{e}_1\ \boldsymbol{e}_2\ \cdots\ \boldsymbol{e}_n\,| = |E_n| = 1 \neq 0 \tag{2.67}$$

となるからである．■

例 2.11　$\boldsymbol{a}_1, \boldsymbol{a}_2 \in \mathbf{R}^2$ を

$$\boldsymbol{a}_1 = \begin{pmatrix} 1 \\ 2 \end{pmatrix}, \quad \boldsymbol{a}_2 = \begin{pmatrix} 3 \\ 4 \end{pmatrix} \tag{2.68}$$

により定める．このとき，式(1.94)より，

$$|\,\boldsymbol{a}_1\ \boldsymbol{a}_2\,| = \begin{vmatrix} 1 & 3 \\ 2 & 4 \end{vmatrix} = 1 \cdot 4 - 3 \cdot 2 = -2 \neq 0 \tag{2.69}$$

である．よって，定理 2.7 より，$\{\boldsymbol{a}_1, \boldsymbol{a}_2\}$ は $\mathbf{R}^2$ の基底である．■

$\boldsymbol{a}_1, \boldsymbol{a}_2, \boldsymbol{a}_3 \in \mathbf{R}^3$ を

$$\boldsymbol{a}_1 = \begin{pmatrix} 0 \\ 1 \\ 2 \end{pmatrix}, \quad \boldsymbol{a}_2 = \begin{pmatrix} 2 \\ 0 \\ 1 \end{pmatrix}, \quad \boldsymbol{a}_3 = \begin{pmatrix} 1 \\ 2 \\ 0 \end{pmatrix} \tag{2.70}$$

により定める．$\{\boldsymbol{a}_1, \boldsymbol{a}_2, \boldsymbol{a}_3\}$ は $\mathbf{R}^3$ の基底であることを示せ．

解説 まず，3 次行列の行列式は

$$\begin{vmatrix} a_{11} & a_{12} & a_{13} \\ a_{21} & a_{22} & a_{23} \\ a_{31} & a_{32} & a_{33} \end{vmatrix} = a_{11}a_{22}a_{33} + a_{12}a_{23}a_{31} + a_{13}a_{21}a_{32} - a_{13}a_{22}a_{31} - a_{12}a_{21}a_{33} - a_{11}a_{23}a_{32} \tag{2.71}$$

と表されることがわかる．よって，

$$\begin{aligned} |\,\boldsymbol{a}_1\ \boldsymbol{a}_2\ \boldsymbol{a}_3\,| &= \begin{vmatrix} 0 & 2 & 1 \\ 1 & 0 & 2 \\ 2 & 1 & 0 \end{vmatrix} \\ &= 0\cdot 0\cdot 0 + 2\cdot 2\cdot 2 + 1\cdot 1\cdot 1 - 1\cdot 0\cdot 2 - 2\cdot 1\cdot 0 - 0\cdot 2\cdot 1 \\ &= 9 \neq 0 \end{aligned} \tag{2.72}$$

である．したがって，定理 2.7 より，$\{\boldsymbol{a}_1, \boldsymbol{a}_2, \boldsymbol{a}_3\}$ は $\mathbf{R}^3$ の基底である． ■

問 2.5 $\boldsymbol{a}_1, \boldsymbol{a}_2, \boldsymbol{a}_3 \in \mathbf{R}^3$ を

$$\boldsymbol{a}_1 = \begin{pmatrix} 1 \\ 2 \\ 3 \end{pmatrix}, \quad \boldsymbol{a}_2 = \begin{pmatrix} 3 \\ 1 \\ 2 \end{pmatrix}, \quad \boldsymbol{a}_3 = \begin{pmatrix} 2 \\ 3 \\ 1 \end{pmatrix} \tag{2.73}$$

により定める．$\{\boldsymbol{a}_1, \boldsymbol{a}_2, \boldsymbol{a}_3\}$ は $\mathbf{R}^3$ の基底であることを示せ．

また，一般のベクトル空間に対しては，次がなりたつことがわかる．

定理 2.8 V を n 次元のベクトル空間とし，$\boldsymbol{a}_1, \boldsymbol{a}_2, \ldots, \boldsymbol{a}_n \in V$ とすると，次の(1)～(3)は互いに同値である．

(1) $\{\boldsymbol{a}_1, \boldsymbol{a}_2, \ldots, \boldsymbol{a}_n\}$ は V の基底である．

(2) $\boldsymbol{a}_1, \boldsymbol{a}_2, \ldots, \boldsymbol{a}_n$ は 1 次独立である．

(3) V は $\boldsymbol{a}_1, \boldsymbol{a}_2, \ldots, \boldsymbol{a}_n$ で生成される．

注意 2.3 定理 2.8 において，$V = \mathbf{R}^n$ のとき，条件(1)～(3)は $(\,\boldsymbol{a}_1\ \boldsymbol{a}_2\ \cdots\ \boldsymbol{a}_n\,) \in M_n(\mathbf{R})$ が正則であることと同値である．

2.2.4 正規直交基底

内積空間に対しては，正規直交基底とよばれる特別な基底を考えることができる．まず，1.1.6 項で述べたように，2 次元ユークリッド空間 $\mathbf{R}^2$ の元を平面ベクトルとみなすと，零ベクトルではない二つの平面ベクトルの直交性は内積が 0 となることとして言い換えられたことを思い出そう．そこで，一般の内積空間の二つのベクト

ルの直交性について，次のように定める．

定義 2.4　$(V, \langle\ ,\ \rangle)$ を内積空間とする．$\boldsymbol{x}, \boldsymbol{y} \in V$ に対して，

$$\langle \boldsymbol{x}, \boldsymbol{y} \rangle = 0 \tag{2.74}$$

となるとき，$\boldsymbol{x}$ と $\boldsymbol{y}$ は**直交する**という．

直交するベクトルに関して，次がなりたつことがわかる．

定理 2.9　$(V, \langle\ ,\ \rangle)$ を内積空間とし，$\boldsymbol{a}_1, \boldsymbol{a}_2, \ldots, \boldsymbol{a}_m \in V \setminus \{\boldsymbol{0}\}$ とする[5]．$\boldsymbol{a}_1, \boldsymbol{a}_2, \ldots, \boldsymbol{a}_m$ が互いに直交するならば，$\boldsymbol{a}_1, \boldsymbol{a}_2, \ldots, \boldsymbol{a}_m$ は1次独立である．

$(V, \langle\ ,\ \rangle)$ を n 次元の内積空間とし，$\boldsymbol{a}_1, \boldsymbol{a}_2, \ldots, \boldsymbol{a}_n \in V$ とする．さらに，任意の $i, j = 1, 2, \ldots, n$ に対して，

$$\langle \boldsymbol{a}_i, \boldsymbol{a}_j \rangle = \delta_{ij} \tag{2.75}$$

がなりたつと仮定しよう．ただし，δ_{ij} はクロネッカーのデルタ，すなわち，$i, j = 1, 2, \ldots, n$ に対して，

$$\delta_{ij} = \begin{cases} 1 & (i = j) \\ 0 & (i \neq j) \end{cases} \tag{2.76}$$

である．このとき，内積の正値性➲定義 2.2 (3) より，$\boldsymbol{a}_1, \boldsymbol{a}_2, \ldots, \boldsymbol{a}_n \neq \boldsymbol{0}$ である．また，$\boldsymbol{a}_1, \boldsymbol{a}_2, \ldots, \boldsymbol{a}_n$ は互いに直交する．よって，定理 2.9 より，$\boldsymbol{a}_1, \boldsymbol{a}_2, \ldots, \boldsymbol{a}_n$ は1次独立である．したがって，定理 2.8 の (2) $\Rightarrow$ (1) より，$\{\boldsymbol{a}_1, \boldsymbol{a}_2, \ldots, \boldsymbol{a}_n\}$ は V の基底である．そこで，式(2.75)をみたす内積空間 V の基底 $\{\boldsymbol{a}_1, \boldsymbol{a}_2, \ldots, \boldsymbol{a}_n\}$ を**正規直交基底**という．

例 2.12　例 2.9 で述べた $\mathbf{R}^n$ の標準基底 $\{\boldsymbol{e}_1, \boldsymbol{e}_2, \ldots, \boldsymbol{e}_n\}$ は，数ベクトル空間としての $\mathbf{R}^n$ の基底である．ここではさらに，標準内積を考えよう．すなわち，$\mathbf{R}^n$ はユークリッド空間である．このとき，標準内積の定義➲式 (1.9) より，任意の $i, j = 1, 2, \ldots, n$ に対して，

$$\langle \boldsymbol{e}_i, \boldsymbol{e}_j \rangle = \delta_{ij} \tag{2.77}$$

となる．よって，$\{\boldsymbol{e}_1, \boldsymbol{e}_2, \ldots, \boldsymbol{e}_n\}$ は $\mathbf{R}^n$ の正規直交基底である．■

5）m は V の次元であるとは限らない．

2.2.5 直交行列と正規直交基底

それでは，直交行列をユークリッド空間の正規直交基底を用いて特徴付けよう．

定理 2.10　$A \in M_n(\mathbf{R})$ を

$$A = (\, \boldsymbol{a}_1 \; \boldsymbol{a}_2 \; \cdots \; \boldsymbol{a}_n \,) \tag{2.78}$$

と列ベクトルに分割しておく．このとき，$A \in \mathrm{O}(n)$ であることと $\{\boldsymbol{a}_1, \boldsymbol{a}_2, \ldots, \boldsymbol{a}_n\}$ が $\mathbf{R}^n$ の正規直交基底であることは同値である．

証明　式(2.78)および式(1.43)より，

$$\begin{aligned} A^{\mathrm{T}}A &= \begin{pmatrix} \boldsymbol{a}_1^{\mathrm{T}} \\ \boldsymbol{a}_2^{\mathrm{T}} \\ \vdots \\ \boldsymbol{a}_n^{\mathrm{T}} \end{pmatrix} (\, \boldsymbol{a}_1 \; \boldsymbol{a}_2 \; \cdots \; \boldsymbol{a}_n \,) = \begin{pmatrix} \boldsymbol{a}_1^{\mathrm{T}}\boldsymbol{a}_1 & \boldsymbol{a}_1^{\mathrm{T}}\boldsymbol{a}_2 & \cdots & \boldsymbol{a}_1^{\mathrm{T}}\boldsymbol{a}_n \\ \boldsymbol{a}_2^{\mathrm{T}}\boldsymbol{a}_1 & \boldsymbol{a}_2^{\mathrm{T}}\boldsymbol{a}_2 & \cdots & \boldsymbol{a}_2^{\mathrm{T}}\boldsymbol{a}_n \\ \vdots & \vdots & \ddots & \vdots \\ \boldsymbol{a}_n^{\mathrm{T}}\boldsymbol{a}_1 & \boldsymbol{a}_n^{\mathrm{T}}\boldsymbol{a}_2 & \cdots & \boldsymbol{a}_n^{\mathrm{T}}\boldsymbol{a}_n \end{pmatrix} \\ &= \begin{pmatrix} \langle \boldsymbol{a}_1, \boldsymbol{a}_1 \rangle & \langle \boldsymbol{a}_1, \boldsymbol{a}_2 \rangle & \cdots & \langle \boldsymbol{a}_1, \boldsymbol{a}_n \rangle \\ \langle \boldsymbol{a}_2, \boldsymbol{a}_1 \rangle & \langle \boldsymbol{a}_2, \boldsymbol{a}_2 \rangle & \cdots & \langle \boldsymbol{a}_2, \boldsymbol{a}_n \rangle \\ \vdots & \vdots & \ddots & \vdots \\ \langle \boldsymbol{a}_n, \boldsymbol{a}_1 \rangle & \langle \boldsymbol{a}_n, \boldsymbol{a}_2 \rangle & \cdots & \langle \boldsymbol{a}_n, \boldsymbol{a}_n \rangle \end{pmatrix} \end{aligned} \tag{2.79}$$

となる．よって，注意 1.4 および正規直交基底の定義より，$A \in \mathrm{O}(n)$ であることと $\{\boldsymbol{a}_1, \boldsymbol{a}_2, \ldots, \boldsymbol{a}_n\}$ が $\mathbf{R}^n$ の正規直交基底であることは同値である．　□

例 2.13　$\mathbf{R}^2$ の正規直交基底は，ある $\theta \in [0, 2\pi)$ を用いて

$$\left\{ \begin{pmatrix} \cos\theta \\ \sin\theta \end{pmatrix}, \begin{pmatrix} \cos\left(\theta \pm \frac{\pi}{2}\right) \\ \sin\left(\theta \pm \frac{\pi}{2}\right) \end{pmatrix} \right\} \quad \text{（複号同順）} \tag{2.80}$$

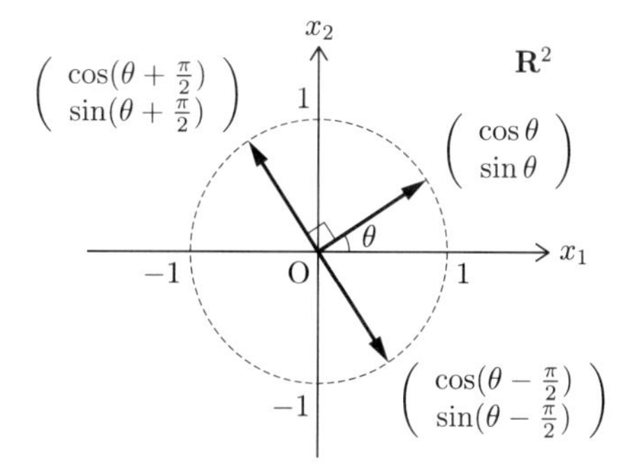

図 2.5　$\mathbf{R}^2$ の正規直交基底

と表すことができる（図 2.5）．よって，定理 2.10 を用いることにより，式(1.53)を導くことができる． ■

3 次の直交行列については，次がなりたつ．

定理 2.11　$A \in \mathrm{O}(3)$ とする．このとき，ある $P \in \mathrm{O}(3)$ および $\theta \in [0, 2\pi)$ が存在し，

$$P^{-1}AP = \begin{pmatrix} \pm 1 & 0 & 0 \\ 0 & \cos\theta & -\sin\theta \\ 0 & \sin\theta & \cos\theta \end{pmatrix} \tag{2.81}$$

となる．

証明　$|A| = \varepsilon$ とする．ただし，$\varepsilon = \pm 1$ である➲問題 1.4(2)．このとき，問題 1.6 より，固有値 ε に対する A の固有ベクトルが存在する．とくに，A の成分が実数であり，$\varepsilon \in \mathbf{R}$ であることに注意すると，ある $\boldsymbol{p}_1 \in \mathbf{R}^3 \setminus \{\mathbf{0}\}$ が存在し，

$$A\boldsymbol{p}_1 = \varepsilon \boldsymbol{p}_1 \tag{2.82}$$

となる．さらに，$\boldsymbol{p}_1, \boldsymbol{p}_2, \boldsymbol{p}_3 \in \mathbf{R}^3$ を $\{\boldsymbol{p}_1, \boldsymbol{p}_2, \boldsymbol{p}_3\}$ が $\mathbf{R}^3$ の正規直交基底となるように選んでおく（図 2.6）．

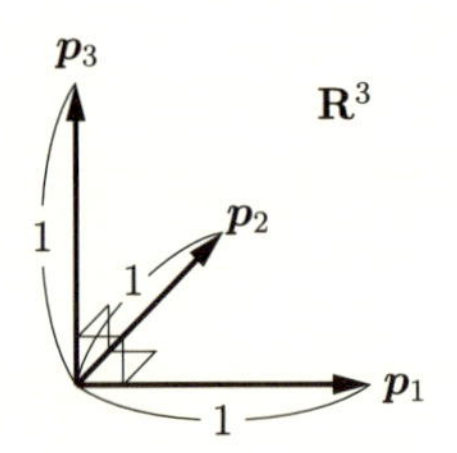

図 2.6　$\mathbf{R}^3$ の正規直交基底 $\{\boldsymbol{p}_1, \boldsymbol{p}_2, \boldsymbol{p}_3\}$

ここで，$P \in M_3(\mathbf{R})$ を

$$P = (\,\boldsymbol{p}_1\ \boldsymbol{p}_2\ \boldsymbol{p}_3\,) \tag{2.83}$$

により定める．このとき，定理 2.10 より，$P \in \mathrm{O}(3)$ である．また，

$$P^{-1} = P^{\mathrm{T}} \in \mathrm{O}(3) \tag{2.84}$$

である➲注意 1.4．さらに，$i, j = 1, 2, 3$ とすると，式(2.82)，(1.43)，正規直交基底の定義および定理 1.8 の (1) ⇒ (3) より，

$$\boldsymbol{p}_i^{\mathrm{T}} A\boldsymbol{p}_1 = \boldsymbol{p}_i^{\mathrm{T}}(\varepsilon \boldsymbol{p}_1) = \langle \boldsymbol{p}_i, \varepsilon \boldsymbol{p}_1 \rangle = \varepsilon \langle \boldsymbol{p}_i, \boldsymbol{p}_1 \rangle = \varepsilon \delta_{i1} \tag{2.85}$$

$$\boldsymbol{p}_1^{\mathrm{T}} A\boldsymbol{p}_j = (\varepsilon A\boldsymbol{p}_1)^{\mathrm{T}} A\boldsymbol{p}_j = \langle \varepsilon A\boldsymbol{p}_1, A\boldsymbol{p}_j \rangle = \varepsilon \langle A\boldsymbol{p}_1, A\boldsymbol{p}_j \rangle = \varepsilon \langle \boldsymbol{p}_1, \boldsymbol{p}_j \rangle = \varepsilon \delta_{1j} \tag{2.86}$$

となる．

式(2.83)～(2.86)より，

$$P^{-1}AP = P^{\mathrm{T}}AP = \begin{pmatrix} \boldsymbol{p}_1^{\mathrm{T}} \\ \boldsymbol{p}_2^{\mathrm{T}} \\ \boldsymbol{p}_3^{\mathrm{T}} \end{pmatrix} A(\,\boldsymbol{p}_1\ \boldsymbol{p}_2\ \boldsymbol{p}_3\,) = \begin{pmatrix} \boldsymbol{p}_1^{\mathrm{T}} \\ \boldsymbol{p}_2^{\mathrm{T}} \\ \boldsymbol{p}_3^{\mathrm{T}} \end{pmatrix} (\,A\boldsymbol{p}_1\ A\boldsymbol{p}_2\ A\boldsymbol{p}_3\,)$$

$$= \begin{pmatrix} \varepsilon & 0 & 0 \\ 0 & & \\ 0 & \multicolumn{2}{c}{B} \end{pmatrix} \tag{2.87}$$

すなわち，

$$P^{-1}AP = \begin{pmatrix} \varepsilon & 0 & 0 \\ 0 & & \\ 0 & \multicolumn{2}{c}{B} \end{pmatrix} \tag{2.88}$$

となる．ただし，$B \in M_2(\mathbf{R})$ である．以下は問 2.6 とする．　□

問 2.6　式(2.88)について，次の問いに答えよ．

（1）$P^{-1}AP \in \mathrm{O}(3)$ かつ $|PAP^{-1}| = \varepsilon$ であることを示せ．

（2）一般に，$n = 2, 3, \ldots$ とすると，

$$\begin{vmatrix} a_{11} & a_{12} & \cdots & a_{1n} \\ 0 & a_{22} & \cdots & a_{2n} \\ \vdots & \vdots & \ddots & \vdots \\ 0 & a_{n2} & \cdots & a_{nn} \end{vmatrix} = a_{11} \begin{vmatrix} a_{22} & \cdots & a_{2n} \\ \vdots & \ddots & \vdots \\ a_{n2} & \cdots & a_{nn} \end{vmatrix} \tag{2.89}$$

であることがわかる．このことを用いて，式(2.88)から式(2.81)が得られることを示せ．

2.3　等長変換の幾何学的意味

2.3.1　1 次～3 次の直交行列

定理 1.11 では，ユークリッド空間 $\mathbf{R}^n$ の等長変換 $f\colon \mathbf{R}^n \to \mathbf{R}^n$ が，直交行列 $A \in \mathrm{O}(n)$ と列ベクトル $\boldsymbol{b} \in \mathbf{R}^n$ を用いて，

$$f(\boldsymbol{x}) = A\boldsymbol{x} + \boldsymbol{b} \quad (\boldsymbol{x} \in \mathbf{R}^n) \tag{2.90}$$

と表されることを述べた．よって，f の幾何学的意味を調べるには，A や $\boldsymbol{b}$ の幾何学的意味を調べればよい．

まず，$A = E_n$ とする．このとき，式(2.90)は

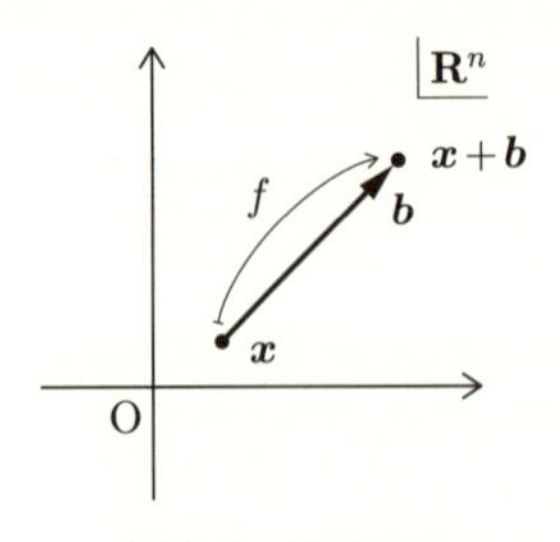

図 2.7 平行移動

$$f(\boldsymbol{x}) = \boldsymbol{x} + \boldsymbol{b} \quad (\boldsymbol{x} \in \mathbf{R}^n) \tag{2.91}$$

となる．よって，f は $\boldsymbol{x}$ を $\boldsymbol{x}+\boldsymbol{b}$ へ写す平行移動を意味する（図 2.7）．

次に，$\boldsymbol{b} = \boldsymbol{0}$ とする．このとき，式(2.90)は

$$f(\boldsymbol{x}) = A\boldsymbol{x} \quad (\boldsymbol{x} \in \mathbf{R}^n) \tag{2.92}$$

となる．$n = 1, 2, 3$ の場合，式(2.92)により表される f の幾何学的な意味は，以下の例 2.14〜2.16 のように述べることができる．

例 2.14 式(2.92)において，$n = 1$ とする．このとき，$A \in \mathrm{O}(1)$ なので，式(1.52)および 1 次行列 (c) の行列式が c であることから，

$$A = \begin{cases} 1 & (|A| = 1) \\ -1 & (|A| = -1) \end{cases} \tag{2.93}$$

である．よって，$A \in \mathrm{O}(1)$ かつ $|A| = 1$ のとき，式(2.92)により表される f は恒等写像 $1_{\mathbf{R}} \colon \mathbf{R} \to \mathbf{R}$ である．また，$A \in \mathrm{O}(1)$ かつ $|A| = -1$ のとき，式(2.92)により表される f は，原点に関する対称移動を意味する（図 2.8）． ■

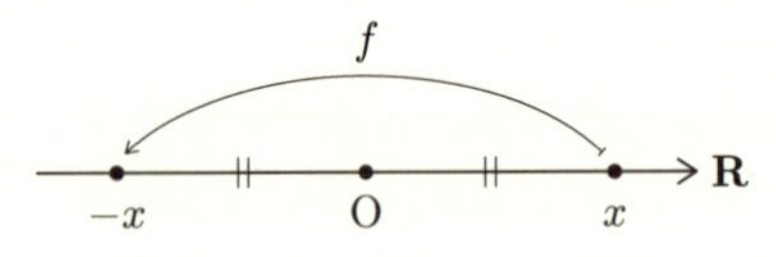

図 2.8 原点に関する対称移動

例 2.15 式(2.92)において，$n = 2$ とする．このとき，$A \in \mathrm{O}(2)$ なので，問題 1.4 (1) の計算より，ある $\theta \in [0, 2\pi)$ が存在し，

$$A = \begin{cases} \begin{pmatrix} \cos\theta & -\sin\theta \\ \sin\theta & \cos\theta \end{pmatrix} & (|A| = 1) \\ \begin{pmatrix} \cos\theta & \sin\theta \\ \sin\theta & -\cos\theta \end{pmatrix} & (|A| = -1) \end{cases} \tag{2.94}$$

となる．

一方，$\theta \in [0, 2\pi)$ に対して，原点を中心とする角 θ の回転により得られる $\mathbf{R}^2$ から $\mathbf{R}^2$ への写像を f とすると，f は距離を保つ全単射となり，等長写像である．さらに，$f(\mathbf{0}) = \mathbf{0}$ なので，f は式(2.92)のように表される．ここで，$\boldsymbol{e}_1$, $\boldsymbol{e}_2$ を $\mathbf{R}^2$ の基本ベクトルとすると，

$$f(\boldsymbol{e}_1) = \begin{pmatrix} \cos\theta \\ \sin\theta \end{pmatrix}, \quad f(\boldsymbol{e}_2) = \begin{pmatrix} -\sin\theta \\ \cos\theta \end{pmatrix} \tag{2.95}$$

である（図 2.9）．よって，

$$A = \begin{pmatrix} \cos\theta & -\sin\theta \\ \sin\theta & \cos\theta \end{pmatrix} \tag{2.96}$$

である．したがって，$A \in \mathrm{O}(2)$ かつ $|A| = 1$ のとき，式(2.92)により表される f は，原点を中心とする回転を意味する．

また，$\theta \in [0, 2\pi)$ に対して，原点を通る直線

$$y \cos\frac{\theta}{2} = x \sin\frac{\theta}{2} \tag{2.97}$$

に関する対称移動により得られる $\mathbf{R}^2$ から $\mathbf{R}^2$ への写像を f とすると，f は距離を保つ全単射となり，等長写像である．さらに，$f(\mathbf{0}) = \mathbf{0}$ なので，f は式(2.92)のように表される．ここで，

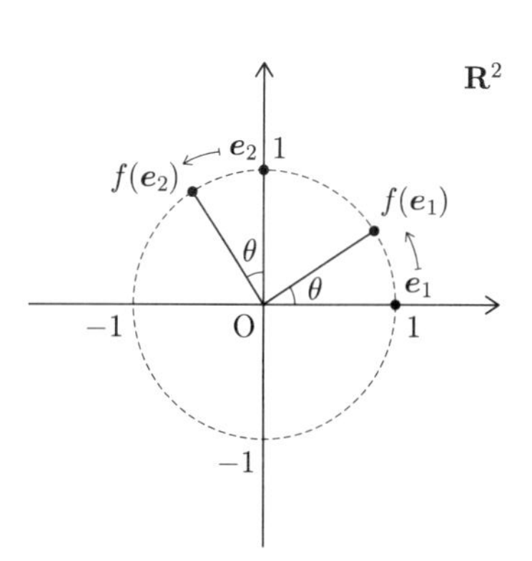

図 2.9　$\boldsymbol{e}_1$, $\boldsymbol{e}_2$ の原点を中心とする角 θ の回転

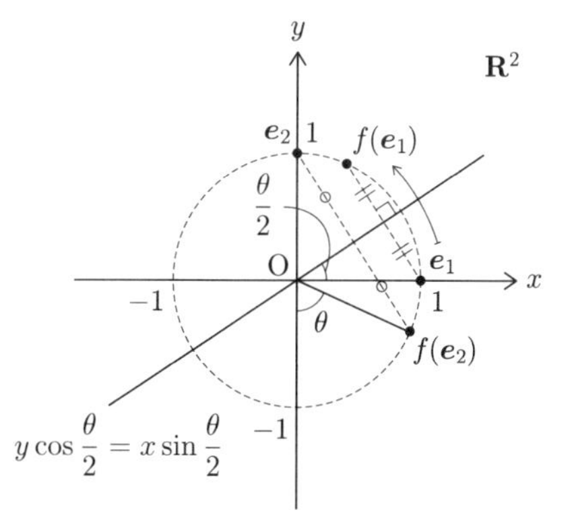

図 2.10　$\boldsymbol{e}_1$, $\boldsymbol{e}_2$ の原点を通る直線に関する対称移動

$$f(\boldsymbol{e}_1) = \begin{pmatrix} \cos\theta \\ \sin\theta \end{pmatrix}, \quad f(\boldsymbol{e}_2) = \begin{pmatrix} \sin\theta \\ -\cos\theta \end{pmatrix} \tag{2.98}$$

である（図2.10）．よって，

$$A = \begin{pmatrix} \cos\theta & \sin\theta \\ \sin\theta & -\cos\theta \end{pmatrix} \tag{2.99}$$

である．したがって，$A \in \mathrm{O}(2)$ かつ $|A| = -1$ のとき，式(2.92)により表される f は，原点を通る直線に関する対称移動を意味する． ■

例 2.16 式(2.92)において，$n = 3$ とする．このとき，$A \in \mathrm{O}(3)$ なので，定理2.11より，ある $P \in \mathrm{O}(3)$ および $\theta \in [0, 2\pi)$ が存在し，式(2.81)がなりたつ．よって，P を式(2.83)のように列ベクトル $\boldsymbol{p}_1, \boldsymbol{p}_2, \boldsymbol{p}_3 \in \mathbf{R}^3$ を用いて分割しておくと，定理2.10より，$\{\boldsymbol{p}_1, \boldsymbol{p}_2, \boldsymbol{p}_3\}$ は $\mathbf{R}^3$ の正規直交基底である．また，式(2.81)より，

$$A(\,\boldsymbol{p}_1\ \boldsymbol{p}_2\ \boldsymbol{p}_3\,) = (\,\boldsymbol{p}_1\ \boldsymbol{p}_2\ \boldsymbol{p}_3\,)\begin{pmatrix} \pm 1 & 0 & 0 \\ 0 & \cos\theta & -\sin\theta \\ 0 & \sin\theta & \cos\theta \end{pmatrix} \tag{2.100}$$

すなわち，

$$A\boldsymbol{p}_1 = \begin{cases} \boldsymbol{p}_1 & (|A| = 1) \\ -\boldsymbol{p}_1 & (|A| = -1) \end{cases} \tag{2.101}$$

$$A(\,\boldsymbol{p}_2\ \boldsymbol{p}_3\,) = (\,\boldsymbol{p}_2\ \boldsymbol{p}_3\,)\begin{pmatrix} \cos\theta & -\sin\theta \\ \sin\theta & \cos\theta \end{pmatrix} \tag{2.102}$$

である．したがって，例2.15より，$A \in \mathrm{O}(3)$ かつ $|A| = 1$ のとき，式(2.92)により表される f は，原点を通る $\boldsymbol{p}_1$ 方向の直線を回転軸とする角 θ の回転を意味する（図2.11）．また，$A \in \mathrm{O}(3)$ かつ $|A| = -1$ のとき，式(2.92)により表される f は，$\boldsymbol{p}_2$ と $\boldsymbol{p}_3$ により生成される平面に関する対称移動と，原点を通る $\boldsymbol{p}_1$ 方向の直線を回転軸とする角 θ の回転の合成を意味する（図2.12）． ■

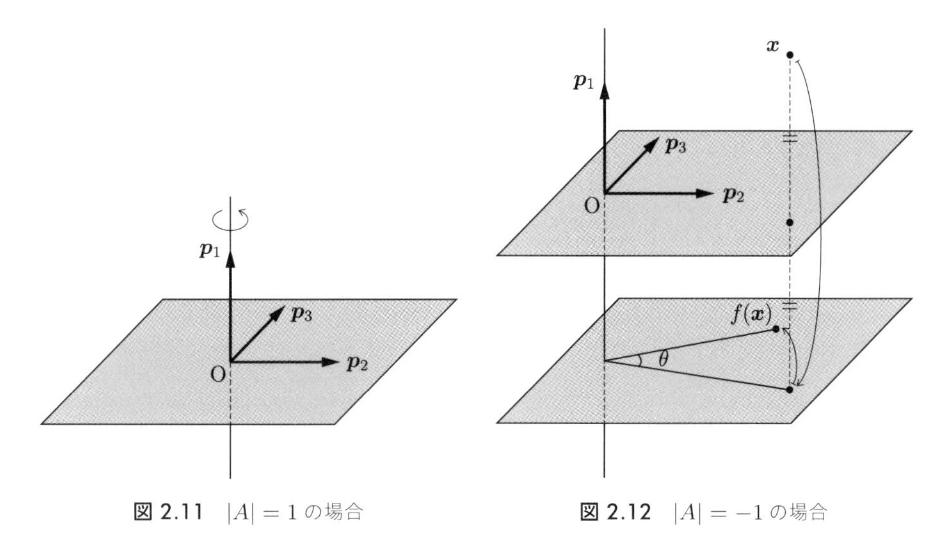

図 2.11 $|A| = 1$ の場合

図 2.12 $|A| = -1$ の場合

2.3.2 直交行列の標準形

一般の次数の直交行列に対しては，次がなりたつことがわかる[6)]．

定理 2.12 $A \in \mathrm{O}(n)$ とすると，ある $P \in \mathrm{O}(n)$ が存在し，

$$P^{-1}AP = \begin{pmatrix} E_k & & & & \\ & -E_l & & & \\ & & R_{\theta_1} & & \\ & & & \ddots & \\ & & & & R_{\theta_m} \end{pmatrix} \tag{2.103}$$

となる．ただし，$\theta \in \mathbf{R}$ に対して，

$$R_\theta = \begin{pmatrix} \cos\theta & -\sin\theta \\ \sin\theta & \cos\theta \end{pmatrix} \tag{2.104}$$

とおいた．また，E_k, $-E_l$, R_{θ_1}, $\ldots$, R_{θ_m} の部分のいくつかは現れないこともある．

式(2.103)の右辺を，直交行列の**標準形**という．

例 2.17 $A \in \mathrm{O}(1)$ とすると，$A = \pm 1$ である．よって，A ははじめから標準形である．すなわち，式(2.103)の左辺において，$P = E_1$ であり，式(2.103)の右辺

6) 線形代数の内容としては，やや発展的な事実であるが，本書では認めることにする．

において，$A=1$ のときは，$E_k=E_1$ のみが現れ，$A=-1$ のときは，$-E_l=-E_1$ のみが現れる． ■

例 2.18　$A \in \mathrm{O}(2)$ とすると，ある $\theta \in [0, 2\pi)$ が存在し，式(2.94)がなりたつ．
　$|A|=1$ のとき，A ははじめから標準形である．すなわち，式(2.103)の左辺において，$P=E_2$ であり，式(2.103)の右辺において，$R_{\theta_1}=R_\theta$ のみが現れる．
　$|A|=-1$ のときは，次の例題で考えよう． ■

例題 2.5　$\theta \in \mathbf{R}$ とすると，

$$\begin{pmatrix} \cos\frac{\theta}{2} & -\sin\frac{\theta}{2} \\ \sin\frac{\theta}{2} & \cos\frac{\theta}{2} \end{pmatrix}^{-1} \begin{pmatrix} \cos\theta & \sin\theta \\ \sin\theta & -\cos\theta \end{pmatrix} \begin{pmatrix} \cos\frac{\theta}{2} & -\sin\frac{\theta}{2} \\ \sin\frac{\theta}{2} & \cos\frac{\theta}{2} \end{pmatrix} = \begin{pmatrix} 1 & 0 \\ 0 & -1 \end{pmatrix} \tag{2.105}$$

であることを示せ．

解説　まず，式(2.94)より，

$$\begin{pmatrix} \cos\frac{\theta}{2} & -\sin\frac{\theta}{2} \\ \sin\frac{\theta}{2} & \cos\frac{\theta}{2} \end{pmatrix} \in \mathrm{O}(2) \tag{2.106}$$

であることに注意すると，

$$\begin{pmatrix} \cos\frac{\theta}{2} & -\sin\frac{\theta}{2} \\ \sin\frac{\theta}{2} & \cos\frac{\theta}{2} \end{pmatrix}^{-1} = \begin{pmatrix} \cos\frac{\theta}{2} & -\sin\frac{\theta}{2} \\ \sin\frac{\theta}{2} & \cos\frac{\theta}{2} \end{pmatrix}^{\mathrm{T}} = \begin{pmatrix} \cos\frac{\theta}{2} & \sin\frac{\theta}{2} \\ -\sin\frac{\theta}{2} & \cos\frac{\theta}{2} \end{pmatrix} \tag{2.107}$$

である➡注意 1.4．式(2.107)および加法定理より，

$$\begin{aligned}
&\begin{pmatrix} \cos\frac{\theta}{2} & -\sin\frac{\theta}{2} \\ \sin\frac{\theta}{2} & \cos\frac{\theta}{2} \end{pmatrix}^{-1} \begin{pmatrix} \cos\theta & \sin\theta \\ \sin\theta & -\cos\theta \end{pmatrix} \begin{pmatrix} \cos\frac{\theta}{2} & -\sin\frac{\theta}{2} \\ \sin\frac{\theta}{2} & \cos\frac{\theta}{2} \end{pmatrix} \\
&\quad = \begin{pmatrix} \cos\frac{\theta}{2} & \sin\frac{\theta}{2} \\ -\sin\frac{\theta}{2} & \cos\frac{\theta}{2} \end{pmatrix} \begin{pmatrix} \cos\theta\cos\frac{\theta}{2} + \sin\theta\sin\frac{\theta}{2} & -\cos\theta\sin\frac{\theta}{2} + \sin\theta\cos\frac{\theta}{2} \\ \sin\theta\cos\frac{\theta}{2} - \cos\theta\sin\frac{\theta}{2} & -\sin\theta\sin\frac{\theta}{2} - \cos\theta\cos\frac{\theta}{2} \end{pmatrix} \\
&\quad = \begin{pmatrix} \cos\frac{\theta}{2} & \sin\frac{\theta}{2} \\ -\sin\frac{\theta}{2} & \cos\frac{\theta}{2} \end{pmatrix} \begin{pmatrix} \cos\left(\theta - \frac{\theta}{2}\right) & \sin\left(\theta - \frac{\theta}{2}\right) \\ \sin\left(\theta - \frac{\theta}{2}\right) & -\cos\left(\theta - \frac{\theta}{2}\right) \end{pmatrix} \\
&\quad = \begin{pmatrix} \cos\frac{\theta}{2} & \sin\frac{\theta}{2} \\ -\sin\frac{\theta}{2} & \cos\frac{\theta}{2} \end{pmatrix} \begin{pmatrix} \cos\frac{\theta}{2} & \sin\frac{\theta}{2} \\ \sin\frac{\theta}{2} & -\cos\frac{\theta}{2} \end{pmatrix} = \begin{pmatrix} \cos^2\frac{\theta}{2} + \sin^2\frac{\theta}{2} & 0 \\ 0 & -\left(\cos^2\frac{\theta}{2} + \sin^2\frac{\theta}{2}\right) \end{pmatrix} \\
&\quad = \begin{pmatrix} 1 & 0 \\ 0 & -1 \end{pmatrix}
\end{aligned} \tag{2.108}$$

である．よって，式(2.105)がなりたつ．

とくに，例 2.18 において，$|A| = -1$ のときは，式(2.103)の左辺において，P は式(2.106)の直交行列であり，式(2.103)の右辺において，$E_k = E_1$ と $-E_l = -E_1$ が現れる． ■

問 2.7 $\theta, \varphi \in \mathbf{R}$ とすると，

$$\begin{pmatrix} \cos\theta & \sin\theta \\ \sin\theta & -\cos\theta \end{pmatrix}\begin{pmatrix} \cos\varphi & \sin\varphi \\ \sin\varphi & -\cos\varphi \end{pmatrix} = \begin{pmatrix} \cos(\theta-\varphi) & -\sin(\theta-\varphi) \\ \sin(\theta-\varphi) & \cos(\theta-\varphi) \end{pmatrix} \tag{2.109}$$

であることを示せ．

補足 式(2.109)は，$\mathbf{R}^2$ の原点を中心とする回転が原点を通る直線に関する二つの対称移動の合成として表されることを意味している（図 2.13）．

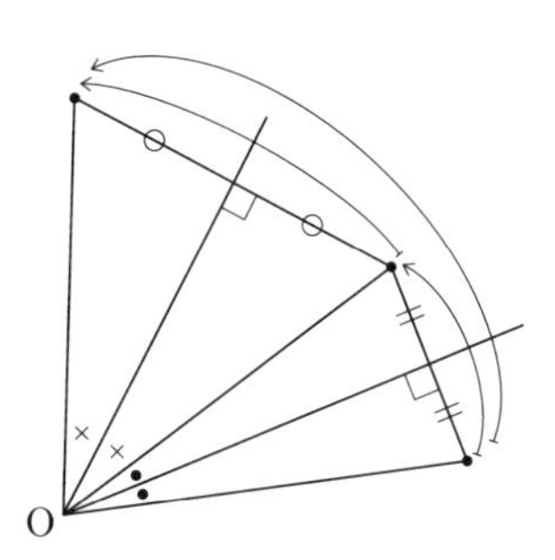

図 2.13 回転は直線に関する対称移動の合成

例 2.19 $A \in \mathrm{O}(3)$ とすると，定理 2.11 がなりたち，式(2.81)が得られる．よって，式(2.103)の右辺において，$E_k = E_1$，$-E_l = -E_1$ のいずれか一方が現れ，さらに，$R_{\theta_1} = R_\theta$ が現れる． ■

問 2.8 $A \in M_m(\mathbf{R})$，$B \in M_{m,n}(\mathbf{R})$，$C \in M_{n,m}(\mathbf{R})$，$D \in M_n(\mathbf{R})$ とすると，

$$\begin{vmatrix} A & B \\ O_{n,m} & D \end{vmatrix} = \begin{vmatrix} A & O_{m,n} \\ C & D \end{vmatrix} = |A||D| \tag{2.110}$$

である[7]．式(2.110)を用いることにより，式(2.103)において，

$$|A| = (-1)^l \tag{2.111}$$

であることを示せ．

直交行列の標準形を用いることにより，一般の次元のユークリッド空間に対しても，式(2.92)により表される f の幾何学的意味を理解することができる．まず，$A \in \mathrm{O}(n)$ とする．

7) これは，式(2.89)の一般化である．

$|A| = 1$ のとき，問 2.8 より，式(2.103)において，l は偶数である．ここで，

$$-E_2 = R_\pi \tag{2.112}$$

であることに注意し，$n = 3$ の場合➲例 2.16，図 2.11 のように考えると，式(2.92)により表される f は，原点を中心とする回転のいくつかの合成を意味する．このことから，行列式が 1 の直交行列を**回転行列**ともいう．

また，$|A| = -1$ のとき，$n = 3$ の場合➲図 2.12 のように考えると，式(2.92)により表される f は，原点を通る超平面に関する対称移動と原点を中心とする回転のいくつかの合成を意味する．なお，$\mathbf{R}^n$ の超平面とは，平面 $\mathbf{R}^2$ 上の直線，空間 $\mathbf{R}^3$ 内の平面の一般化であり，$\boldsymbol{p} \in \mathbf{R}^n \setminus \{\mathbf{0}\}$ および $c \in \mathbf{R}$ を用いて，

$$\{\boldsymbol{x} \in \mathbf{R}^n \mid \langle \boldsymbol{p}, \boldsymbol{x} \rangle = c\} \tag{2.113}$$

と表される $\mathbf{R}^n$ の部分集合である．とくに，$c = 0$ のときは，式(2.113)の超平面は原点 $\mathbf{0}$ を通る．すなわち，

$$\mathbf{0} \in \{\boldsymbol{x} \in \mathbf{R}^n \mid \langle \boldsymbol{p}, \boldsymbol{x} \rangle = 0\} \tag{2.114}$$

である．また，ユークリッド空間内の超平面に関する対称移動を**鏡映**ともいう．

例 2.20　直交行列の標準形および問 2.7 より，原点を原点へ写す $\mathbf{R}^n$ の等長変換は，原点を通る超平面に関する高々 n 個の鏡映の合成として表される．■

2.3.3　ギブンス行列

ここで，特別な回転行列の例を挙げておこう．n を 2 以上の整数とし，$\theta \in \mathbf{R}$ とする．さらに，$p, q = 1, 2, \ldots, n$，$p \neq q$ とする．このとき，(i, j) 成分 g_{ij} が

$$g_{ij} = \begin{cases} \cos\theta & (i = j = p,\ q) \\ \sin\theta & (i = p,\ j = q) \\ -\sin\theta & (i = q,\ j = p) \\ 1 & (i = j \neq p,\ q) \\ 0 & (\text{その他}) \end{cases} \tag{2.115}$$

によりあたえられる n 次行列を $G_n(p, q; \theta)$ とおき，**ギブンス行列**という．

例 2.21　2 次のギブンス行列は

$$G_2(1,2;\theta) = \begin{pmatrix} \cos\theta & \sin\theta \\ -\sin\theta & \cos\theta \end{pmatrix}, \quad G_2(2,1;\theta) = \begin{pmatrix} \cos\theta & -\sin\theta \\ \sin\theta & \cos\theta \end{pmatrix} \tag{2.116}$$

である．

問 2.9　3 次のギブンス行列を具体的にすべて書け．

ギブンス行列の定義より，$G_n(p,q;\theta) \in \mathrm{O}(n)$ かつ $|G_n(p,q;\theta)| = 1$ である．よって，等長変換 $f\colon \mathbf{R}^n \to \mathbf{R}^n$ を

$$f(\boldsymbol{x}) = G_n(p,q;\theta)\boldsymbol{x} \quad (\boldsymbol{x} \in \mathbf{R}^n) \tag{2.117}$$

により定めることができる．f を**ギブンス変換**という．

さらに，第 p 成分および第 q 成分が 0 のベクトル $\boldsymbol{c} \in \mathbf{R}^n$ を選んでおく．すなわち，$\boldsymbol{c}$ は x_p 軸および x_q 軸と直交するベクトルである．ここで，$\boldsymbol{e}_1, \boldsymbol{e}_2, \ldots, \boldsymbol{e}_n$ を $\mathbf{R}^n$ の基本ベクトルとし，$\mathbf{R}^n$ 内の平面 Π を

$$\Pi = \{\boldsymbol{c} + s\boldsymbol{e}_p + t\boldsymbol{e}_q \mid s,\, t \in \mathbf{R}\} \tag{2.118}$$

により定める．このとき，例 2.15 で述べた $A \in \mathrm{O}(2)$ かつ $|A| = 1$ の場合と同様に，f は平面 Π において $\boldsymbol{c}$ を中心とする回転を意味する[8)]（図 2.14）．このことより，f を**ギブンス回転**ともいう．

ギブンス変換(2.117)では，回転角を適切に選ぶことで，ベクトルの「第 p 成分と第 q 成分」以外を変えないまま，第 q 成分（または第 p 成分）を 0 にすることができる．この操作を行列に対して繰り返し行えば，行列に 0 の要素を増やしていく

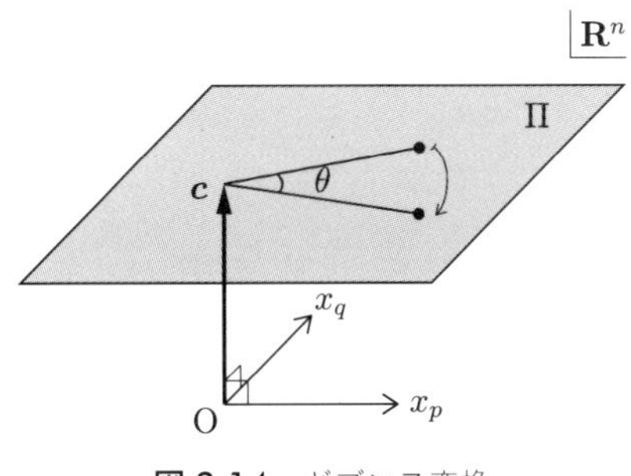

図 2.14　ギブンス変換

8)　回転角は $-\theta$ となっているが，後でギブンス行列を用いる際にはベクトルを「逆向きに」回転させる操作を行うので，式(2.115)のように定めている．

ことができる．本書では，QR分解➲2.4.3項，ヘッセンベルク化➲3.3.2項，3重対角化➲3.3.4項でギブンス変換を用いる．

2.3.4　ハウスホルダー行列

超平面の式を与えたとき，鏡映が直交行列や列ベクトルを用いて，どのように表されるのかを計算してみよう．まず，$\boldsymbol{a} \in \mathbf{R}^n$，$\boldsymbol{p} \in \mathbf{R}^n \setminus \{\mathbf{0}\}$ とし，$\boldsymbol{a}$ を通り，$\boldsymbol{p}$ と直交する超平面を Π とおく．すなわち，

$$\Pi = \{\boldsymbol{x} \in \mathbf{R}^n \mid \langle \boldsymbol{p}, \boldsymbol{x} - \boldsymbol{a} \rangle = 0\} \tag{2.119}$$

である（図2.15）．

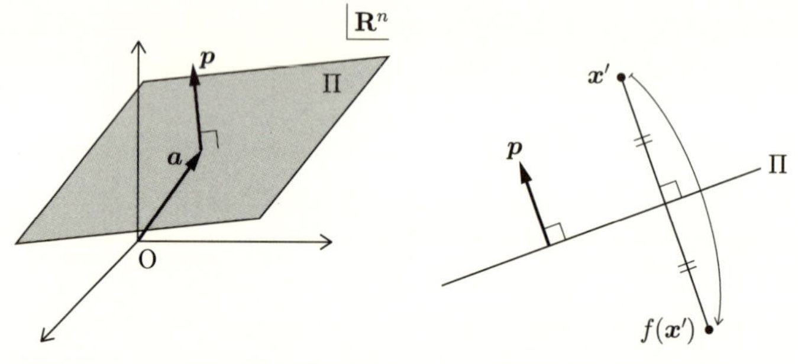

図2.15　$\boldsymbol{p}$ と直交する超平面 Π

図2.16　鏡映の性質

ここで，$f\colon \mathbf{R}^n \to \mathbf{R}^n$ を Π に関する鏡映とし，$\boldsymbol{x}' \in \mathbf{R}^n$ とする．このとき，鏡映の定義より，次の(1)，(2)がなりたつ（図2.16）．

（1）$f(\boldsymbol{x}') - \boldsymbol{x}'$ は $\boldsymbol{p}$ と平行である．
（2）$\boldsymbol{x}'$ と $f(\boldsymbol{x}')$ の中点は Π 上にある．

(1)より，ある $c \in \mathbf{R}$ が存在し，

$$f(\boldsymbol{x}') - \boldsymbol{x}' = c\boldsymbol{p} \tag{2.120}$$

となる．すなわち，

$$f(\boldsymbol{x}') = \boldsymbol{x}' + c\boldsymbol{p} \tag{2.121}$$

である．また，式(2.119)および(2)より，

$$\left\langle \boldsymbol{p}, \frac{\boldsymbol{x}' + f(\boldsymbol{x}')}{2} - \boldsymbol{a} \right\rangle = 0 \tag{2.122}$$

である．よって，式(2.121)を式(2.122)に代入すると，

$$\left\langle \boldsymbol{p}, \frac{\boldsymbol{x}' + \boldsymbol{x}' + c\boldsymbol{p}}{2} - \boldsymbol{a} \right\rangle = 0 \tag{2.123}$$

であり，これを解くと，

$$c = -\frac{2\langle \boldsymbol{p}, \boldsymbol{x}' - \boldsymbol{a} \rangle}{\langle \boldsymbol{p}, \boldsymbol{p} \rangle} \tag{2.124}$$

である．式(2.124)を式(2.121)に代入し，$\boldsymbol{x}'$ を改めて $\boldsymbol{x}$ とおくと，

$$f(\boldsymbol{x}) = \boldsymbol{x} - \frac{2\langle \boldsymbol{p}, \boldsymbol{x} - \boldsymbol{a} \rangle}{\langle \boldsymbol{p}, \boldsymbol{p} \rangle} \boldsymbol{p} \quad (\boldsymbol{x} \in \mathbf{R}^n) \tag{2.125}$$

が得られる．

一方，定理 1.11 より，ある $A \in \mathrm{O}(n)$ および $\boldsymbol{b} \in \mathbf{R}^n$ が存在し，式(2.90)がなりたつ．A および $\boldsymbol{b}$ を $\boldsymbol{a}$ や $\boldsymbol{p}$ を用いて表そう．

まず，式(2.125)，(2.90)より，

$$\boldsymbol{b} = f(\boldsymbol{0}) = \frac{2\langle \boldsymbol{p}, \boldsymbol{a} \rangle}{\langle \boldsymbol{p}, \boldsymbol{p} \rangle} \boldsymbol{p} \tag{2.126}$$

となる．

次に，スカラーを 1 次行列とみなすと，式(1.43)より，

$$\langle \boldsymbol{p}, \boldsymbol{x} \rangle \boldsymbol{p} = \boldsymbol{p} \langle \boldsymbol{p}, \boldsymbol{x} \rangle = \boldsymbol{p}\boldsymbol{p}^{\mathrm{T}} \boldsymbol{x} \tag{2.127}$$

となる．式(2.90)，(2.125)～(2.127)より，

$$A\boldsymbol{x} = f(\boldsymbol{x}) - \boldsymbol{b} = \boldsymbol{x} - \frac{2\langle \boldsymbol{p}, \boldsymbol{x} \rangle}{\langle \boldsymbol{p}, \boldsymbol{p} \rangle} \boldsymbol{p} = \boldsymbol{x} - \frac{2\boldsymbol{p}\boldsymbol{p}^{\mathrm{T}}}{\langle \boldsymbol{p}, \boldsymbol{p} \rangle} \boldsymbol{x} = \left(E_n - \frac{2\boldsymbol{p}\boldsymbol{p}^{\mathrm{T}}}{\langle \boldsymbol{p}, \boldsymbol{p} \rangle} \right) \boldsymbol{x} \tag{2.128}$$

となる．よって，

$$A = E_n - \frac{2\boldsymbol{p}\boldsymbol{p}^{\mathrm{T}}}{\langle \boldsymbol{p}, \boldsymbol{p} \rangle} \tag{2.129}$$

である．式(2.129)によりあたえられる $A \in \mathrm{O}(n)$ を $H_n(\boldsymbol{p})$ とおき，これを**ハウスホルダー行列**という．また，原点を通る超平面に関する鏡映を**ハウスホルダー変換**ともいう．

ハウスホルダー変換では，原点を通る超平面を適切に選ぶことで，零ベクトルではないベクトルの一つの成分を正（または負），残りの成分を 0 にすることができる．ギブンス変換と同様に，この操作を行列に対して繰り返し行えば，行列に 0 の要素を増やしていくことができる．本書では，QR 分解➲ 2.4.4 項，ヘッセンベルク化➲ 3.3.3 項，3 重対角化➲ 3.3.4 項 でハウスホルダー変換を用いる．

2.4 QR分解と連立1次方程式

2.4.1 グラム－シュミットの直交化法

内積空間の1次独立なベクトルがあたえられると，**グラム－シュミットの直交化法**とよばれる方法により，互いに直交し，大きさが1となるベクトルを構成することができる．とくに，内積空間の基底から正規直交基底を構成することができる．

定理 2.13 (グラム－シュミットの直交化法) $(V, \langle\ ,\ \rangle)$ を内積空間，$\boldsymbol{a}_1, \boldsymbol{a}_2, \ldots, \boldsymbol{a}_m \in V$ とし，$\boldsymbol{a}_1, \boldsymbol{a}_2, \ldots, \boldsymbol{a}_m$ は1次独立であるとする[9]．ここで，$\boldsymbol{b}_1 \in V$ を

$$\boldsymbol{b}_1 = \frac{1}{\|\boldsymbol{a}_1\|}\boldsymbol{a}_1 \tag{2.130}$$

により定める．さらに，$j = 2, 3, \ldots, m$ に対して，$\boldsymbol{b}_1, \boldsymbol{b}_2, \ldots, \boldsymbol{b}_{j-1} \in V$ が定められたとき，$\boldsymbol{b}'_j, \boldsymbol{b}_j \in V$ を

$$\boldsymbol{b}'_j = \boldsymbol{a}_j - \langle\boldsymbol{a}_j, \boldsymbol{b}_1\rangle\boldsymbol{b}_1 - \cdots - \langle\boldsymbol{a}_j, \boldsymbol{b}_{j-1}\rangle\boldsymbol{b}_{j-1} \tag{2.131}$$

$$\boldsymbol{b}_j = \frac{1}{\|\boldsymbol{b}'_j\|}\boldsymbol{b}'_j \tag{2.132}$$

により定める(図2.17)．このとき，$\boldsymbol{b}_1, \boldsymbol{b}_2, \ldots, \boldsymbol{b}_m$ は互いに直交し，大きさが1である．とくに，$\boldsymbol{b}_1, \boldsymbol{b}_2, \ldots, \boldsymbol{b}_m$ は1次独立である➲定理2.9．また，$m = \dim V$ のとき，$\{\boldsymbol{a}_1, \boldsymbol{a}_2, \ldots, \boldsymbol{a}_m\}$ が V の基底ならば，$\{\boldsymbol{b}_1, \boldsymbol{b}_2, \ldots, \boldsymbol{b}_m\}$ は V の正規直交基底である．なお，式(2.130)，(2.132)のように，大きさが1のベクトルを作ることを**正規化**という．

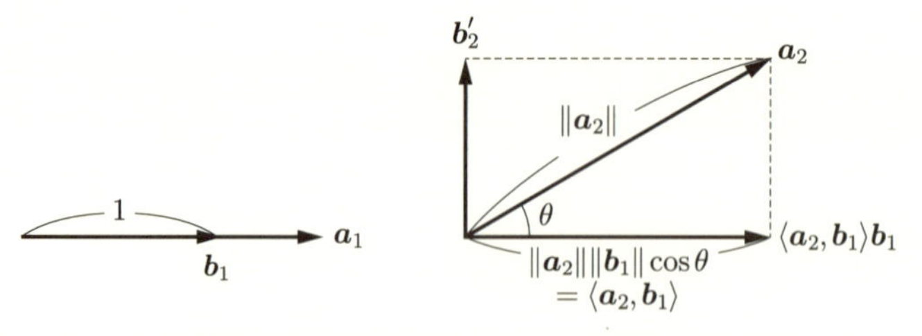

図 2.17 グラム－シュミットの直交化法

9) とくに，$m \leq \dim V$ である．

例 2.11 より，$\mathbf{R}^2$ の基底 $\{\boldsymbol{a}_1, \boldsymbol{a}_2\}$ を

$$\boldsymbol{a}_1 = \begin{pmatrix} 1 \\ 2 \end{pmatrix}, \quad \boldsymbol{a}_2 = \begin{pmatrix} 3 \\ 4 \end{pmatrix} \tag{2.133}$$

により定めることができる．グラム－シュミットの直交化法を用いることにより，$\{\boldsymbol{a}_1, \boldsymbol{a}_2\}$ からユークリッド空間 $\mathbf{R}^2$ の正規直交基底を求めよ．

解説 定理 2.13 と同じ記号を用いる．まず，式(1.14)より，

$$\boldsymbol{b}_1 = \frac{1}{\|\boldsymbol{a}_1\|}\boldsymbol{a}_1 = \frac{1}{\sqrt{1^2+2^2}}\begin{pmatrix} 1 \\ 2 \end{pmatrix} = \frac{1}{\sqrt{5}}\begin{pmatrix} 1 \\ 2 \end{pmatrix} \tag{2.134}$$

である．次に，式(1.9)より，

$$\begin{aligned}\boldsymbol{b}_2' &= \boldsymbol{a}_2 - \langle \boldsymbol{a}_2, \boldsymbol{b}_1 \rangle \boldsymbol{b}_1 = \begin{pmatrix} 3 \\ 4 \end{pmatrix} - \frac{1}{\sqrt{5}}(3\cdot 1 + 4\cdot 2)\cdot\frac{1}{\sqrt{5}}\begin{pmatrix} 1 \\ 2 \end{pmatrix} \\ &= \begin{pmatrix} 3 \\ 4 \end{pmatrix} - \frac{11}{5}\begin{pmatrix} 1 \\ 2 \end{pmatrix} = \frac{2}{5}\begin{pmatrix} 2 \\ -1 \end{pmatrix}\end{aligned} \tag{2.135}$$

である．さらに，

$$\boldsymbol{b}_2 = \frac{1}{\|\boldsymbol{b}_2'\|}\boldsymbol{b}_2' = \frac{1}{\sqrt{2^2+(-1)^2}}\begin{pmatrix} 2 \\ -1 \end{pmatrix} = \frac{1}{\sqrt{5}}\begin{pmatrix} 2 \\ -1 \end{pmatrix} \tag{2.136}$$

である[10]．よって，求める正規直交基底は

$$\{\boldsymbol{b}_1, \boldsymbol{b}_2\} = \left\{\frac{1}{\sqrt{5}}\begin{pmatrix} 1 \\ 2 \end{pmatrix}, \frac{1}{\sqrt{5}}\begin{pmatrix} 2 \\ -1 \end{pmatrix}\right\} \tag{2.137}$$

である． ■

問 2.10 例題 2.4 より，1 次独立なベクトル $\boldsymbol{a}_1, \boldsymbol{a}_2 \in \mathbf{R}^3$ を

$$\boldsymbol{a}_1 = \begin{pmatrix} 0 \\ 1 \\ 2 \end{pmatrix}, \quad \boldsymbol{a}_2 = \begin{pmatrix} 2 \\ 0 \\ 1 \end{pmatrix} \tag{2.138}$$

により定めることができる．グラム－シュミットの直交化法を用いることにより，$\boldsymbol{a}_1, \boldsymbol{a}_2$ から互いに直交し，大きさが 1 となるユークリッド空間 $\mathbf{R}^3$ のベクトル $\boldsymbol{b}_1, \boldsymbol{b}_2$ を求めよ．

2.4.2 QR 分解

定理 2.13 において，式(2.130)～(2.132)より，$j = 1, 2, \ldots, m$ に対して，$\boldsymbol{b}_j$ は

$$\boldsymbol{b}_j = c_{1j}\boldsymbol{a}_1 + c_{2j}\boldsymbol{a}_2 + \cdots + c_{jj}\boldsymbol{a}_j \tag{2.139}$$

10) ノルムの性質より，内積空間のベクトル $\boldsymbol{x}$ および $c > 0$ に対して，$\dfrac{1}{\|c\boldsymbol{x}\|}(c\boldsymbol{x}) = \dfrac{1}{\|\boldsymbol{x}\|}\boldsymbol{x}$ となることを用いた．

と表される．ただし，$i, j = 1, 2, \ldots, m$，$i \leq j$ に対して，$c_{ij} \in \mathbf{R}$ であり，$c_{11}, c_{22}, \ldots, c_{mm} > 0$ である．とくに，V がユークリッド空間 $\mathbf{R}^n$ の場合を考えると，次が得られる．

定理 2.14 (QR分解)　$A \in M_{n,m}(\mathbf{R})$ を

$$A = (\, \boldsymbol{a}_1 \; \boldsymbol{a}_2 \; \cdots \; \boldsymbol{a}_m \,) \tag{2.140}$$

と列ベクトルに分割しておき，$\boldsymbol{a}_1 \; \boldsymbol{a}_2 \; \cdots \; \boldsymbol{a}_m$ は1次独立であるとする[11]．このとき，次の(1)〜(3)をみたす $Q \in M_{n,m}(\mathbf{R})$ および $R \in M_m(\mathbf{R})$ が一意的に存在する．

（1）$A = QR$

（2）Q を

$$Q = (\, \boldsymbol{q}_1 \; \boldsymbol{q}_2 \; \cdots \; \boldsymbol{q}_m \,) \tag{2.141}$$

と列ベクトルに分割しておくと，$\boldsymbol{q}_1, \boldsymbol{q}_2, \ldots, \boldsymbol{q}_m$ は互いに直交し，大きさが1である．

（3）R は対角成分が正の上三角行列である．すなわち，R の (i, j) 成分を r_{ij} とすると，$r_{ii} > 0$ であり，$i > j$ のとき $r_{ij} = 0$ である．

(1)を A の **QR分解**という．とくに，$m = n$ のとき，A は正則行列➲注意2.3，Q は直交行列となり，このときのQR分解を**岩澤分解**ともいう．

証明　QR分解の存在のみ示し，一意性は問2.11とする．

QR分解の存在　定理2.13において，V をユークリッド空間 $\mathbf{R}^n$ とし，$A, B \in M_{n,m}(\mathbf{R})$ を

$$A = (\, \boldsymbol{a}_1 \; \boldsymbol{a}_2 \; \cdots \; \boldsymbol{a}_m \,), \quad B = (\, \boldsymbol{b}_1 \; \boldsymbol{b}_2 \; \cdots \; \boldsymbol{b}_m \,) \tag{2.142}$$

により定める．また，式(2.139)によりあたえられる c_{ij}（$i, j = 1, 2, \ldots, m$，$i \leq j$）に対して，(i, j) 成分が c_{ij} である上三角行列を C とおく．このとき，式(2.139)は

$$B = AC \tag{2.143}$$

と表される．さらに，C の対角成分はすべて正なので，C は正則であり，その逆行列 C^{-1} は

11）とくに，$m \leq n$ である．

$$C^{-1} = \begin{pmatrix} c_{11}^{-1} & & & * \\ & c_{22}^{-1} & & \\ & & \ddots & \\ \text{\huge 0} & & & c_{mm}^{-1} \end{pmatrix} \tag{2.144}$$

と表される[12]．とくに，C^{-1} は対角成分が正の上三角行列である．よって，$Q = B$，$R = C^{-1}$ とおけばよい． □

問 2.11 定理 2.14 において，$A = Q_1R_1$ および $A = Q_2R_2$ をともに A の QR 分解とする．次の問いに答えよ．

（1）$Q_2^{\mathrm{T}}Q_1 = R_2R_1^{-1}$，$Q_1^{\mathrm{T}}Q_2 = R_1R_2^{-1}$ であることを示せ．

（2）$R_2R_1^{-1}$ は対角行列であることを示せ．

（3）$D = R_2R_1^{-1}$ とおく．$Q_1 = Q_2D$ であることを示せ．

（4）$Q_1 = Q_2$，$R_1 = R_2$ であることを示せ．

補足 (4) より，QR 分解は一意的である．

2.4.3 ギブンス行列による QR 分解

QR 分解は，ギブンス行列 ➲ 2.3.3 項 やハウスホルダー行列 ➲ 2.3.4 項 を用いることによっても求めることができる．まず，ギブンス行列による方法を述べよう．

$A \in M_{n,m}(\mathbf{R})$ を式 (2.140) のように列ベクトルに分割しておき，$\boldsymbol{a}_1\ \boldsymbol{a}_2\ \cdots\ \boldsymbol{a}_m$ は 1 次独立であるとする．A に対してギブンス行列を繰り返し掛けて，順に，第 1 列の第 2 成分以降が 0，第 2 列の第 3 成分以降が 0，第 3 列の第 4 成分以降が 0，$\cdots$ となるように変形していこう．

まず，$\boldsymbol{a}_1, \boldsymbol{a}_2, \ldots, \boldsymbol{a}_m$ は 1 次独立なので，とくに，$\boldsymbol{a}_1 \neq \boldsymbol{0}$ である．よって，

$$\boldsymbol{a}_1 = \begin{pmatrix} a_{11} \\ a_{21} \\ \vdots \\ a_{n1} \end{pmatrix} \tag{2.145}$$

と表しておくと，$a_{11}, a_{21}, \ldots, a_{n1}$ のいずれかは 0 ではない．$a_{21} = a_{31} = \cdots = a_{n1} = 0$ のとき，第 1 列はそのままにしておく．また，ある $j = 2, 3, \ldots, n$ に対して，

$$a_{21} = a_{31} = \cdots = a_{j-1,1} = 0, \quad a_{j,1} \neq 0 \tag{2.146}$$

12) $*$ の部分は $X \in M_m(\mathbf{R})$ に対する方程式 $CX = E_m$ を解くことによって得られるが，ここでは対角成分のみが重要なため，このように表している．問題 2.2 も参考にするとよい．

のとき，ギブンス行列を掛けることにより，$\boldsymbol{a}_1$ の「第 1 成分と第 j 成分」以外を変えないまま，第 j 成分を 0 とすることができる．実際，$\theta \in \mathbf{R}$ を

$$\cos\theta = \frac{a_{11}}{\sqrt{a_{11}^2 + a_{j1}^2}}, \quad \sin\theta = \frac{a_{j1}}{\sqrt{a_{11}^2 + a_{j1}^2}} \tag{2.147}$$

となるように選んでおくと，$G_n(1, j; \theta)$ が求めるギブンス行列である（図 2.18）．以下，同様の操作を繰り返し，ギブンス行列を何回か掛けた後に得られる行列の第 1 列の第 2 成分以降をすべて 0 とすることができる．ここまでの操作で得られた行列を B とおく．

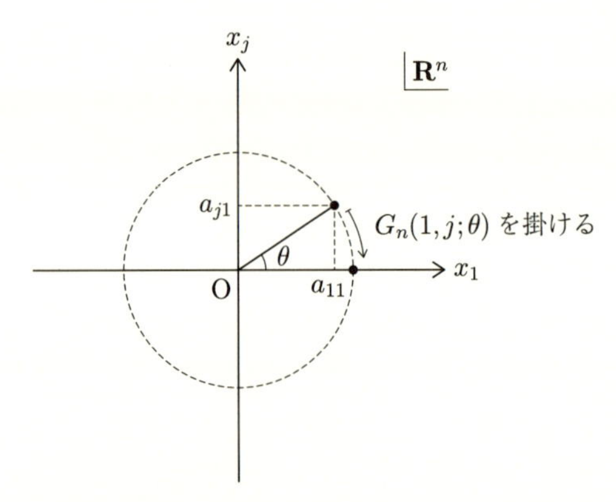

図 2.18　$G_n(1, j; \theta)$ を掛けるギブンス変換

次に，ギブンス行列は正則であり，$\boldsymbol{a}_1, \boldsymbol{a}_2, \ldots, \boldsymbol{a}_m$ は 1 次独立なので，とくに，B の第 1 列，第 2 列は 1 次独立となる．よって，B の第 2 列を

$$\boldsymbol{b}_2 = \begin{pmatrix} b_{12} \\ b_{22} \\ \vdots \\ b_{n2} \end{pmatrix} \tag{2.148}$$

と表しておくと，$b_{22}, \ldots, b_{n2}$ のいずれかは 0 ではない．また，B の第 1 列の第 2 成分以降は 0 なので，B に第 1 成分以外どうしを変えるギブンス行列を掛けても第 1 列は変わらない．したがって，上と同様の操作を繰り返し，第 1 列を変えないままギブンス行列を何回か掛けた後に得られる行列の第 2 列の第 3 成分以降をすべて 0 とすることができる．

さらに，同様の操作を繰り返し，現れたギブンス行列の積を G とおく．このとき，必要ならば，対角成分が 1 または -1 の対角行列 $D \in M_n(\mathbf{R})$ を掛けることにより，

$$DGA = \begin{pmatrix} R \\ O \end{pmatrix} \tag{2.149}$$

となる．ただし，$R \in M_m(\mathbf{R})$ は対角成分が正の上三角行列，$O \in M_{n-m,m}(\mathbf{R})$ は零行列である．とくに，R は定理 2.14 の条件(3)をみたす．ここで，$DG \in \mathrm{O}(n)$ であり，$(DG)^{-1} = (DG)^{\mathrm{T}}$ より，

$$A = (DG)^{\mathrm{T}} \begin{pmatrix} R \\ O \end{pmatrix} \tag{2.150}$$

となる．さらに，$(DG)^{\mathrm{T}} \in \mathrm{O}(n)$ であり，$(DG)^{\mathrm{T}}$ の第 1 列から第 m 列までの部分を Q とおくと，定理 2.10 より，Q は定理 2.14 の条件(2)をみたす．よって，QR 分解 $A = QR$ が得られる[13]．

例 2.11 より，正則行列 $A \in M_2(\mathbf{R})$ を

$$A = \begin{pmatrix} 1 & 3 \\ 2 & 4 \end{pmatrix} \tag{2.151}$$

により定めることができる．ギブンス行列を用いることにより，A の QR 分解を求めよ．

解説 $\theta \in \mathbf{R}$ を

$$\cos\theta = \frac{1}{\sqrt{1^2+2^2}} = \frac{1}{\sqrt{5}}, \quad \sin\theta = \frac{2}{\sqrt{1^2+2^2}} = \frac{2}{\sqrt{5}} \tag{2.152}$$

となるように選んでおく．このとき，

$$\begin{aligned} G_2(1,2;\theta)A &= \begin{pmatrix} \cos\theta & \sin\theta \\ -\sin\theta & \cos\theta \end{pmatrix} A = \frac{1}{\sqrt{5}} \begin{pmatrix} 1 & 2 \\ -2 & 1 \end{pmatrix} \begin{pmatrix} 1 & 3 \\ 2 & 4 \end{pmatrix} \\ &= \frac{1}{\sqrt{5}} \begin{pmatrix} 5 & 11 \\ 0 & -2 \end{pmatrix} \end{aligned} \tag{2.153}$$

となる．よって，

$$\begin{pmatrix} 1 & 0 \\ 0 & -1 \end{pmatrix} G_2(1,2;\theta)A = \frac{1}{\sqrt{5}} \begin{pmatrix} 5 & 11 \\ 0 & 2 \end{pmatrix} \tag{2.154}$$

である．したがって，求める QR 分解を $A = QR$ とすると，

$$\begin{aligned} Q &= \left(\begin{pmatrix} 1 & 0 \\ 0 & -1 \end{pmatrix} G_2(1,2;\theta) \right)^{\mathrm{T}} = \left(\begin{pmatrix} 1 & 0 \\ 0 & -1 \end{pmatrix} \cdot \frac{1}{\sqrt{5}} \begin{pmatrix} 1 & 2 \\ -2 & 1 \end{pmatrix} \right)^{\mathrm{T}} \\ &= \frac{1}{\sqrt{5}} \begin{pmatrix} 1 & 2 \\ 2 & -1 \end{pmatrix}^{\mathrm{T}} = \frac{1}{\sqrt{5}} \begin{pmatrix} 1 & 2 \\ 2 & -1 \end{pmatrix} \end{aligned} \tag{2.155}$$

13) 式(2.150)において，$(DG)^{\mathrm{T}}$，$\begin{pmatrix} R \\ O \end{pmatrix}$ を改めてそれぞれ Q，R とおいた式を QR 分解ということもある．

$$R = \frac{1}{\sqrt{5}}\begin{pmatrix} 5 & 11 \\ 0 & 2 \end{pmatrix} \tag{2.156}$$

である．■

問 2.12　$A \in M_2(\mathbf{R})$ を

$$A = \begin{pmatrix} 1 & 2 \\ 3 & 4 \end{pmatrix} \tag{2.157}$$

により定める．次の問いに答えよ．

（1）A は正則であることを示せ．

（2）ギブンス行列を用いることにより，A の QR 分解を求めよ．

2.4.4　ハウスホルダー行列による QR 分解

次に，ハウスホルダー行列を用いて QR 分解を求める方法を述べよう．$A \in M_{n,m}(\mathbf{R})$ を式(2.140)のように列ベクトルに分割しておき，$\boldsymbol{a}_1\ \boldsymbol{a}_2\ \cdots\ \boldsymbol{a}_m$ は1次独立であるとする．A に対してハウスホルダー行列を繰り返し掛けて，順に，第1列の第2成分以降が0，第2列の第3成分以降が0，第3列の第4成分以降が0，$\cdots$ となるように変形していこう．

まず，$\boldsymbol{a}_1 \neq \boldsymbol{0}$ なので，ノルムの正値性➡定理2.5(1) より，$\|\boldsymbol{a}_1\| > 0$ であることに注意する．よって，ハウスホルダー行列を掛けることにより，第1列の第1成分を正，第2成分以降を0とすることができる．実際，$\boldsymbol{p} \in \mathbf{R}^n$ を

$$\boldsymbol{a}' = \begin{pmatrix} \|\boldsymbol{a}_1\| \\ 0 \\ \vdots \\ 0 \end{pmatrix}, \quad \boldsymbol{p} = \boldsymbol{a}_1 - \boldsymbol{a}' \tag{2.158}$$

により定めると，$H_n(\boldsymbol{p})$ が求めるハウスホルダー行列である（図 2.19）．この操作で得られた行列を B とおく．

次に，ハウスホルダー行列は正則であり，$\boldsymbol{a}_1, \boldsymbol{a}_2, \ldots, \boldsymbol{a}_m$ は1次独立なので，B の第2列を

$$\boldsymbol{b}_2 = \begin{pmatrix} b_{12} \\ \boldsymbol{b}_2' \end{pmatrix} \quad (\boldsymbol{b}_2' \in \mathbf{R}^{n-1}) \tag{2.159}$$

と表しておくと，$\boldsymbol{b}_2' \neq \boldsymbol{0}$ である．よって，上と同様に，ある $(n-1)$ 次のハウスホルダー行列 $H_{n-1}(\boldsymbol{q}')$ を掛けることにより，$\boldsymbol{b}_2'$ の第1成分を正，第2成分以降を0とすることができる．このとき，

$$\boldsymbol{q} = \begin{pmatrix} 0 \\ \boldsymbol{q}' \end{pmatrix} \tag{2.160}$$

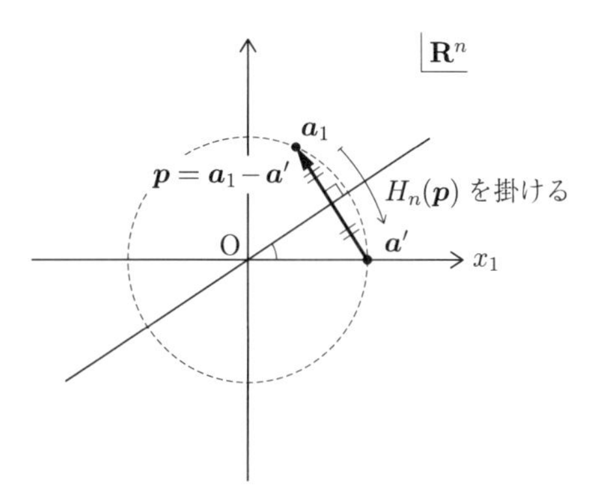

図 2.19 $H_n(\boldsymbol{p})$ を掛けるハウスホルダー変換

とおくと，$H_n(\boldsymbol{q})$ は B の第 1 列を変えないまま，第 2 列の第 2 成分を正，第 3 成分以降を 0 とするハウスホルダー行列である．

さらに，同様の操作を繰り返し，現れたハウスホルダー行列の積を H とおく．このとき，

$$HA = \begin{pmatrix} R \\ O \end{pmatrix} \tag{2.161}$$

となる．ただし，$R \in M_m(\mathbf{R})$ は対角成分が正の上三角行列，$O \in M_{n-m,m}(\mathbf{R})$ は零行列である．とくに，R は定理 2.14 の条件(3)をみたす．ここで，$H \in \mathrm{O}(n)$ であり，$H^{-1} = H^{\mathrm{T}}$ より，

$$A = H^{\mathrm{T}} \begin{pmatrix} R \\ O \end{pmatrix} \tag{2.162}$$

となる．さらに，$H^{\mathrm{T}} \in \mathrm{O}(n)$ であり，H^{T} の第 1 列から第 m 列までの部分を Q とおくと，定理 2.10 より，Q は定理 2.14 の条件(2)をみたす．よって，QR 分解 $A = QR$ が得られる．

例題 2.8 ハウスホルダー行列を用いることにより，例題 2.7 の A の QR 分解を求めよ．

解説 $\boldsymbol{p} \in \mathbf{R}^2$ を式(2.158)のように定めると，

$$\boldsymbol{p} = \begin{pmatrix} 1 \\ 2 \end{pmatrix} - \begin{pmatrix} \sqrt{1^2+2^2} \\ 0 \end{pmatrix} = \begin{pmatrix} 1-\sqrt{5} \\ 2 \end{pmatrix} \tag{2.163}$$

である．よって，

$$\langle \boldsymbol{p}, \boldsymbol{p} \rangle = (1-\sqrt{5}\,)^2 + 2^2 = 10 - 2\sqrt{5} \tag{2.164}$$

$$\boldsymbol{p}\boldsymbol{p}^{\mathrm{T}} = \begin{pmatrix} 1-\sqrt{5} \\ 2 \end{pmatrix} (\,1-\sqrt{5} \quad 2\,) = \begin{pmatrix} 6-2\sqrt{5} & 2-2\sqrt{5} \\ 2-2\sqrt{5} & 4 \end{pmatrix} \tag{2.165}$$

となる．さらに，式(2.129)より，

$$H_2(\boldsymbol{p}) = E_2 - \frac{2\boldsymbol{p}\boldsymbol{p}^{\mathrm{T}}}{\langle \boldsymbol{p}, \boldsymbol{p} \rangle} = \begin{pmatrix} 1 & 0 \\ 0 & 1 \end{pmatrix} - \frac{2}{10 - 2\sqrt{5}} \begin{pmatrix} 6 - 2\sqrt{5} & 2 - 2\sqrt{5} \\ 2 - 2\sqrt{5} & 4 \end{pmatrix}$$
$$= \frac{1}{\sqrt{5}} \begin{pmatrix} 1 & 2 \\ 2 & -1 \end{pmatrix} \tag{2.166}$$

である．したがって，

$$H_2(\boldsymbol{p})A = \frac{1}{\sqrt{5}} \begin{pmatrix} 1 & 2 \\ 2 & -1 \end{pmatrix} \begin{pmatrix} 1 & 3 \\ 2 & 4 \end{pmatrix} = \frac{1}{\sqrt{5}} \begin{pmatrix} 5 & 11 \\ 0 & 2 \end{pmatrix} \tag{2.167}$$

である．以上より，求める QR 分解を $A = QR$ とすると，

$$Q = H_2(\boldsymbol{p})^{\mathrm{T}} = \frac{1}{\sqrt{5}} \begin{pmatrix} 1 & 2 \\ 2 & -1 \end{pmatrix} \tag{2.168}$$

であり，R は式(2.156)によりあたえられる．■

問 2.13　ハウスホルダー行列を用いることにより，問 2.12 の A の QR 分解を求めよ．

ここまで，QR 分解はグラム－シュミットの直交化法からただちに得られ，ギブンス行列やハウスホルダー行列を用いても求められることを述べてきたが，数値計算の観点から見たこれらの方法の違いについては，たとえば，文献 [10] の第 6 章を見るとよい．

2.4.5　連立 1 次方程式と最小 2 乗法

QR 分解の連立 1 次方程式への応用を述べよう．$A \in M_{n,m}(\mathbf{R})$，$\boldsymbol{b} \in \mathbf{R}^n$ とし，未知の列ベクトル $\boldsymbol{x} \in \mathbf{R}^m$ に対する連立 1 次方程式

$$A\boldsymbol{x} = \boldsymbol{b} \tag{2.169}$$

を考えよう．式(2.169)の解の存在および一意性は係数行列や拡大係数行列➲ 2.1.1 項の階数➲ 2.1.3 項を用いて，次のように表されることがわかる．

定理 2.15　式(2.169)の解が存在するための必要十分条件は，

$$\operatorname{rank}(A \mid \boldsymbol{b}) = \operatorname{rank} A \tag{2.170}$$

である．さらに，式(2.169)の解が一意的に存在するための必要十分条件は，

$$\operatorname{rank}(A \mid \boldsymbol{b}) = \operatorname{rank} A = m \tag{2.171}$$

である．

式(2.169)において，$m \leq n$ とし，A を式(2.140)のように列ベクトルに分割したとき，$\boldsymbol{a}_1, \boldsymbol{a}_2, \ldots, \boldsymbol{a}_m$ は 1 次独立であるとする．

$m = n$ のとき，$\boldsymbol{a}_1, \boldsymbol{a}_2, \ldots, \boldsymbol{a}_m$ が 1 次独立であることから，A は正則となる．よって，式(2.169)は一意的な解 $\boldsymbol{x} = A^{-1}\boldsymbol{b}$ をもつ．また，式(2.171)がなりたつ．ここで，A の QR 分解を

$$A = QR \tag{2.172}$$

とする．このとき，$m = n$ より，$Q \in \mathrm{O}(n)$ なので，上の解は

$$\boldsymbol{x} = A^{-1}\boldsymbol{b} = (QR)^{-1}\boldsymbol{b} = R^{-1}Q^{-1}\boldsymbol{b} = R^{-1}Q^{\mathrm{T}}\boldsymbol{b} \tag{2.173}$$

となる．すなわち，

$$\boldsymbol{x} = R^{-1}Q^{\mathrm{T}}\boldsymbol{b} \tag{2.174}$$

である．

$m < n$ のとき，式(2.170)がなりたつとは限らないため，式(2.169)の解が存在するとは限らない．そこで，$\boldsymbol{x}$ が式(2.169)の解のときは，ノルムの正値性➲定理 1.3(1)より，

$$\|A\boldsymbol{x} - \boldsymbol{b}\|^2 = \|\mathbf{0}\|^2 = 0^2 = 0 \tag{2.175}$$

であることに注目し，式(2.169)の解を求める代わりに，次の問題を考えよう．

問題 $\|A\boldsymbol{x} - \boldsymbol{b}\|^2$ の値が最も小さくなるような $\boldsymbol{x} \in \mathbf{R}^m$ を求めよ．

上の問題の解を，連立 1 次方程式(2.169)の**最小 2 乗近似解**という．また，最小 2 乗近似解を求める方法を**最小 2 乗法**という．実は，最小 2 乗近似解は一意的に存在し，式(2.174)とまったく同じ式であたえることができる．すなわち，次がなりたつ．

定理 2.16 式(2.169)において，$m \leq n$ とし，A を式(2.140)のように列ベクトルに分割したとき，$\boldsymbol{a}_1, \boldsymbol{a}_2, \ldots, \boldsymbol{a}_m$ は 1 次独立であるとする．さらに，式(2.172)を A の QR 分解とし，$\boldsymbol{x} \in \mathbf{R}^m$ を式(2.174)により定める．このとき，任意の $\boldsymbol{y} \in \mathbf{R}^m \setminus \{\boldsymbol{x}\}$ に対して，

$$\|A\boldsymbol{y} - \boldsymbol{b}\|^2 > \|A\boldsymbol{x} - \boldsymbol{b}\|^2 \tag{2.176}$$

である．とくに，$\boldsymbol{x}$ は式(2.169)の一意的な最小 2 乗近似解である．

証明 まず，式(2.172)，(2.174)，定理 1.5 (4)および

$$Q^{\mathrm{T}}Q = E_m \tag{2.177}$$

より，

$$\begin{aligned} A^{\mathrm{T}}A\boldsymbol{x} &= (QR)^{\mathrm{T}}(QR)(R^{-1}Q^{\mathrm{T}}\boldsymbol{b}) = R^{\mathrm{T}}Q^{\mathrm{T}}QQ^{\mathrm{T}}\boldsymbol{b} = R^{\mathrm{T}}E_mQ^{\mathrm{T}}\boldsymbol{b} = R^{\mathrm{T}}Q^{\mathrm{T}}\boldsymbol{b} \\ &= (QR)^{\mathrm{T}}\boldsymbol{b} = A^{\mathrm{T}}\boldsymbol{b} \end{aligned} \tag{2.178}$$

である．さらに，式(1.43)，定理 1.5 (4) より，

$$\begin{aligned} \langle A(\boldsymbol{y}-\boldsymbol{x}), A\boldsymbol{x}-\boldsymbol{b}\rangle &= (A(\boldsymbol{y}-\boldsymbol{x}))^{\mathrm{T}}(A\boldsymbol{x}-\boldsymbol{b}) = (\boldsymbol{y}-\boldsymbol{x})^{\mathrm{T}}A^{\mathrm{T}}(A\boldsymbol{x}-\boldsymbol{b}) \\ &= (\boldsymbol{y}-\boldsymbol{x})^{\mathrm{T}}(A^{\mathrm{T}}A\boldsymbol{x}-A^{\mathrm{T}}\boldsymbol{b}) = 0 \end{aligned} \tag{2.179}$$

となる．よって，ノルムの定義➲式 (1.13) および内積の性質より，

$$\begin{aligned} \|A\boldsymbol{y}-\boldsymbol{b}\|^2 &= \|A(\boldsymbol{y}-\boldsymbol{x})+(A\boldsymbol{x}-\boldsymbol{b})\|^2 \\ &= \langle A(\boldsymbol{y}-\boldsymbol{x})+(A\boldsymbol{x}-\boldsymbol{b}), A(\boldsymbol{y}-\boldsymbol{x})+(A\boldsymbol{x}-\boldsymbol{b})\rangle \\ &= \langle A(\boldsymbol{y}-\boldsymbol{x}), A(\boldsymbol{y}-\boldsymbol{x})\rangle + \langle A\boldsymbol{x}-\boldsymbol{b}, A\boldsymbol{x}-\boldsymbol{b}\rangle \\ &= \|A(\boldsymbol{y}-\boldsymbol{x})\|^2 + \|A\boldsymbol{x}-\boldsymbol{b}\|^2 \end{aligned} \tag{2.180}$$

となる（図 2.20）．ここで，$\boldsymbol{a}_1$, $\boldsymbol{a}_2$, $\ldots$, $\boldsymbol{a}_m$ が 1 次独立であることと $\boldsymbol{x} \neq \boldsymbol{y}$ より，

$$A(\boldsymbol{y}-\boldsymbol{x}) \neq \boldsymbol{0} \tag{2.181}$$

となる．したがって，ノルムの正値性より，

$$\|A(\boldsymbol{y}-\boldsymbol{x})\|^2 > 0 \tag{2.182}$$

であり，式(2.176)がなりたつ．　□

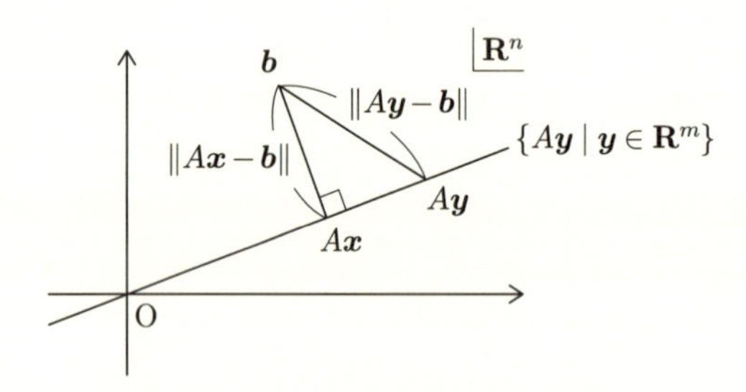

図 2.20　最小 2 乗近似解の幾何学的意味

章末問題

問題 2.1　行列に対する次の(a)〜(c)の操作を，**列に関する基本変形**または**初等変形**という．

（a）一つの列に 0 でない定数を掛ける．

（b）二つの列を入れ替える．

（c）一つの列にほかの列の 0 ではない定数を掛けたものを加える．

任意の $A \in M_{m,n}(\mathbf{R})$ に対して，行または列に関する基本変形を繰り返すことにより，

$$\begin{pmatrix} E_r & O_{r,n-r} \\ O_{m-r,r} & O_{m-r,n-r} \end{pmatrix} \tag{2.183}$$

と表される行列が得られる．ただし，$r = \operatorname{rank} A$ であり，$O_{k,l}$ は k 行 l 列の零行列である．また，$A = O$ のとき，式(2.183)は零行列であると約束する．式(2.183)を，A の**階数標準形**という．次の問いに答えよ．

（1）$a \in \mathbf{R}$ とし，$A \in M_3(\mathbf{R})$ を

$$A = \begin{pmatrix} a & a & 1 \\ a & 1 & a \\ 1 & a & a \end{pmatrix} \tag{2.184}$$

により定める．A の階数標準形を求めよ．

（2）2.1.5 項で定めた基本行列に関して，$A \in M_{m,n}(\mathbf{R})$ とすると，次の(i)〜(iii)がなりたつ．

（i）$AP_n(j;c)$ は A の第 j 列を c 倍したものである．

（ii）$AQ_n(i,j)$ は A の第 i 列と第 j 列を入れ替えたものである．

（iii）$AR_n(i,j;c)$ は A の第 j 列に A の第 i 列の c 倍を加えたものである．

すなわち，A に右から $P_n(j;c)$, $Q_n(i,j)$, $R_n(i,j;c)$ を掛けることは，それぞれ列に関する基本変形の(a)〜(c)に対応する．このことを，

$$A = \begin{pmatrix} p & q \\ r & s \\ t & u \end{pmatrix} \in M_{3,2}(\mathbf{R}) \quad (p,\ q,\ r,\ s,\ t,\ u \in \mathbf{R}) \tag{2.185}$$

の場合に確かめよ．

問題 2.2　次の(1)，(2)で定められる上三角行列 A は対角成分が 0 ではないので，正則である．行に関する基本変形を用いることにより，A の逆行列を求めよ．

（1）$A = \begin{pmatrix} a & b \\ 0 & c \end{pmatrix}$　$(a,\ b,\ c \in \mathbf{R},\ \ a,\ c \neq 0)$

（2）$A = \begin{pmatrix} a & b & c \\ 0 & d & e \\ 0 & 0 & f \end{pmatrix}$　$(a,\ b,\ c,\ d,\ e,\ f \in \mathbf{R},\ \ a,\ d,\ f \neq 0)$

問題 2.3　$\mathbf{R}^n$ の m 個のベクトル $\boldsymbol{a}_1,\ \boldsymbol{a}_2,\ \ldots,\ \boldsymbol{a}_m \in \mathbf{R}^n$ が 1 次独立であるための必要十分条件は，

$$\mathrm{rank}(\,\boldsymbol{a}_1\ \boldsymbol{a}_2\ \cdots\ \boldsymbol{a}_m\,) = m \tag{2.186}$$

であることがわかる．このことを用いて，$a \in \mathbf{R}$ に対して，$\boldsymbol{a}_1, \boldsymbol{a}_2, \boldsymbol{a}_3 \in \mathbf{R}^4$ を

$$\boldsymbol{a}_1 = \begin{pmatrix} a \\ a \\ 1 \\ 1 \end{pmatrix}, \quad \boldsymbol{a}_2 = \begin{pmatrix} 1 \\ a \\ a \\ 1 \end{pmatrix}, \quad \boldsymbol{a}_3 = \begin{pmatrix} 1 \\ 1 \\ a \\ a \end{pmatrix} \tag{2.187}$$

により定めたとき，$\boldsymbol{a}_1, \boldsymbol{a}_2, \boldsymbol{a}_3$ が 1 次独立であるかどうかを調べよ．

問題 2.4　$\boldsymbol{a}_1, \boldsymbol{a}_2 \in \mathbf{R}^3$ を

$$\boldsymbol{a}_1 = \begin{pmatrix} 1 \\ 1 \\ 0 \end{pmatrix}, \quad \boldsymbol{a}_2 = \begin{pmatrix} 0 \\ 1 \\ 2 \end{pmatrix} \tag{2.188}$$

により定める．次の問いに答えよ．

（1）$\boldsymbol{a}_1, \boldsymbol{a}_2$ は 1 次独立であることを示せ．

（2）$A = (\,\boldsymbol{a}_1\ \boldsymbol{a}_2\,)$ とおく．グラム－シュミットの直交化法を用いることにより，A の QR 分解を求めよ．

（3）ギブンス行列を用いることにより，A の QR 分解を求めよ．

（4）ハウスホルダー行列を用いることにより，A の QR 分解を求めよ．

（5）連立 1 次方程式

$$A\boldsymbol{x} = \begin{pmatrix} 1 \\ 0 \\ 0 \end{pmatrix} \tag{2.189}$$

の最小 2 乗近似解を求めよ．

問題 2.5　$\boldsymbol{a}_1, \boldsymbol{a}_2, \boldsymbol{a}_3 \in \mathbf{R}^3$ を

$$\boldsymbol{a}_1 = \begin{pmatrix} 1 \\ 1 \\ 0 \end{pmatrix}, \quad \boldsymbol{a}_2 = \begin{pmatrix} 0 \\ 1 \\ 0 \end{pmatrix}, \quad \boldsymbol{a}_3 = \begin{pmatrix} 0 \\ 1 \\ 1 \end{pmatrix} \tag{2.190}$$

により定める．次の問いに答えよ．

（1）$\boldsymbol{a}_1, \boldsymbol{a}_2, \boldsymbol{a}_3$ は 1 次独立であることを示せ．

（2）$A = (\,\boldsymbol{a}_1\ \boldsymbol{a}_2\ \boldsymbol{a}_3\,)$ とおく．グラム－シュミットの直交化法を用いることにより，A の QR 分解を求めよ．

（3）QR 分解を用いることにより，連立 1 次方程式

$$A\boldsymbol{x} = \begin{pmatrix} 1 \\ 0 \\ 0 \end{pmatrix} \tag{2.191}$$

の解を求めよ．

第3章 正方行列の標準形

行列に対しては，標準形とよばれるものを考えることによって，その特徴を理解することが容易となる．たとえば，直交行列に対しては定理2.12で述べた標準形を求めることによって，回転や鏡映といった幾何学的意味を知ることができる．本章では，まず，対角行列を標準形とする正方行列を考え，そのような正方行列を対角化する方法を述べる．続いて，対称行列の直交行列による対角化を扱う．さらに，数値計算などの応用のうえで重要なヘッセンベルク化や3重対角化について述べる．

3.1 正方行列の対角化

3.1.1 基底変換行列

行列には二つの側面がある．一つは線形写像の表現行列であり，もう一つは数値として表されたデータを並べたものである．正方行列の対角化がどのようにして現れるのかについては，前者の立場から説明することができる．そのための準備として，まず，基底変換行列や表現行列について簡単に述べておこう．

n を正の整数とし，V を n 次元のベクトル空間，$\{\boldsymbol{a}_1, \boldsymbol{a}_2, \ldots, \boldsymbol{a}_n\}$，$\{\boldsymbol{b}_1, \boldsymbol{b}_2, \ldots, \boldsymbol{b}_n\}$ を V の基底とする➲定義2.3．このとき，$j = 1, 2, \ldots, n$ に対して，ある p_{1j}，$p_{2j}, \ldots, p_{nj} \in \mathbf{R}$ が一意的に存在し，

$$\boldsymbol{b}_j = p_{1j}\boldsymbol{a}_1 + p_{2j}\boldsymbol{a}_2 + \cdots + p_{nj}\boldsymbol{a}_n \tag{3.1}$$

となる．すなわち，$p_{1j}, p_{2j}, \ldots, p_{nj}$ は基底 $\{\boldsymbol{a}_1, \boldsymbol{a}_2, \ldots, \boldsymbol{a}_n\}$ に関する $\boldsymbol{b}_j$ の成分である．そこで，(i, j) 成分が p_{ij} の n 次実行列を P とおき，$j = 1, 2, \ldots, n$ に対して，式(3.1)がなりたつことを

$$(\,\boldsymbol{b}_1\ \boldsymbol{b}_2\ \cdots\ \boldsymbol{b}_n\,) = (\,\boldsymbol{a}_1\ \boldsymbol{a}_2\ \cdots\ \boldsymbol{a}_n\,)P \tag{3.2}$$

と表す．すなわち，行ベクトルの成分を $(\boldsymbol{a}_1\ \boldsymbol{a}_2\ \cdots\ \boldsymbol{a}_n)$ のように数の代わりにベクトルとし，式(3.2)の右辺は通常の行列の積のように考えるのである．P を，**基底変換** $\{\boldsymbol{a}_1, \boldsymbol{a}_2, \ldots, \boldsymbol{a}_n\} \to \{\boldsymbol{b}_1, \boldsymbol{b}_2, \ldots, \boldsymbol{b}_n\}$ の**基底変換行列**という．基底変換行列について，次がなりたつことがわかる．

定理 3.1　一つの基底変換に対する基底変換行列は一意的である．また，基底変換行列は正則である．

数ベクトル空間の基底変換行列の場合，数ベクトルは列ベクトルとして表されており，式(3.2)の右辺は通常の行列の積のように考えればよいので，次がなりたつことはほとんど明らかである．

定理 3.2　$\{\boldsymbol{a}_1, \boldsymbol{a}_2, \ldots, \boldsymbol{a}_n\}$，$\{\boldsymbol{b}_1, \boldsymbol{b}_2, \ldots, \boldsymbol{b}_n\}$ を $\mathbf{R}^n$ の基底とし，$i, j = 1, 2, \ldots, n$ に対して，$\boldsymbol{a}_j, \boldsymbol{b}_j$ の第 i 成分を (i, j) 成分とする n 次実行列をそれぞれ A, B とおく．このとき，基底変換 $\{\boldsymbol{a}_1, \boldsymbol{a}_2, \ldots, \boldsymbol{a}_n\} \to \{\boldsymbol{b}_1, \boldsymbol{b}_2, \ldots, \boldsymbol{b}_n\}$ の基底変換行列を P とすると，

$$B = AP \tag{3.3}$$

である．

例 3.1　$\{\boldsymbol{e}_1, \boldsymbol{e}_2, \ldots, \boldsymbol{e}_n\}$ を $\mathbf{R}^n$ の標準基底 ➔例2.9，$\{\boldsymbol{a}_1, \boldsymbol{a}_2, \ldots, \boldsymbol{a}_n\}$ を $\mathbf{R}^n$ の基底とする．$i, j = 1, 2, \ldots, n$ に対して，$\boldsymbol{a}_j$ の第 i 成分を (i, j) 成分とする n 次実行列を A とおく．このとき，基底変換 $\{\boldsymbol{e}_1, \boldsymbol{e}_2, \ldots, \boldsymbol{e}_n\} \to \{\boldsymbol{a}_1, \boldsymbol{a}_2, \ldots, \boldsymbol{a}_n\}$ の基底変換行列を P とすると，定理 3.2 より，

$$A = E_n P \tag{3.4}$$

である．よって，$P = A$ である．■

$\{\boldsymbol{e}_1, \boldsymbol{e}_2\}$ を $\mathbf{R}^2$ の標準基底とし，$\boldsymbol{a}_1, \boldsymbol{a}_2 \in \mathbf{R}^2$ を

$$\boldsymbol{a}_1 = \begin{pmatrix} 1 \\ 2 \end{pmatrix}, \quad \boldsymbol{a}_2 = \begin{pmatrix} 3 \\ 4 \end{pmatrix} \tag{3.5}$$

により定める．このとき，例 2.11 より，$\{\boldsymbol{a}_1, \boldsymbol{a}_2\}$ は $\mathbf{R}^2$ の基底である．基底変換 $\{\boldsymbol{a}_1, \boldsymbol{a}_2\} \to \{\boldsymbol{e}_1, \boldsymbol{e}_2\}$ の基底変換行列を求めよ．

解説　求める基底変換行列を P とすると，定理 3.2 および式(3.5)より，

$$\begin{pmatrix} 1 & 0 \\ 0 & 1 \end{pmatrix} = \begin{pmatrix} 1 & 3 \\ 2 & 4 \end{pmatrix} P \tag{3.6}$$

である．ここで，2 次の実行列 $\begin{pmatrix} a & b \\ c & d \end{pmatrix}$ $(a,\ b,\ c,\ d \in \mathbf{R})$ が正則となるのは $ad - bc \neq 0$ のときであり，そのとき，

$$\begin{pmatrix} a & b \\ c & d \end{pmatrix}^{-1} = \frac{1}{ad - bc} \begin{pmatrix} d & -b \\ -c & a \end{pmatrix} \tag{3.7}$$

であることを用いると，式(3.6)より，

$$P = \begin{pmatrix} 1 & 3 \\ 2 & 4 \end{pmatrix}^{-1} \begin{pmatrix} 1 & 0 \\ 0 & 1 \end{pmatrix} = \frac{1}{1 \cdot 4 - 3 \cdot 2} \begin{pmatrix} 4 & -3 \\ -2 & 1 \end{pmatrix} = \begin{pmatrix} -2 & \frac{3}{2} \\ 1 & -\frac{1}{2} \end{pmatrix} \tag{3.8}$$

である． ■

問 3.1 $\boldsymbol{a}_1,\ \boldsymbol{a}_2 \in \mathbf{R}^2$ を式(3.5)，$\boldsymbol{b}_1,\ \boldsymbol{b}_2 \in \mathbf{R}^2$ を

$$\boldsymbol{b}_1 = \begin{pmatrix} 1 \\ 3 \end{pmatrix}, \quad \boldsymbol{b}_2 = \begin{pmatrix} 2 \\ 4 \end{pmatrix} \tag{3.9}$$

により定める．このとき，例 2.11 および問 2.12 (1) より，$\{\boldsymbol{a}_1,\ \boldsymbol{a}_2\}$，$\{\boldsymbol{b}_1,\ \boldsymbol{b}_2\}$ は $\mathbf{R}^2$ の基底である．基底変換 $\{\boldsymbol{a}_1,\ \boldsymbol{a}_2\} \to \{\boldsymbol{b}_1,\ \boldsymbol{b}_2\}$ の基底変換行列を求めよ．

3.1.2 表現行列

ベクトル空間の間の線形写像に対して，基底を選んでおくと，表現行列という行列を対応させることができる．簡単のため，ベクトル空間の線形変換を考え，基底については，定義域，値域ともに同じものを選んだ場合を述べる．

V を n 次元のベクトル空間，$f\colon V \to V$ を線形変換とする．また，V の基底 $\{\boldsymbol{a}_1,\ \boldsymbol{a}_2,\ \ldots,\ \boldsymbol{a}_n\}$ を選んでおく．このとき，$j = 1,\ 2,\ \ldots,\ n$ に対して，基底 $\{\boldsymbol{a}_1,\ \boldsymbol{a}_2,\ \ldots,\ \boldsymbol{a}_n\}$ に関する $f(\boldsymbol{a}_j)$ の成分を $a_{1j},\ a_{2j},\ \ldots,\ a_{nj}$ とする．すなわち，

$$f(\boldsymbol{a}_j) = a_{1j}\boldsymbol{a}_1 + a_{2j}\boldsymbol{a}_2 + \cdots + a_{nj}\boldsymbol{a}_n \tag{3.10}$$

である．そこで，(i,j) 成分を a_{ij} とする n 次の実行列を A とおき，式(3.10)を式(3.2)のように

$$\begin{pmatrix} f(\boldsymbol{a}_1) & f(\boldsymbol{a}_2) & \cdots & f(\boldsymbol{a}_n) \end{pmatrix} = \begin{pmatrix} \boldsymbol{a}_1 & \boldsymbol{a}_2 & \cdots & \boldsymbol{a}_n \end{pmatrix} A \tag{3.11}$$

と表す．A を基底 $\{\boldsymbol{a}_1,\ \boldsymbol{a}_2,\ \ldots,\ \boldsymbol{a}_n\}$ に関する f の**表現行列**という．表現行列について，次がなりたつ．

定理 3.3　一つの基底に関する表現行列は一意的である．

例 3.2　$f\colon \mathbf{R}^n \to \mathbf{R}^n$ を線形変換とする．このとき，ある $A \in M_n(\mathbf{R})$ が存在し，f は

$$f(\boldsymbol{x}) = A\boldsymbol{x} \quad (\boldsymbol{x} \in \mathbf{R}^n) \tag{3.12}$$

と表される➲定理 1.10．ここで，$\{\boldsymbol{e}_1, \boldsymbol{e}_2, \ldots, \boldsymbol{e}_n\}$ を $\mathbf{R}^n$ の標準基底とする．また，$i, j = 1, 2, \ldots, n$ に対して，A の (i, j) 成分を a_{ij} とする．このとき，

$$f(\boldsymbol{e}_j) = A\boldsymbol{e}_j = \begin{pmatrix} a_{1j} \\ a_{2j} \\ \vdots \\ a_{nj} \end{pmatrix} = a_{1j}\boldsymbol{e}_1 + a_{2j}\boldsymbol{e}_2 + \cdots + a_{nj}\boldsymbol{e}_n \tag{3.13}$$

となる．よって，

$$\big(f(\boldsymbol{e}_1)\ f(\boldsymbol{e}_2)\ \cdots\ f(\boldsymbol{e}_n) \big) = (\boldsymbol{e}_1\ \boldsymbol{e}_2\ \cdots\ \boldsymbol{e}_n)A \tag{3.14}$$

である．したがって，標準基底に関する f の表現行列は A である．■

例題 3.2　$\boldsymbol{a}_1, \boldsymbol{a}_2 \in \mathbf{R}^2$ を式(3.5)により定める．このとき，$\{\boldsymbol{a}_1, \boldsymbol{a}_2\}$ は $\mathbf{R}^2$ の基底である．さらに，線形変換 $f\colon \mathbf{R}^2 \to \mathbf{R}^2$ を

$$f(\boldsymbol{x}) = \begin{pmatrix} 1 & 0 \\ 0 & 2 \end{pmatrix}\boldsymbol{x} \quad (\boldsymbol{x} \in \mathbf{R}^2) \tag{3.15}$$

により定める．基底 $\{\boldsymbol{a}_1, \boldsymbol{a}_2\}$ に関する f の表現行列を求めよ．

解説　まず，式(3.5)，(3.15)より，

$$f(\boldsymbol{a}_1) = \begin{pmatrix} 1 & 0 \\ 0 & 2 \end{pmatrix}\begin{pmatrix} 1 \\ 2 \end{pmatrix} = \begin{pmatrix} 1 \\ 4 \end{pmatrix} \tag{3.16}$$

$$f(\boldsymbol{a}_2) = \begin{pmatrix} 1 & 0 \\ 0 & 2 \end{pmatrix}\begin{pmatrix} 3 \\ 4 \end{pmatrix} = \begin{pmatrix} 3 \\ 8 \end{pmatrix} \tag{3.17}$$

である．よって，求める表現行列を A とすると，式(3.11)より，

$$\begin{pmatrix} 1 & 3 \\ 4 & 8 \end{pmatrix} = \begin{pmatrix} 1 & 3 \\ 2 & 4 \end{pmatrix}A \tag{3.18}$$

である．したがって，式(3.7)より，

$$\begin{aligned} A &= \begin{pmatrix} 1 & 3 \\ 2 & 4 \end{pmatrix}^{-1}\begin{pmatrix} 1 & 3 \\ 4 & 8 \end{pmatrix} = \frac{1}{1 \cdot 4 - 3 \cdot 2}\begin{pmatrix} 4 & -3 \\ -2 & 1 \end{pmatrix}\begin{pmatrix} 1 & 3 \\ 4 & 8 \end{pmatrix} \\ &= \frac{1}{-2}\begin{pmatrix} -8 & -12 \\ 2 & 2 \end{pmatrix} = \begin{pmatrix} 4 & 6 \\ -1 & -1 \end{pmatrix} \end{aligned} \tag{3.19}$$

である. ■

問 3.2 $\boldsymbol{b}_1, \boldsymbol{b}_2 \in \mathbf{R}^2$ を式(3.9)により定める. このとき, $\{\boldsymbol{b}_1, \boldsymbol{b}_2\}$ は $\mathbf{R}^2$ の基底である. さらに, 線形変換 $f\colon \mathbf{R}^2 \to \mathbf{R}^2$ を式(3.15)により定める. 基底 $\{\boldsymbol{b}_1, \boldsymbol{b}_2\}$ に関する f の表現行列を求めよ.

3.1.3 表現行列と対角化

あたえられた線形変換に対して, ベクトル空間の基底として, 各構成要素が固有ベクトルとなるものが存在する場合を考えよう. V を n 次元のベクトル空間, $f\colon V \to V$ を線形変換, $\{\boldsymbol{a}_1, \boldsymbol{a}_2, \ldots, \boldsymbol{a}_n\}$ を V の基底とする. さらに, $j = 1, 2, \ldots, n$ に対して, $\boldsymbol{a}_j$ は固有値 $\lambda_j \in \mathbf{R}$ に対する f の固有ベクトルであると仮定する. すなわち,

$$f(\boldsymbol{a}_j) = \lambda_j \boldsymbol{a}_j \quad (j = 1, 2, \ldots, n) \tag{3.20}$$

である. このような基底を用いることができれば, f は各固有ベクトルの方向に関しては単なるスカラー倍でしかないので, f は比較的理解しやすくなるといえよう. そして, 式(3.20)より, 基底 $\{\boldsymbol{a}_1, \boldsymbol{a}_2, \ldots, \boldsymbol{a}_n\}$ に関する f の表現行列は対角行列

$$\begin{pmatrix} \lambda_1 & & & \text{\huge 0} \\ & \lambda_2 & & \\ & & \ddots & \\ \text{\huge 0} & & & \lambda_n \end{pmatrix} \tag{3.21}$$

となる.

一方, 線形変換の表現行列が基底変換によってどのように変わるのかについては, 次がなりたつことがわかる.

定理 3.4 V を n 次元のベクトル空間, $f\colon V \to V$ を線形変換とする. また, $\{\boldsymbol{a}_1, \boldsymbol{a}_2, \ldots, \boldsymbol{a}_n\}$, $\{\boldsymbol{b}_1, \boldsymbol{b}_2, \ldots, \boldsymbol{b}_n\}$ を V の基底, P を基底変換 $\{\boldsymbol{a}_1, \boldsymbol{a}_2, \ldots, \boldsymbol{a}_n\} \to \{\boldsymbol{b}_1, \boldsymbol{b}_2, \ldots, \boldsymbol{b}_n\}$ に関する基底変換行列とする. さらに, A を基底 $\{\boldsymbol{a}_1, \boldsymbol{a}_2, \ldots, \boldsymbol{a}_n\}$ に関する f の表現行列, B を基底 $\{\boldsymbol{b}_1, \boldsymbol{b}_2, \ldots, \boldsymbol{b}_n\}$ に関する f の表現行列とする. このとき,

$$B = P^{-1}AP \tag{3.22}$$

である.

そこで, 次のように定める.

定義 3.1　$A \in M_n(\mathbf{R})$ とする．ある正則な $P \in M_n(\mathbf{R})$ が存在し，$P^{-1}AP$ が対角行列となるとき，A は**対角化可能**であるという．

3.1.4　対角化可能となるための条件

実正方行列の対角化可能性について，次がなりたつ．

定理 3.5　$A \in M_n(\mathbf{R})$ とすると，次の(1)，(2)は同値である．
（1）A は対角化可能である．
（2）n 個の1次独立な A の固有ベクトルが存在する．

証明　(1) ⇒ (2)　A が対角化可能であることから，ある正則な $P \in M_n(\mathbf{R})$ および $\lambda_1, \lambda_2, \ldots, \lambda_n \in \mathbf{R}$ が存在し，

$$P^{-1}AP = \begin{pmatrix} \lambda_1 & & & \text{\huge 0} \\ & \lambda_2 & & \\ & & \ddots & \\ \text{\huge 0} & & & \lambda_n \end{pmatrix} \tag{3.23}$$

となる．すなわち，

$$AP = P\begin{pmatrix} \lambda_1 & & & \text{\huge 0} \\ & \lambda_2 & & \\ & & \ddots & \\ \text{\huge 0} & & & \lambda_n \end{pmatrix} \tag{3.24}$$

である．さらに，P を

$$P = (\, \boldsymbol{p}_1 \; \boldsymbol{p}_2 \; \cdots \; \boldsymbol{p}_n \,) \tag{3.25}$$

と列ベクトルに分割しておくと，

$$A\boldsymbol{p}_j = \lambda_j \boldsymbol{p}_j \quad (j = 1, 2, \ldots, n) \tag{3.26}$$

となる．ここで，P は正則なので，$\boldsymbol{p}_1, \boldsymbol{p}_2, \ldots, \boldsymbol{p}_n$ は1次独立であり➲注意 2.3，とくに，各 $\boldsymbol{p}_j$ は零ベクトル $\mathbf{0}$ ではない．よって，λ_j は A の固有値であり，$\boldsymbol{p}_j$ は固有値 λ_j に対する A の固有ベクトルである．

(2) ⇒ (1)　上の計算を逆にたどればよい．　□

注意 3.1　定理 3.5 の証明からわかるように，対角化可能な $A \in M_n(\mathbf{R})$ を実際に対角化するには，その行列の1次独立な固有ベクトル $\boldsymbol{p}_1, \boldsymbol{p}_2, \ldots, \boldsymbol{p}_n$ を式(3.25)のように並べて正則行列 P を定めればよい．このとき，$P^{-1}AP$ は対角行列となり，対角成分には各固有ベクトルに対する固有値 $\lambda_1, \lambda_2, \ldots, \lambda_n$ が現れる（図 3.1）．なお，固有値や固有ベクトルは問題 1.5 でも述べたように，固有方程式を解いて求めることができる（図 3.2）．

1 固有値 λ_i $(i = 1, 2, \ldots, n)$ に対する固有ベクトル $\boldsymbol{p}_i$ を，$\boldsymbol{p}_1, \boldsymbol{p}_2, \ldots, \boldsymbol{p}_n$ が1次独立となるように並べる．

2 $P = (\boldsymbol{p}_1 \ \boldsymbol{p}_2 \ \cdots \ \boldsymbol{p}_n)$ とおく．

3 A は P によって対角化され，

$$P^{-1}AP = \begin{pmatrix} \lambda_1 & & & 0 \\ & \lambda_2 & & \\ & & \ddots & \\ 0 & & & \lambda_n \end{pmatrix}$$

となる．

図 3.1　対角化の方法

1 A の固有多項式 $\phi_A(\lambda) = |\lambda E_n - A|$ を計算する．

2 固有方程式 $\phi_A(\lambda) = 0$ を解き，固有値 $\lambda_1, \lambda_2, \ldots, \lambda_n$ を求める．

3 連立1次方程式 $A\boldsymbol{x} = \lambda_i \boldsymbol{x}$ $(i = 1, 2, \ldots, n)$ を解き，固有値 λ_i に対する固有ベクトルを求める．

図 3.2　固有ベクトルの求め方

正方行列が対角化可能であることが判定できる特別な場合として，次を挙げておこう．

定理 3.6　$A \in M_n(\mathbf{R})$ が n 個の異なる固有値をもつならば，A は対角化可能である．

$A \in M_2(\mathbf{R})$ を

$$A = \begin{pmatrix} 1 & 1 \\ 4 & 1 \end{pmatrix} \tag{3.27}$$

により定める．次の問いに答えよ．

（1）定理 3.6 を用いることにより，A は対角化可能であることを示せ．

（2）$P^{-1}AP$ が対角行列となるような正則行列 $P \in M_2(\mathbf{R})$ を一つ求めよ．

解説　(1) A の固有多項式を $\phi_A(\lambda)$ と表すと，

$$\begin{aligned} \phi_A(\lambda) = |\lambda E_2 - A| = \begin{vmatrix} \lambda - 1 & -1 \\ -4 & \lambda - 1 \end{vmatrix} &= (\lambda - 1)^2 - (-1) \cdot (-4) \\ &= \lambda^2 - 2\lambda - 3 = (\lambda + 1)(\lambda - 3) \end{aligned} \tag{3.28}$$

である．よって，固有方程式 $\phi_A(\lambda) = 0$ を解くと，A の固有値 λ は $\lambda = -1, 3$ である．したがって，A は2個の異なる固有値 $\lambda = -1, 3$ をもつので，定理 3.6 より，A は対角化可能である．

(2) まず，固有値 $\lambda = -1$ に対する A の固有ベクトルを求める．同次連立1次方程式

$$(\lambda E_2 - A)\boldsymbol{x} = \boldsymbol{0} \tag{3.29}$$

において $\lambda = -1$ を代入し，$\boldsymbol{x} = \begin{pmatrix} x_1 \\ x_2 \end{pmatrix}$ とすると，

$$\begin{pmatrix} -2 & -1 \\ -4 & -2 \end{pmatrix}\begin{pmatrix} x_1 \\ x_2 \end{pmatrix} = \begin{pmatrix} 0 \\ 0 \end{pmatrix} \tag{3.30}$$

である．よって，

$$-2x_1 - x_2 = 0, \quad -4x_1 - 2x_2 = 0 \tag{3.31}$$

となり，解は $c \in \mathbf{R}$ を任意の定数として，

$$x_1 = c, \quad x_2 = -2c \tag{3.32}$$

である．したがって，

$$\boldsymbol{x} = \begin{pmatrix} x_1 \\ x_2 \end{pmatrix} = \begin{pmatrix} c \\ -2c \end{pmatrix} = c\begin{pmatrix} 1 \\ -2 \end{pmatrix} \tag{3.33}$$

と表されるので，$c = 1$ としたベクトル $\boldsymbol{p}_1 = \begin{pmatrix} 1 \\ -2 \end{pmatrix}$ は固有値 $\lambda = -1$ に対する A の固有ベクトルである．

次に，固有値 $\lambda = 3$ に対する A の固有ベクトルを求める．同次連立1次方程式(3.29)において $\lambda = 3$ を代入し $\boldsymbol{x} = \begin{pmatrix} x_1 \\ x_2 \end{pmatrix}$ とすると，

$$\begin{pmatrix} 2 & -1 \\ -4 & 2 \end{pmatrix}\begin{pmatrix} x_1 \\ x_2 \end{pmatrix} = \begin{pmatrix} 0 \\ 0 \end{pmatrix} \tag{3.34}$$

である．よって，

$$2x_1 - x_2 = 0, \quad -4x_1 + 2x_2 = 0 \tag{3.35}$$

となり，解は $c \in \mathbf{R}$ を任意の定数として，

$$x_1 = c, \quad x_2 = 2c \tag{3.36}$$

である．したがって，

$$\boldsymbol{x} = \begin{pmatrix} x_1 \\ x_2 \end{pmatrix} = \begin{pmatrix} c \\ 2c \end{pmatrix} = c\begin{pmatrix} 1 \\ 2 \end{pmatrix} \tag{3.37}$$

と表されるので，$c = 1$ としたベクトル $\boldsymbol{p}_2 = \begin{pmatrix} 1 \\ 2 \end{pmatrix}$ は固有値 $\lambda = 3$ に対する A の固有ベクトルである．

以上より，

$$P = (\,\boldsymbol{p}_1\ \boldsymbol{p}_2\,) = \begin{pmatrix} 1 & 1 \\ -2 & 2 \end{pmatrix} \tag{3.38}$$

とおくと，P は正則となるので，逆行列 P^{-1} が存在する．さらに，

$$P^{-1}AP = \begin{pmatrix} -1 & 0 \\ 0 & 3 \end{pmatrix} \tag{3.39}$$

となり，A は P によって対角化される．■

問 3.3 $A \in M_2(\mathbf{R})$ を

$$A = \begin{pmatrix} 1 & 2 \\ 3 & 2 \end{pmatrix} \tag{3.40}$$

により定める．次の問いに答えよ．

（1）定理 3.6 を用いることにより，A は対角化可能であることを示せ．

（2）$P^{-1}AP$ が対角行列となるような正則行列 $P \in M_2(\mathbf{R})$ を一つ求めよ．

3.1.5 固有空間の次元を用いた条件

正方行列が対角化可能となる条件は，固有空間とよばれるベクトル空間の次元を用いて表すことができる．まず，固有空間について簡単に述べておこう．$A \in M_n(\mathbf{R})$ とし，$\lambda \in \mathbf{R}$ を A の固有値とする．このとき，固有値 λ に対する A の固有ベクトル全体に零ベクトル $\mathbf{0}$ を加えて得られる集合を $W(\lambda)$ と表す．すなわち，

$$W(\lambda) = \{\boldsymbol{x} \in \mathbf{R}^n \mid A\boldsymbol{x} = \lambda\boldsymbol{x}\} \tag{3.41}$$

である．$\boldsymbol{x} \in W(\lambda)$ に対する条件 $A\boldsymbol{x} = \lambda\boldsymbol{x}$ は，同次連立 1 次方程式

$$(\lambda E_n - A)\boldsymbol{x} = \mathbf{0} \tag{3.42}$$

と同値である．よって，問題 1.1 補足より，$W(\lambda)$ は $\mathbf{R}^n$ の部分空間である．$W(\lambda)$ を固有値 λ に対する A の**固有空間**という．

$W(\lambda)$ が $\mathbf{R}^n$ の部分空間であることから，$W(\lambda)$ はベクトル空間であり，$W(\lambda)$ の次元 $\dim W(\lambda)$ を考えることができる．ただし，$W(\lambda) \neq \{\mathbf{0}\}$ であり，$\dim \mathbf{R}^n = n$ であることから，

$$\dim W(\lambda) = 1, 2, \ldots, n \tag{3.43}$$

である．さらに，はじめに述べたことは次のとおりとなる．

定理 3.7 $A \in M_n(\mathbf{R})$ とし，$\lambda_1, \lambda_2, \ldots, \lambda_r \in \mathbf{R}$ を A のすべての互いに異なる固有値とする[1]．このとき，A が対角化可能であるための必要十分条件は

$$\sum_{j=1}^{r} \dim W(\lambda_j) = \dim W(\lambda_1) + \cdots + \dim W(\lambda_r) = n \tag{3.44}$$

である．

1) A の固有方程式は n 次方程式なので，$r = 1, 2, \ldots, n$ である．

注意 3.2　定理 3.7 において，A が n 個の異なる固有値をもつときは，

$$r = n, \quad \dim W(\lambda_j) = 1 \quad (j = 1, 2, \ldots, n) \tag{3.45}$$

となり，式(3.44)がなりたつ．すなわち，A は対角化可能となり，定理 3.6 が得られる．

3.2 対称行列の対角化

3.2.1 内積空間における基底変換

内積空間に対しては，正規直交基底を考えることができる➔2.2.4項．内積空間の正規直交基底を別の正規直交基底に取り替えたときの基底変換について調べてみよう．

n を正の整数とし，$(V, \langle\ ,\ \rangle)$ を n 次元の内積空間，$\{\boldsymbol{a}_1, \boldsymbol{a}_2, \ldots, \boldsymbol{a}_n\}$，$\{\boldsymbol{b}_1, \boldsymbol{b}_2, \ldots, \boldsymbol{b}_n\}$ を V の正規直交基底とする．まず，正規直交基底の定義より，任意の $i, j = 1, 2, \ldots, n$ に対して，

$$\langle \boldsymbol{a}_i, \boldsymbol{a}_j \rangle = \langle \boldsymbol{b}_i, \boldsymbol{b}_j \rangle = \delta_{ij} \tag{3.46}$$

である．また，P を基底変換 $\{\boldsymbol{a}_1, \boldsymbol{a}_2, \ldots, \boldsymbol{a}_n\} \to \{\boldsymbol{b}_1, \boldsymbol{b}_2, \ldots, \boldsymbol{b}_n\}$ の基底変換行列とする．すなわち，P の (i,j) 成分を p_{ij} とすると，$j = 1, 2, \ldots, n$ に対して，式(3.1)がなりたつ．このとき，$j, k = 1, 2, \ldots, n$ とすると，

$$\begin{aligned}\delta_{jk} &= \langle \boldsymbol{b}_j, \boldsymbol{b}_k \rangle = \langle p_{1j}\boldsymbol{a}_1 + p_{2j}\boldsymbol{a}_2 + \cdots + p_{nj}\boldsymbol{a}_n, p_{1k}\boldsymbol{a}_1 + p_{2k}\boldsymbol{a}_2 + \cdots + p_{nk}\boldsymbol{a}_n \rangle \\ &= p_{1j}p_{1k} + p_{2j}p_{2k} + \cdots + p_{nj}p_{nk} \end{aligned} \tag{3.47}$$

となる．すなわち，

$$P^{\mathrm{T}}P = E_n \tag{3.48}$$

となり，$P \in \mathrm{O}(n)$ である➔注意1.4．よって，内積空間の線形変換に関しては，直交行列による対角化可能性を考えることが自然なこととなる．

3.2.2 転置変換

また，転置行列➔1.2.3項や対称行列➔問題1.2も，内積空間の線形変換に関して自然に現れるものである．まず，次を示そう．

定理 3.8 $(V, \langle\ ,\ \rangle)$ を n 次元の内積空間，$f: V \to V$ を線形変換とする．このとき，ある線形変換 $f^{\mathrm{T}}: V \to V$ が一意的に存在し，任意の $\boldsymbol{x}, \boldsymbol{y} \in V$ に対して，

$$\langle f(\boldsymbol{x}), \boldsymbol{y} \rangle = \langle \boldsymbol{x}, f^{\mathrm{T}}(\boldsymbol{y}) \rangle \tag{3.49}$$

となる．f^{T} を f の**転置変換**という．

証明 V の正規直交基底 $\{\boldsymbol{a}_1, \boldsymbol{a}_2, \ldots, \boldsymbol{a}_n\}$ を一つ選んでおく．まず，$\boldsymbol{x}, \boldsymbol{y} \in V$ とすると，$\boldsymbol{x}, \boldsymbol{y}$ は

$$\boldsymbol{x} = x_1\boldsymbol{a}_1 + x_2\boldsymbol{a}_2 + \cdots + x_n\boldsymbol{a}_n \quad (x_1, x_2, \ldots, x_n \in \mathbf{R}) \tag{3.50}$$

$$\boldsymbol{y} = y_1\boldsymbol{a}_1 + y_2\boldsymbol{a}_2 + \cdots + y_n\boldsymbol{a}_n \quad (y_1, y_2, \ldots, y_n \in \mathbf{R}) \tag{3.51}$$

と一意的に表すことができる．また，A を正規直交基底 $\{\boldsymbol{a}_1, \boldsymbol{a}_2, \ldots, \boldsymbol{a}_n\}$ に関する f の表現行列とし，A の (i, j) 成分を a_{ij} とする．すなわち，式(3.10)がなりたつ．このとき，式(3.50)と f が線形変換であること，さらに，式(3.10)より，

$$\begin{aligned}
f(\boldsymbol{x}) &= f(x_1\boldsymbol{a}_1 + x_2\boldsymbol{a}_2 + \cdots + x_n\boldsymbol{a}_n) = x_1 f(\boldsymbol{a}_1) + x_2 f(\boldsymbol{a}_2) + \cdots + x_n f(\boldsymbol{a}_n) \\
&= x_1(a_{11}\boldsymbol{a}_1 + a_{21}\boldsymbol{a}_2 + \cdots + a_{n1}\boldsymbol{a}_n) + x_2(a_{12}\boldsymbol{a}_1 + a_{22}\boldsymbol{a}_2 + \cdots + a_{n2}\boldsymbol{a}_n) \\
&\quad + \cdots + x_n(a_{1n}\boldsymbol{a}_1 + a_{2n}\boldsymbol{a}_2 + \cdots + a_{nn}\boldsymbol{a}_n) \\
&= (x_1 a_{11} + x_2 a_{12} + \cdots + x_n a_{1n})\boldsymbol{a}_1 + (x_1 a_{21} + x_2 a_{22} + \cdots + x_n a_{2n})\boldsymbol{a}_2 \\
&\quad + \cdots + (x_1 a_{n1} + x_2 a_{n2} + \cdots + x_n a_{nn})\boldsymbol{a}_n
\end{aligned} \tag{3.52}$$

となる．よって，式(3.51)と $\{\boldsymbol{a}_1, \boldsymbol{a}_2, \ldots, \boldsymbol{a}_n\}$ が正規直交基底であることから，

$$\begin{aligned}
\langle f(\boldsymbol{x}), \boldsymbol{y} \rangle &= (x_1 a_{11} + x_2 a_{12} + \cdots + x_n a_{1n})y_1 + (x_1 a_{21} + x_2 a_{22} + \cdots + x_n a_{2n})y_2 \\
&\quad + \cdots + (x_1 a_{n1} + x_2 a_{n2} + \cdots + x_n a_{nn})y_n \\
&= x_1(y_1 a_{11} + y_2 a_{21} + \cdots + y_n a_{n1}) + x_2(y_1 a_{12} + y_2 a_{22} + \cdots + y_n a_{n2}) \\
&\quad + \cdots + x_n(y_1 a_{1n} + y_2 a_{2n} + \cdots + y_n a_{nn})
\end{aligned} \tag{3.53}$$

となる．したがって，上と同様の計算により，線形変換 $f^{\mathrm{T}}: V \to V$ を

$$f^{\mathrm{T}}(\boldsymbol{a}_j) = a_{j1}\boldsymbol{a}_1 + a_{j2}\boldsymbol{a}_2 + \cdots + a_{jn}\boldsymbol{a}_n \quad (j = 1, 2, \ldots, n) \tag{3.54}$$

により定めればよい． □

注意 3.3 定理 3.8 の証明において，式(3.54)より，正規直交基底 $\{\boldsymbol{a}_1, \boldsymbol{a}_2, \ldots, \boldsymbol{a}_n\}$ に関する f^{T} の表現行列は A^{T} である．また，$f^{\mathrm{T}} = f$ であるとき，f を**対称変換**という．このとき，正規直交基底 $\{\boldsymbol{a}_1, \boldsymbol{a}_2, \ldots, \boldsymbol{a}_n\}$ に関する f および f^{T} の表現行列はともに $A = A^{\mathrm{T}}$ となり，対称行列である．

3.2.3 直交行列による対角化

直交行列による対角化可能性については，次がなりたつ．

定理 3.9 任意の対称行列は，直交行列によって対角化可能である．すなわち，任意の $A \in \mathrm{Sym}(n)$ ➲問題 1.3 に対して，ある $P \in \mathrm{O}(n)$ が存在し，$P^{\mathrm{T}}AP = P^{-1}AP$ は対角行列となる．

なお，直交行列によって対角化可能な実正方行列は対称行列であることは，比較的容易に示すことができる．このことは次の問いとしよう．とくに，実正方行列に対しては，直交行列によって対角化可能であることと対称行列であることは同値である．

問 3.4 $A \in M_n(\mathbf{R})$ に対して，ある $P \in \mathrm{O}(n)$ が存在し，$P^{-1}AP$ が対角行列となるとする．このとき，A は対称行列であることを示せ．

定理 3.9 を示すには，次の二つの定理を用いる．

定理 3.10 対称行列の固有値はすべて実数である[2)]．

定理 3.11 固有値がすべて実数である任意の実正方行列は，直交行列によって上三角化可能である．すなわち，$A \in M_n(\mathbf{R})$ に対して，A の固有値がすべて実数ならば，ある $P \in \mathrm{O}(n)$ が存在し，$P^{-1}AP$ は上三角行列となる．

定理 3.10，定理 3.11 を示す前に，いったんこれらを認めて，定理 3.9 を示しておこう．

定理 3.9 の証明 $A \in \mathrm{Sym}(n)$ とすると，定理 3.10 および定理 3.11 より，ある $P \in \mathrm{O}(n)$ が存在し，

$$P^{-1}AP = \begin{pmatrix} \lambda_1 & & & * \\ & \lambda_2 & & \\ & & \ddots & \\ \mathbf{0} & & & \lambda_n \end{pmatrix} \tag{3.55}$$

と表される．ここで，$A^{\mathrm{T}} = A$ であり，$P \in \mathrm{O}(n)$ より，$P^{-1} = P^{\mathrm{T}}$ ➲注意 1.4 なので，定理 1.5 (1)，(4)を用いると，

2) ここでは，対称行列を複素行列とみなしたうえで ➲問題 1.5，その固有方程式の解が実数解のみからなるということを主張している．

$$(P^{-1}AP)^{\mathrm{T}} = (P^{\mathrm{T}}AP)^{\mathrm{T}} = P^{\mathrm{T}}A^{\mathrm{T}}(P^{\mathrm{T}})^{\mathrm{T}} = P^{-1}AP \tag{3.56}$$

となる．すなわち，$P^{-1}AP$ は対称行列である．よって，式(3.55)の右辺の $*$ の部分の成分はすべて 0 となり，$P^{-1}AP$ は対角行列である． □

問 3.5 $A \in \mathrm{Sym}(n)$ とする．任意の $\boldsymbol{x} \in \mathbf{R}^n$ に対して，

$$\boldsymbol{x}^{\mathrm{T}}A\boldsymbol{x} \geq 0 \tag{3.57}$$

となるとき，A は**半正定値**であるという．A が半正定値であることと A の固有値がすべて 0 以上であることは同値であることを示せ．

補足 $A \in \mathrm{Sym}(n)$ が半正定値であり，

$$\boldsymbol{x}^{\mathrm{T}}A\boldsymbol{x} = 0 \tag{3.58}$$

となるのは $\boldsymbol{x} = \mathbf{0}$ のときに限るとき，A は**正定値**であるという．上と同様に，A が正定値であることと A の固有値がすべて正であることは同値である．

3.2.4 対称行列の固有値

それでは，後回しにしていた定理 3.10 と定理 3.11 を示そう．まず，定理 3.10 を示す．

定理 3.10 の証明 $A \in \mathrm{Sym}(n)$ とする．A を複素行列とみなすと➔問題 1.5，A のすべての成分は実数なので，

$$\bar{A} = A \tag{3.59}$$

である．ただし，$\bar{A}$ は A のすべての成分を共役複素数に代えて得られる行列である．また，$\boldsymbol{x} \in \mathbf{C}^n \setminus \{\mathbf{0}\}$ を固有値 $\lambda \in \mathbf{C}$ に対する A の固有ベクトルとする．すなわち，

$$A\boldsymbol{x} = \lambda\boldsymbol{x} \tag{3.60}$$

である．式(3.60)の両辺のすべての成分を共役複素数に代えると，式(3.59)より，

$$A\bar{\boldsymbol{x}} = \bar{\lambda}\bar{\boldsymbol{x}} \tag{3.61}$$

となる．よって，$A^{\mathrm{T}} = A$ より，

$$\begin{aligned} \bar{\lambda}\bar{\boldsymbol{x}}^{\mathrm{T}}\boldsymbol{x} &= (\bar{\lambda}\bar{\boldsymbol{x}})^{\mathrm{T}}\boldsymbol{x} = (A\bar{\boldsymbol{x}})^{\mathrm{T}}\boldsymbol{x} = (\bar{\boldsymbol{x}}^{\mathrm{T}}A^{\mathrm{T}})\boldsymbol{x} = (\bar{\boldsymbol{x}}^{\mathrm{T}}A)\boldsymbol{x} = \bar{\boldsymbol{x}}^{\mathrm{T}}(A\boldsymbol{x}) \\ &= \bar{\boldsymbol{x}}^{\mathrm{T}}(\lambda\boldsymbol{x}) = \lambda\bar{\boldsymbol{x}}^{\mathrm{T}}\boldsymbol{x} \end{aligned} \tag{3.62}$$

となる．すなわち，

$$(\lambda - \bar{\lambda})\bar{\boldsymbol{x}}^{\mathrm{T}}\boldsymbol{x} = 0 \tag{3.63}$$

である．ここで，

$$\boldsymbol{x} = \begin{pmatrix} x_1 \\ x_2 \\ \vdots \\ x_n \end{pmatrix} \tag{3.64}$$

と表しておくと，$\boldsymbol{x} \neq \boldsymbol{0}$ なので，

$$\bar{\boldsymbol{x}}^{\mathrm{T}}\boldsymbol{x} = |x_1|^2 + |x_2|^2 + \cdots + |x_n|^2 \neq 0 \tag{3.65}$$

となる．ただし，複素数 $z \in \mathbf{C}$ の絶対値を $|z|$ と表した．したがって，式(3.63)より，

$$\lambda - \bar{\lambda} = 0 \tag{3.66}$$

すなわち，$\lambda = \bar{\lambda}$ となり，$\lambda \in \mathbf{R}$ である．以上より，対称行列の固有値はすべて実数である．　□

定理3.10の証明と同様の考え方で，ほかの種類の行列についても調べることができる．

固有値を複素数の範囲で考えると，直交行列の固有値はすべて絶対値が1の複素数であることを，直交行列の標準形➲定理2.12 を用いずに示せ[3]．

解説　$A \in \mathrm{O}(n)$ とする．A を複素行列とみなすと，A のすべての成分は実数なので，式(3.59)がなりたつ．また，$\boldsymbol{x} \in \mathbf{C}^n \setminus \{\boldsymbol{0}\}$ を固有値 $\lambda \in \mathbf{C}$ に対する A の固有ベクトルとする．すなわち，式(3.60)がなりたつ．式(3.60)の両辺のすべての成分を共役複素数に代えると，式(3.59)より，式(3.61)がなりたつ．よって，$A^{\mathrm{T}}A = E_n$ より，

$$\begin{aligned} |\lambda|^2\bar{\boldsymbol{x}}^{\mathrm{T}}\boldsymbol{x} &= (\lambda\bar{\lambda})\bar{\boldsymbol{x}}^{\mathrm{T}}\boldsymbol{x} = (\bar{\lambda}\bar{\boldsymbol{x}}^{\mathrm{T}})(\lambda\boldsymbol{x}) = (\bar{\lambda}\bar{\boldsymbol{x}})^{\mathrm{T}}A\boldsymbol{x} = (A\bar{\boldsymbol{x}})^{\mathrm{T}}A\boldsymbol{x} = \bar{\boldsymbol{x}}^{\mathrm{T}}A^{\mathrm{T}}A\boldsymbol{x} \\ &= \bar{\boldsymbol{x}}^{\mathrm{T}}E_n\boldsymbol{x} = \bar{\boldsymbol{x}}^{\mathrm{T}}\boldsymbol{x} \end{aligned} \tag{3.67}$$

となる．すなわち，

$$(|\lambda|^2 - 1)\bar{\boldsymbol{x}}^{\mathrm{T}}\boldsymbol{x} = 0 \tag{3.68}$$

である．ここで，$\boldsymbol{x}$ を式(3.64)のように表しておくと，$\boldsymbol{x} \neq \boldsymbol{0}$ なので，式(3.65)がなりたつ．したがって，式(3.68)より，

$$|\lambda|^2 - 1 = 0 \tag{3.69}$$

すなわち，$|\lambda| = 1$ である．以上より，直交行列の固有値はすべて絶対値が1の複素数である．　■

問3.6　$A \in M_n(\mathbf{R})$ とする．等式

$$A^{\mathrm{T}} = -A \tag{3.70}$$

3）実は，定理2.12を示す際には，この例題の事実を用いる．

がなりたつとき，A を**交代行列**という．すなわち，A の (i, j) 成分を a_{ij} とすると，A が交代行列であるとは，任意の $i,\ j = 1,\ 2,\ \ldots,\ n$ に対して，

$$a_{ij} = -a_{ji} \tag{3.71}$$

となることである（図 3.3）．固有値を複素数の範囲で考えると，交代行列の固有値はすべて純虚数であることを示せ．

$$\begin{pmatrix} 0 & a \\ -a & 0 \end{pmatrix} \qquad \begin{pmatrix} 0 & a & b \\ -a & 0 & c \\ -b & -c & 0 \end{pmatrix}$$

2 次の交代行列　　3 次の交代行列

$(a, b, c \in \mathbf{R})$

図 3.3　2 次および 3 次の交代行列

3.2.5 上三角化とシューア分解

続いて，定理 3.11 を示そう．

定理 3.11 の証明　n に関する数学的帰納法により示す．

$n = 1$ のとき，A ははじめから上三角行列である．また，$P = E_1$ とすると，$P \in \mathrm{O}(1)$ であり，

$$P^{-1}AP = A \tag{3.72}$$

である．よって，A は上三角化可能である．

k を正の整数とし，$n = k$ のとき，定理 3.11 がなりたつと仮定する．$A \in M_{k+1}(\mathbf{R})$ とし，A の固有値がすべて実数であるとする．$\lambda_1 \in \mathbf{R}$ を A の一つの固有値とすると，固有値 λ_1 に対する A の固有ベクトルとして，$\boldsymbol{x}_1 \in \mathbf{R}^{k+1}$ を選ぶことができる．このとき，$\mathbf{R}^{k+1}$ の正規直交基底 $\{\boldsymbol{q}_1,\ \boldsymbol{q}_2,\ \ldots,\ \boldsymbol{q}_{k+1}\}$ を

$$\boldsymbol{q}_1 = \frac{1}{\|\boldsymbol{x}_1\|}\boldsymbol{x}_1 \tag{3.73}$$

となるように選んでおく．さらに，

$$Q = \begin{pmatrix} \boldsymbol{q}_1 & \boldsymbol{q}_2 & \cdots & \boldsymbol{q}_{k+1} \end{pmatrix} \tag{3.74}$$

とおくと，$Q \in \mathrm{O}(k+1)$ である➲定理 2.10．また，

$$A\boldsymbol{q}_1 = A\left(\frac{1}{\|\boldsymbol{x}_1\|}\boldsymbol{x}_1\right) = \frac{1}{\|\boldsymbol{x}_1\|}A\boldsymbol{x}_1 = \frac{1}{\|\boldsymbol{x}_1\|}\cdot\lambda_1\boldsymbol{x}_1 = \lambda_1\boldsymbol{q}_1 \tag{3.75}$$

となる．よって，

$$A(\,\boldsymbol{q}_1\ \boldsymbol{q}_2\ \cdots\ \boldsymbol{q}_{k+1}\,) = (\,\boldsymbol{q}_1\ \boldsymbol{q}_2\ \cdots\ \boldsymbol{q}_{k+1}\,)\begin{pmatrix}\lambda_1 & \boldsymbol{b} \\ \boldsymbol{0} & C\end{pmatrix} \tag{3.76}$$

と表すことができる．ただし，$\boldsymbol{b}$ は実数を成分とする k 次の行ベクトル，$C \in M_k(\mathbf{R})$ である．さらに，式(3.74)より，

$$Q^{-1}AQ = \begin{pmatrix}\lambda_1 & \boldsymbol{b} \\ \boldsymbol{0} & C\end{pmatrix} \tag{3.77}$$

となる．ここで，$Q^{-1}AQ$ の固有多項式は

$$\begin{aligned}|\lambda E_{k+1} - Q^{-1}AQ| &= |Q^{-1}(\lambda E_{k+1} - A)Q| = |QQ^{-1}(\lambda E_{k+1} - A)| \\ &= |\lambda E_{k+1} - A|\end{aligned} \tag{3.78}$$

となり，A の固有多項式に等しい．さらに，式(2.89)より，重複度も含めた A の固有値全体は C の固有値全体に λ_1 を加えたものである．とくに，A の固有値はすべて実数なので，C の固有値もすべて実数である．したがって，帰納法の仮定より，ある $R \in \mathrm{O}(k)$ が存在し，$R^{-1}CR$ は上三角行列となる．そこで，

$$P = Q\begin{pmatrix}1 & \boldsymbol{0} \\ \boldsymbol{0} & R\end{pmatrix} \tag{3.79}$$

とおくと[4)]，

$$\begin{aligned}P^{-1}AP &= \left(Q\begin{pmatrix}1 & \boldsymbol{0} \\ \boldsymbol{0} & R\end{pmatrix}\right)^{-1} A\left(Q\begin{pmatrix}1 & \boldsymbol{0} \\ \boldsymbol{0} & R\end{pmatrix}\right) = \begin{pmatrix}1 & \boldsymbol{0} \\ \boldsymbol{0} & R\end{pmatrix}^{-1} Q^{-1}AQ\begin{pmatrix}1 & \boldsymbol{0} \\ \boldsymbol{0} & R\end{pmatrix} \\ &= \begin{pmatrix}1 & \boldsymbol{0} \\ \boldsymbol{0} & R^{-1}\end{pmatrix}\begin{pmatrix}\lambda_1 & \boldsymbol{b} \\ \boldsymbol{0} & C\end{pmatrix}\begin{pmatrix}1 & \boldsymbol{0} \\ \boldsymbol{0} & R\end{pmatrix} = \begin{pmatrix}\lambda_1 & \boldsymbol{b} \\ \boldsymbol{0} & R^{-1}C\end{pmatrix}\begin{pmatrix}1 & \boldsymbol{0} \\ \boldsymbol{0} & R\end{pmatrix} \\ &= \begin{pmatrix}\lambda_1 & \boldsymbol{b}R \\ \boldsymbol{0} & R^{-1}CR\end{pmatrix}\end{aligned} \tag{3.80}$$

となる．ここで，$R^{-1}CR$ は上三角行列なので，$P^{-1}AP$ は上三角行列である．

以上より，定理 3.11 がなりたつ． □

注意 3.4 定理 3.11 を言い換えると，固有値がすべて実数の $A \in M_n(\mathbf{R})$ に対して，ある $P \in \mathrm{O}(n)$ および上三角行列 $S \in M_n(\mathbf{R})$ が存在し，

$$A = PSP^{\mathrm{T}} \tag{3.81}$$

となる．式(3.81)の右辺を A の**シューア分解**という．

3.2.6 対角化の具体例

ここまでに述べてきたことから，対称行列 A の直交行列による対角化の手順は次のようにまとめることができる．

---

4) 簡単のため，行ベクトルとしての零ベクトルも列ベクトルとしての零ベクトルもともに $\mathbf{0}$ と表している．

対称行列の対角化の手順

1 A の固有多項式を計算する．

2 A の固有値を求める．このとき，すべての固有値は実数となる➡定理 3.10．

3 グラム–シュミットの直交化法➡定理 2.13 を用いて，A の各固有値に対する固有空間の正規直交基底を求める．ただし，固有空間の内積はユークリッド空間の標準内積を制限したものを考える➡例 2.8．

4 **3** で求めた正規直交基底を列ベクトルとして並べて得られる正方行列を，P とおく．このとき，P は直交行列となる➡定理 2.10．

5 $P^{-1}AP$ は対角行列となる．

例題 3.5 $A \in \mathrm{Sym}(3)$ を

$$A = \begin{pmatrix} 1 & -1 & -1 \\ -1 & 1 & -1 \\ -1 & -1 & 1 \end{pmatrix} \tag{3.82}$$

により定める．次の問いに答えよ．

（1）A の固有値を求めよ．

（2）A の各固有値に対する固有空間を求めよ．

（3）$P^{-1}AP$ が対角行列となるような $P \in \mathrm{O}(3)$ を一つ求めよ．

解説 (1) A の固有多項式を $\phi_A(\lambda)$ と表すと，式(2.71)より，

$$\begin{aligned} \phi_A(\lambda) &= |\lambda E_3 - A| = \begin{vmatrix} \lambda-1 & 1 & 1 \\ 1 & \lambda-1 & 1 \\ 1 & 1 & \lambda-1 \end{vmatrix} \\ &= (\lambda-1)^3 + 1\cdot1\cdot1 + 1\cdot1\cdot1 - 1\cdot(\lambda-1)\cdot1 - 1\cdot1\cdot(\lambda-1) - (\lambda-1)\cdot1\cdot1 \\ &= (\lambda-1)^3 - 3(\lambda-1) + 2 = \{(\lambda-1)-1\}\{(\lambda-1)^2 + (\lambda-1) - 2\} \\ &= (\lambda-2)\{(\lambda-1)-1\}\{(\lambda-1)+2\} = (\lambda+1)(\lambda-2)^2 \end{aligned} \tag{3.83}$$

である．よって，固有方程式 $\phi_A(\lambda) = 0$ を解くと，A の固有値 λ は $\lambda = -1, 2$ である．

(2) まず，固有値 $\lambda = -1$ に対する A の固有空間 $W(-1)$ を求める．同次連立 1 次方程式

$$(\lambda E_3 - A)\boldsymbol{x} = \boldsymbol{0} \tag{3.84}$$

において $\lambda = -1$ を代入し，

$$\boldsymbol{x} = \begin{pmatrix} x_1 \\ x_2 \\ x_3 \end{pmatrix} \tag{3.85}$$

とすると，

$$\begin{pmatrix} -2 & 1 & 1 \\ 1 & -2 & 1 \\ 1 & 1 & -2 \end{pmatrix}\begin{pmatrix} x_1 \\ x_2 \\ x_3 \end{pmatrix} = \begin{pmatrix} 0 \\ 0 \\ 0 \end{pmatrix} \tag{3.86}$$

である．ここで，係数行列の簡約化を行うと[5]，

$$\begin{pmatrix} -2 & 1 & 1 \\ 1 & -2 & 1 \\ 1 & 1 & -2 \end{pmatrix} \xrightarrow[\text{第 3 行}-\text{第 2 行}]{\text{第 1 行}+\text{第 2 行}\times 2} \begin{pmatrix} 0 & -3 & 3 \\ 1 & -2 & 1 \\ 0 & 3 & -3 \end{pmatrix}$$
$$\xrightarrow{\text{第 3 行}+\text{第 1 行}} \begin{pmatrix} 0 & -3 & 3 \\ 1 & -2 & 1 \\ 0 & 0 & 0 \end{pmatrix} \xrightarrow{\text{第 1 行と第 2 行の入れ替え}} \begin{pmatrix} 1 & -2 & 1 \\ 0 & -3 & 3 \\ 0 & 0 & 0 \end{pmatrix}$$
$$\xrightarrow{\text{第 2 行}\times(-\frac{1}{3})} \begin{pmatrix} 1 & -2 & 1 \\ 0 & 1 & -1 \\ 0 & 0 & 0 \end{pmatrix} \xrightarrow{\text{第 1 行}+\text{第 2 行}\times 2} \begin{pmatrix} 1 & 0 & -1 \\ 0 & 1 & -1 \\ 0 & 0 & 0 \end{pmatrix} \tag{3.87}$$

となる．最後に現れた簡約行列に対する方程式は

$$\begin{pmatrix} 1 & 0 & -1 \\ 0 & 1 & -1 \\ 0 & 0 & 0 \end{pmatrix}\begin{pmatrix} x_1 \\ x_2 \\ x_3 \end{pmatrix} = \begin{pmatrix} 0 \\ 0 \\ 0 \end{pmatrix} \tag{3.88}$$

である．よって，解は $c \in \mathbf{R}$ を任意の定数として，

$$x_1 = c, \quad x_2 = c, \quad x_3 = c \tag{3.89}$$

である．したがって，

$$\boldsymbol{x} = \begin{pmatrix} x_1 \\ x_2 \\ x_3 \end{pmatrix} = \begin{pmatrix} c \\ c \\ c \end{pmatrix} = c\begin{pmatrix} 1 \\ 1 \\ 1 \end{pmatrix} \tag{3.90}$$

と表されるので，

$$W(-1) = \left\{ c\begin{pmatrix} 1 \\ 1 \\ 1 \end{pmatrix} \;\middle|\; c \in \mathbf{R} \right\} \tag{3.91}$$

である．

次に，固有値 $\lambda = 2$ に対する A の固有空間 $W(2)$ を求める．同次連立1次方程式(3.84)において $\lambda = 2$ を代入し，$\boldsymbol{x}$ を式(3.85)のように表しておくと，

$$\begin{pmatrix} 1 & 1 & 1 \\ 1 & 1 & 1 \\ 1 & 1 & 1 \end{pmatrix}\begin{pmatrix} x_1 \\ x_2 \\ x_3 \end{pmatrix} = \begin{pmatrix} 0 \\ 0 \\ 0 \end{pmatrix} \tag{3.92}$$

である．よって，解は $c_1, c_2 \in \mathbf{R}$ を任意の定数として，

$$x_1 = c_1, \quad x_2 = c_2, \quad x_3 = -c_1 - c_2 \tag{3.93}$$

---

5)　式(3.86)は同次連立1次方程式なので，解を求めるためには係数行列の簡約化を行えば十分である．

である．したがって，

$$\boldsymbol{x} = \begin{pmatrix} x_1 \\ x_2 \\ x_3 \end{pmatrix} = \begin{pmatrix} c_1 \\ c_2 \\ -c_1 - c_2 \end{pmatrix} = c_1 \begin{pmatrix} 1 \\ 0 \\ -1 \end{pmatrix} + c_2 \begin{pmatrix} 0 \\ 1 \\ -1 \end{pmatrix} \tag{3.94}$$

と表されるので，

$$W(2) = \left\{ c_1 \begin{pmatrix} 1 \\ 0 \\ -1 \end{pmatrix} + c_2 \begin{pmatrix} 0 \\ 1 \\ -1 \end{pmatrix} \,\middle|\, c_1, c_2 \in \mathbf{R} \right\} \tag{3.95}$$

である．

(3) まず，$W(-1)$ の正規直交基底を求める．$\boldsymbol{q}_1 \in \mathbf{R}^3$ を

$$\boldsymbol{q}_1 = \begin{pmatrix} 1 \\ 1 \\ 1 \end{pmatrix} \tag{3.96}$$

により定める．このとき，$\boldsymbol{q}_1$ は 1 次独立であり，式(3.91)より，$\{\boldsymbol{q}_1\}$ は $W(-1)$ の基底である．さらに，$\boldsymbol{q}_1$ を正規化したものを $\boldsymbol{p}_1$ とおくと，

$$\boldsymbol{p}_1 = \frac{1}{\|\boldsymbol{q}_1\|}\boldsymbol{q}_1 = \frac{1}{\sqrt{1^2 + 1^2 + 1^2}} \begin{pmatrix} 1 \\ 1 \\ 1 \end{pmatrix} = \frac{1}{\sqrt{3}} \begin{pmatrix} 1 \\ 1 \\ 1 \end{pmatrix} \tag{3.97}$$

である．このとき，$\{\boldsymbol{p}_1\}$ は $W(-1)$ の正規直交基底である．

次に，$W(2)$ の正規直交基底を求める．$\boldsymbol{q}_2, \boldsymbol{q}_3 \in \mathbf{R}^3$ を

$$\boldsymbol{q}_2 = \begin{pmatrix} 1 \\ 0 \\ -1 \end{pmatrix}, \quad \boldsymbol{q}_3 = \begin{pmatrix} 0 \\ 1 \\ -1 \end{pmatrix} \tag{3.98}$$

により定める．このとき，$(\, \boldsymbol{q}_2 \ \boldsymbol{q}_3 \,)$ に対して，行に関する基本変形を繰り返すと，

$$\begin{pmatrix} 1 & 0 \\ 0 & 1 \\ -1 & -1 \end{pmatrix} \xrightarrow{\text{第 3 行+第 1 行}} \begin{pmatrix} 1 & 0 \\ 0 & 1 \\ 0 & -1 \end{pmatrix} \xrightarrow{\text{第 3 行+第 2 行}} \begin{pmatrix} 1 & 0 \\ 0 & 1 \\ 0 & 0 \end{pmatrix} \tag{3.99}$$

となり，最後の行列は簡約行列である．さらに，$\mathrm{rank}(\, \boldsymbol{q}_2 \ \boldsymbol{q}_3 \,) = 2$ なので，$\boldsymbol{q}_2, \boldsymbol{q}_3$ は 1 次独立であり➲問題 2.3．式(3.95)より，$\{\boldsymbol{q}_2, \boldsymbol{q}_3\}$ は $W(2)$ の基底である．

さらに，グラム－シュミットの直交化法を用いることにより，$\{\boldsymbol{q}_2, \boldsymbol{q}_3\}$ から $W(2)$ の基底 $\{\boldsymbol{p}'_2, \boldsymbol{p}'_3\}$ を $\boldsymbol{p}'_2, \boldsymbol{p}'_3$ が直交するように作り，続いて，$W(2)$ の正規直交基底 $\{\boldsymbol{p}_2, \boldsymbol{p}_3\}$ を求める．まず，

$$\boldsymbol{p}_2 = \boldsymbol{p}'_2 = \frac{1}{\|\boldsymbol{q}_2\|}\boldsymbol{q}_2 = \frac{1}{\sqrt{1^2 + 0^2 + (-1)^2}} \begin{pmatrix} 1 \\ 0 \\ -1 \end{pmatrix} = \frac{1}{\sqrt{2}} \begin{pmatrix} 1 \\ 0 \\ -1 \end{pmatrix} \tag{3.100}$$

である．次に，

$$
\begin{aligned}
\boldsymbol{p}_3' &= \boldsymbol{q}_3 - \langle \boldsymbol{q}_3, \boldsymbol{p}_2 \rangle \boldsymbol{p}_2 \\
&= \begin{pmatrix} 0 \\ 1 \\ -1 \end{pmatrix} - \frac{1}{\sqrt{2}}\{0 \cdot 1 + 1 \cdot 0 + (-1) \cdot (-1)\} \cdot \frac{1}{\sqrt{2}} \begin{pmatrix} 1 \\ 0 \\ -1 \end{pmatrix} \\
&= \frac{1}{2} \begin{pmatrix} -1 \\ 2 \\ -1 \end{pmatrix}
\end{aligned}
\tag{3.101}
$$

である．さらに，

$$
\boldsymbol{p}_3 = \frac{1}{\|\boldsymbol{p}_3'\|} \boldsymbol{p}_3' = \frac{1}{\sqrt{(-1)^2 + 2^2 + (-1)^2}} \begin{pmatrix} -1 \\ 2 \\ -1 \end{pmatrix} = \frac{1}{\sqrt{6}} \begin{pmatrix} -1 \\ 2 \\ -1 \end{pmatrix} \tag{3.102}
$$

である．

よって，

$$
P = (\, \boldsymbol{p}_1 \ \boldsymbol{p}_2 \ \boldsymbol{p}_3 \,) = \begin{pmatrix} \frac{1}{\sqrt{3}} & \frac{1}{\sqrt{2}} & -\frac{1}{\sqrt{6}} \\ \frac{1}{\sqrt{3}} & 0 & \frac{2}{\sqrt{6}} \\ \frac{1}{\sqrt{3}} & -\frac{1}{\sqrt{2}} & -\frac{1}{\sqrt{6}} \end{pmatrix} \tag{3.103}
$$

とおくと，$P \in \mathrm{O}(3)$ となるので，逆行列 P^{-1} が存在する．さらに，

$$
P^{-1}AP = \begin{pmatrix} -1 & 0 & 0 \\ 0 & 2 & 0 \\ 0 & 0 & 2 \end{pmatrix} \tag{3.104}
$$

となり，A は P によって対角化される．■

問 3.7　$A \in \mathrm{Sym}(3)$ を

$$
A = \begin{pmatrix} 2 & 2 & -1 \\ 2 & -1 & 2 \\ -1 & 2 & 2 \end{pmatrix} \tag{3.105}
$$

により定める．次の問いに答えよ．

（1）A の固有値を求めよ．

（2）A の各固有値に対する固有空間を求めよ．

（3）$P^{-1}AP$ が対角行列となるような $P \in \mathrm{O}(3)$ を一つ求めよ．

3.3　ヘッセンベルク化と 3 重対角化

3.3.1　ヘッセンベルク行列とヘッセンベルク化

式(3.78)でも計算したように，$A \in M_n(\mathbf{R})$ とし，$P \in M_n(\mathbf{R})$ を正則行列とすると，A と $P^{-1}AP$ の固有多項式は等しいので，A と $P^{-1}AP$ は同じ固有値をも

つ．とくに，$P^{-1}AP$ が対角行列となっていれば，対角成分には A の固有値が並ぶことになる．しかし，数値解析においては，計算速度も重視するために対角行列のような標準形ではなく，以下に述べるヘッセンベルク行列や3重対角行列とよばれるものを中間的なものとして求めることが多い[6]．まず，ヘッセンベルク行列を定義しよう．

定義 3.2 n を3以上の整数とし，$A \in M_n(\mathbf{R})$ とする．さらに，A の (i,j) 成分を a_{ij} とする．$i > j+1$ ならば，$a_{ij} = 0$ となるとき，A を**ヘッセンベルク行列**という[7]．

例 3.3 3次のヘッセンベルク行列は

$$\begin{pmatrix} a_{11} & a_{12} & a_{13} \\ a_{21} & a_{22} & a_{23} \\ 0 & a_{32} & a_{33} \end{pmatrix} \tag{3.106}$$

と表される．ただし，$a_{11}, a_{12}, \ldots, a_{33} \in \mathbf{R}$ である．

また，4次のヘッセンベルク行列は

$$\begin{pmatrix} a_{11} & a_{12} & a_{13} & a_{14} \\ a_{21} & a_{22} & a_{23} & a_{24} \\ 0 & a_{32} & a_{33} & a_{34} \\ 0 & 0 & a_{43} & a_{44} \end{pmatrix} \tag{3.107}$$

と表される．ただし，$a_{11}, a_{12}, \ldots, a_{44} \in \mathbf{R}$ である．■

例 3.4 $A \in M_n(\mathbf{R})$ を正則なヘッセンベルク行列とする．このとき，A の QR 分解を

$$A = QR \tag{3.108}$$

とする➲定理2.14．すなわち，$Q \in \mathrm{O}(n)$ であり，R は対角成分が正の上三角行列である．ここで，R は正則であり，その逆行列 R^{-1} は上三角行列である．さらに，式(3.108)より，

$$Q = AR^{-1} \tag{3.109}$$

である．よって，Q は定義3.2の条件をみたし，ヘッセンベルク行列となる．■

---

6) 固有値問題の数値解法については，たとえば，文献[10]の第7章，第8章を見るとよい．

7) **上ヘッセンベルク行列**ということもある．これに対して，$j > i+1$ ならば，$a_{ij} = 0$ となる A を**下ヘッセンベルク行列**という．

ヘッセンベルク行列に関して，次がなりたつ．

定理 3.12　任意の3次以上の実正方行列は，直交行列によってヘッセンベルク化可能である．すなわち，n を3以上の整数とすると，任意の $A \in M_n(\mathbf{R})$ に対して，ある $P \in \mathrm{O}(n)$ が存在し，$P^{\mathrm{T}}AP$ はヘッセンベルク行列となる．

注意 3.5　対称行列の直交行列による対角化の場合，得られる対角行列は対角成分の並べ替えを除いて一意的である．しかし，ヘッセンベルク化によって得られるヘッセンベルク行列は一意的ではない．

定理3.12は，ギブンス行列➲2.3.3項（図3.4）やハウスホルダー行列➲2.3.4項（図3.5）を用いることによって示すことができる．また，その基本的な考え方はQR分解の場合➲2.4.3, 2.4.4項と同様である．以下では，それら二つの方法によって定理3.12を示そう．

$$\begin{pmatrix} \cos\theta & \sin\theta & 0 \\ -\sin\theta & \cos\theta & 0 \\ 0 & 0 & 1 \end{pmatrix} \qquad \begin{pmatrix} \cos\theta & 0 & \sin\theta \\ 0 & 1 & 0 \\ -\sin\theta & 0 & \cos\theta \end{pmatrix} \qquad \begin{pmatrix} \cos\theta & -\sin\theta & 0 \\ \sin\theta & \cos\theta & 0 \\ 0 & 0 & 1 \end{pmatrix}$$

$$G_3(1,2;\theta) \qquad\qquad G_3(1,3;\theta) \qquad\qquad G_3(2,1;\theta)$$

図 3.4　3次のギブンス行列の例➲問2.9

$$H_n(\boldsymbol{p}) = E_n - \frac{2\boldsymbol{p}\boldsymbol{p}^{\mathrm{T}}}{\langle \boldsymbol{p}, \boldsymbol{p} \rangle} \quad (\boldsymbol{p} \in \mathbf{R}^n \setminus \{\mathbf{0}\})$$

図 3.5　ハウスホルダー行列

3.3.2　ギブンス行列によるヘッセンベルク化

ギブンス行列を用いて，定理3.12を示そう．$A \in M_n(\mathbf{R})$ を

$$A = (\, \boldsymbol{a}_1 \; \boldsymbol{a}_2 \; \cdots \; \boldsymbol{a}_n \,) \tag{3.110}$$

と列ベクトルに分割しておく．A に対してギブンス行列とその転置行列をそれぞれ左と右から繰り返し掛けて，順に，第1列の第3成分以降が0，第2列の第4成分以降が0，第3列の第5成分以降が0，…となるように変形していこう．

まず，

$$\boldsymbol{a}_1 = \begin{pmatrix} a_{11} \\ a_{21} \\ \vdots \\ a_{n1} \end{pmatrix} \tag{3.111}$$

と表しておく．$a_{31} = a_{41} = \cdots = a_{n1} = 0$ のとき，第 1 列はそのままにしておく．また，ある $j = 3, 4, \ldots, n$ に対して，

$$a_{31} = a_{41} = \cdots = a_{j-1,1} = 0, \quad a_{j,1} \neq 0 \tag{3.112}$$

のとき，ギブンス行列を左から掛けることにより，$\boldsymbol{a}_1$ の「第 2 成分と第 j 成分」以外を変えないまま，第 j 成分を 0 とすることができる．実際，$\theta \in \mathbf{R}$ を

$$\cos\theta = \frac{a_{21}}{\sqrt{a_{21}^2 + a_{j1}^2}}, \quad \sin\theta = \frac{a_{j1}}{\sqrt{a_{21}^2 + a_{j1}^2}} \tag{3.113}$$

となるように選んでおくと，$G_n(2, j; \theta)$ が求めるギブンス行列である．ここで，

$$AG_n(2, j; \theta)^{\mathrm{T}} = (G_n(2, j; \theta)A^{\mathrm{T}})^{\mathrm{T}} \tag{3.114}$$

であることに注意すると，$G_n(2, j; \theta)A$ に右から $G_n(2, j; \theta)^{\mathrm{T}}$ を掛けても，$G_n(2, j; \theta)A$ の第 1 列は変わらない．とくに，その第 j 成分は 0 のままである．

以下，同様の操作を繰り返し，ギブンス行列とその転置行列をそれぞれ左と右から何回か掛けた後に得られる行列の第 1 列の第 3 成分以降をすべて 0 とすることができる．ここまでの操作で得られた行列を B とおく．

次に，B の第 2 列を

$$\boldsymbol{b}_2 = \begin{pmatrix} b_{12} \\ b_{22} \\ \vdots \\ b_{n2} \end{pmatrix} \tag{3.115}$$

と表しておく．B の第 1 列の第 3 成分以降は 0 なので，B に「第 1 成分と第 2 成分」以外どうしを変えるギブンス行列を左から掛けても第 1 列は変わらない．さらに，そのギブンス行列の転置行列を右から掛けても第 1 列と第 2 列は変わらない．よって，上と同様の操作を繰り返し，第 1 列を変えないままギブンス行列とその転置行列をそれぞれ左と右から何回か掛けた後に得られる行列の第 2 列の第 4 成分以降をすべて 0 とすることができる．

さらに，同様の操作を繰り返し，左から掛けたギブンス行列の積を G とおくと，GAG^{T} はヘッセンベルク行列となる．ここで，$G \in \mathrm{O}(n)$ であることに注意する

と，$P = G^{\mathrm{T}}$ とおくことにより，定理 3.12 が得られる．

$A \in M_3(\mathbf{R})$ を

$$A = \begin{pmatrix} 0 & 1 & 0 \\ 3 & 0 & 1 \\ 4 & 0 & 0 \end{pmatrix} \tag{3.116}$$

により定める．ギブンス行列を用いることにより，$P^{\mathrm{T}}AP$ がヘッセンベルク行列となるような $P \in \mathrm{O}(3)$ を一つ求めよ．

解説　$\theta \in \mathbf{R}$ を

$$\cos\theta = \frac{3}{\sqrt{3^2+4^2}} = \frac{3}{5}, \quad \sin\theta = \frac{4}{\sqrt{3^2+4^2}} = \frac{4}{5} \tag{3.117}$$

となるように選んでおく．このとき，

$$\begin{aligned} G_3(2,3;\theta)A &= \begin{pmatrix} 1 & 0 & 0 \\ 0 & \cos\theta & \sin\theta \\ 0 & -\sin\theta & \cos\theta \end{pmatrix} A = \frac{1}{5}\begin{pmatrix} 5 & 0 & 0 \\ 0 & 3 & 4 \\ 0 & -4 & 3 \end{pmatrix}\begin{pmatrix} 0 & 1 & 0 \\ 3 & 0 & 1 \\ 4 & 0 & 0 \end{pmatrix} \\ &= \frac{1}{5}\begin{pmatrix} 0 & 5 & 0 \\ 25 & 0 & 3 \\ 0 & 0 & -4 \end{pmatrix} \end{aligned} \tag{3.118}$$

となる．さらに，

$$\begin{aligned} G_3(2,3;\theta)AG_3(2,3;\theta)^{\mathrm{T}} &= \frac{1}{5}\begin{pmatrix} 0 & 5 & 0 \\ 25 & 0 & 3 \\ 0 & 0 & -4 \end{pmatrix} \cdot \frac{1}{5}\begin{pmatrix} 5 & 0 & 0 \\ 0 & 3 & -4 \\ 0 & 4 & 3 \end{pmatrix} \\ &= \frac{1}{25}\begin{pmatrix} 0 & 15 & -20 \\ 125 & 12 & 9 \\ 0 & -16 & -12 \end{pmatrix} \end{aligned} \tag{3.119}$$

である．よって，$P \in \mathrm{O}(3)$ を

$$P = G_3(2,3;\theta)^{\mathrm{T}} = \frac{1}{5}\begin{pmatrix} 5 & 0 & 0 \\ 0 & 3 & -4 \\ 0 & 4 & 3 \end{pmatrix} \tag{3.120}$$

により定めると，

$$P^{\mathrm{T}}AP = \frac{1}{25}\begin{pmatrix} 0 & 15 & -20 \\ 125 & 12 & 9 \\ 0 & -16 & -12 \end{pmatrix} \tag{3.121}$$

となり，A は P によってヘッセンベルク化される．　■

問 3.8　$A \in M_3(\mathbf{R})$ を

$$A = \begin{pmatrix} 0 & 0 & 1 \\ 4 & 1 & 0 \\ 3 & 0 & 0 \end{pmatrix} \tag{3.122}$$

により定める．ギブンス行列を用いることにより，$P^{\mathrm{T}}AP$ がヘッセンベルク行列となるような $P \in \mathrm{O}(3)$ を一つ求めよ．

3.3.3 ハウスホルダー行列によるヘッセンベルク化

続いて，ハウスホルダー行列を用いて，定理 3.12 を示そう．$A \in M_n(\mathbf{R})$ を式(3.110)のように列ベクトルに分割しておく．A に対してハウスホルダー行列とその転置行列をそれぞれ左と右から繰り返し掛けて，順に，第 1 列の第 3 成分以降が 0，第 2 列の第 4 成分以降が 0，第 3 列の第 5 成分以降が 0，$\cdots$となるように変形していこう．

まず，$\boldsymbol{a}_1$ を式(3.111)のように表しておく．$a_{31} = a_{32} = \cdots = a_{n1} = 0$ のとき，第 1 列はそのままにしておく．また，ある $j = 3, 4, \ldots, n$ に対して，$a_{j,1} \neq 0$ のとき，ハウスホルダー行列を左から掛けることにより，第 1 列の第 3 成分以降を 0 とすることができる．実際，$\boldsymbol{p} \in \mathbf{R}^n$ を

$$\boldsymbol{a}' = \begin{pmatrix} a_{11} \\ \sqrt{\|\boldsymbol{a}_1\|^2 - a_{11}^2} \\ 0 \\ \vdots \\ 0 \end{pmatrix}, \quad \boldsymbol{p} = \boldsymbol{a}_1 - \boldsymbol{a}' \tag{3.123}$$

により定めると，$H_n(\boldsymbol{p})$ が求めるハウスホルダー行列である．ここで，

$$AH_n(\boldsymbol{p})^{\mathrm{T}} = (H_n(\boldsymbol{p})A^{\mathrm{T}})^{\mathrm{T}} \tag{3.124}$$

であり，$\boldsymbol{p}$ の第 1 成分は 0 であることに注意すると，$H_n(\boldsymbol{p})A$ に右から $H_n(\boldsymbol{p})^{\mathrm{T}}$ を掛けても，$H_n(\boldsymbol{p})A$ の第 1 列は変わらない．とくに，その第 3 成分以降は 0 のままである．この操作で得られた行列を B とおく．

次に，B の第 2 列を

$$\boldsymbol{b}_2 = \begin{pmatrix} b_{12} \\ \boldsymbol{b}_2' \end{pmatrix} \quad (\boldsymbol{b}_2' \in \mathbf{R}^{n-1}) \tag{3.125}$$

と表しておく．このとき，上と同様に，必要ならば，ある $(n-1)$ 次のハウスホルダー行列 $H_{n-1}(\boldsymbol{q}')$ とその転置行列をそれぞれ左と右から掛けることにより，$\boldsymbol{b}_2'$ の第 3 成分以降を 0 とすることができる．このとき，

$$\boldsymbol{q} = \begin{pmatrix} 0 \\ \boldsymbol{q}' \end{pmatrix} \tag{3.126}$$

とおき，ハウスホルダー行列 $H_n(\boldsymbol{q})$ とその転置行列をそれぞれ左と右から掛けると，B の第1列は変わらないまま，第2列の第4成分以降は0となる．

さらに，同様の操作を繰り返し，左から掛けたハウスホルダー行列の積を H とおくと，HAH^{T} はヘッセンベルク行列となる．ここで，$H \in \mathrm{O}(n)$ であることに注意すると，$P = H^{\mathrm{T}}$ とおくことにより，定理3.12が得られる．

例題3.6の A に対して，ハウスホルダー行列を用いることにより，$P^{\mathrm{T}}AP$ がヘッセンベルク行列となるような $P \in \mathrm{O}(3)$ を一つ求めよ．

解説　$\boldsymbol{p} \in \mathbf{R}^3$ を式(3.123)のように定めると，

$$\boldsymbol{p} = \begin{pmatrix} 0 \\ 3 \\ 4 \end{pmatrix} - \begin{pmatrix} 0 \\ \sqrt{(0^2+3^2+4^2)-0^2} \\ 0 \end{pmatrix} = \begin{pmatrix} 0 \\ -2 \\ 4 \end{pmatrix} \tag{3.127}$$

である．よって，

$$\langle \boldsymbol{p}, \boldsymbol{p} \rangle = 0^2 + (-2)^2 + 4^2 = 20 \tag{3.128}$$

$$\boldsymbol{p}\boldsymbol{p}^{\mathrm{T}} = \begin{pmatrix} 0 \\ -2 \\ 4 \end{pmatrix} \begin{pmatrix} 0 & -2 & 4 \end{pmatrix} = \begin{pmatrix} 0 & 0 & 0 \\ 0 & 4 & -8 \\ 0 & -8 & 16 \end{pmatrix} \tag{3.129}$$

となる．さらに，式(2.129)より，

$$\begin{aligned} H_3(\boldsymbol{p}) = E_3 - \frac{2\boldsymbol{p}\boldsymbol{p}^{\mathrm{T}}}{\langle \boldsymbol{p}, \boldsymbol{p} \rangle} &= \begin{pmatrix} 1 & 0 & 0 \\ 0 & 1 & 0 \\ 0 & 0 & 1 \end{pmatrix} - \frac{2}{20} \begin{pmatrix} 0 & 0 & 0 \\ 0 & 4 & -8 \\ 0 & -8 & 16 \end{pmatrix} \\ &= \frac{1}{5} \begin{pmatrix} 5 & 0 & 0 \\ 0 & 3 & 4 \\ 0 & 4 & -3 \end{pmatrix} \end{aligned} \tag{3.130}$$

である．したがって，

$$H_3(\boldsymbol{p})A = \frac{1}{5} \begin{pmatrix} 5 & 0 & 0 \\ 0 & 3 & 4 \\ 0 & 4 & -3 \end{pmatrix} \begin{pmatrix} 0 & 1 & 0 \\ 3 & 0 & 1 \\ 4 & 0 & 0 \end{pmatrix} = \frac{1}{5} \begin{pmatrix} 0 & 5 & 0 \\ 25 & 0 & 3 \\ 0 & 0 & 4 \end{pmatrix} \tag{3.131}$$

である．さらに，

$$\begin{aligned} H_3(\boldsymbol{p})AH_3(\boldsymbol{p})^{\mathrm{T}} &= \frac{1}{5} \begin{pmatrix} 0 & 5 & 0 \\ 25 & 0 & 3 \\ 0 & 0 & 4 \end{pmatrix} \cdot \frac{1}{5} \begin{pmatrix} 5 & 0 & 0 \\ 0 & 3 & 4 \\ 0 & 4 & -3 \end{pmatrix} \\ &= \frac{1}{25} \begin{pmatrix} 0 & 15 & 20 \\ 125 & 12 & -9 \\ 0 & 16 & -12 \end{pmatrix} \end{aligned} \tag{3.132}$$

である．以上より，$P \in \mathrm{O}(3)$ を

$$P = H_3(\boldsymbol{p})^{\mathrm{T}} = \frac{1}{5}\begin{pmatrix} 5 & 0 & 0 \\ 0 & 3 & 4 \\ 0 & 4 & -3 \end{pmatrix} \tag{3.133}$$

により定めると，

$$P^{\mathrm{T}}AP = \frac{1}{25}\begin{pmatrix} 0 & 15 & 20 \\ 125 & 12 & -9 \\ 0 & 16 & -12 \end{pmatrix} \tag{3.134}$$

となり，A は P によってヘッセンベルク化される．

なお，式(3.134)の右辺は式(3.121)の右辺とは異なるヘッセンベルク行列であるが，ヘッセンベルク化によって得られるヘッセンベルク行列は一意的ではない➲注意 3.5．■

問 3.9 問 3.8 の A に対して，ハウスホルダー行列を用いることにより，$P^{\mathrm{T}}AP$ がヘッセンベルク行列となるような $P \in \mathrm{O}(3)$ を一つ求めよ．

3.3.4 3 重対角行列と 3 重対角化

次に，3 重対角行列を定義しよう．

定義 3.3 n を 3 以上の整数とし，$A \in M_n(\mathbf{R})$ とする．さらに，A の (i, j) 成分を a_{ij} とする．$|i - j| > 1$ ならば，$a_{ij} = 0$ となるとき，A を **3 重対角行列**という．

3 次の 3 重対角行列は

$$\begin{pmatrix} a_{11} & a_{12} & 0 \\ a_{21} & a_{22} & a_{23} \\ 0 & a_{32} & a_{33} \end{pmatrix} \tag{3.135}$$

と表される．ただし，$a_{11}, a_{12}, \ldots, a_{33} \in \mathbf{R}$ である．

また，4 次の 3 重対角行列は

$$\begin{pmatrix} a_{11} & a_{12} & 0 & 0 \\ a_{21} & a_{22} & a_{23} & 0 \\ 0 & a_{32} & a_{33} & a_{34} \\ 0 & 0 & a_{43} & a_{44} \end{pmatrix} \tag{3.136}$$

と表される．ただし，$a_{11}, a_{12}, \ldots, a_{44} \in \mathbf{R}$ である．

ヘッセンベルク行列および 3 重対角行列の定義より，次がなりたつ．

定理 3.13　対称なヘッセンベルク行列は3重対角行列である．すなわち，$A \in M_n(\mathbf{R})$ とし，A が $A^{\mathrm{T}} = A$ となるヘッセンベルク行列ならば，A は3重対角行列である．

さらに，次がなりたつ．

定理 3.14　任意の3次以上の対称行列は直交行列によって3重対角化可能である．すなわち，n を3以上の整数とすると，任意の $A \in \mathrm{Sym}(n)$ に対して，ある $P \in \mathrm{O}(n)$ が存在し，$P^{\mathrm{T}}AP$ は3重対角行列となる．

証明　定理3.12において，$A \in \mathrm{Sym}(n)$ のとき，$P^{\mathrm{T}}AP$ は対称なヘッセンベルク行列となる．よって，定理3.13より，定理3.14が得られる．□

$A \in \mathrm{Sym}(4)$ を

$$A = \begin{pmatrix} 0 & -3 & 4 & 0 \\ -3 & 0 & 0 & 1 \\ 4 & 0 & 0 & 0 \\ 0 & 1 & 0 & 0 \end{pmatrix} \tag{3.137}$$

により定める．次の問いに答えよ．

（1）ギブンス行列を用いることにより，$P^{\mathrm{T}}AP$ が3重対角行列となるような $P \in \mathrm{O}(4)$ を一つ求めよ．

（2）ハウスホルダー行列を用いることにより，$P^{\mathrm{T}}AP$ が3重対角行列となるような $P \in \mathrm{O}(4)$ を一つ求めよ．

解説　(1)　まず，$\theta \in \mathbf{R}$ を

$$\cos\theta = \frac{-3}{\sqrt{(-3)^2 + 4^2}} = -\frac{3}{5}, \quad \sin\theta = \frac{4}{\sqrt{(-3)^2 + 4^2}} = \frac{4}{5} \tag{3.138}$$

となるように選んでおく．このとき，

$$\begin{aligned} G_4(2,3;\theta)A &= \begin{pmatrix} 1 & 0 & 0 & 0 \\ 0 & \cos\theta & \sin\theta & 0 \\ 0 & -\sin\theta & \cos\theta & 0 \\ 0 & 0 & 0 & 1 \end{pmatrix} A = \frac{1}{5}\begin{pmatrix} 5 & 0 & 0 & 0 \\ 0 & -3 & 4 & 0 \\ 0 & -4 & -3 & 0 \\ 0 & 0 & 0 & 5 \end{pmatrix}\begin{pmatrix} 0 & -3 & 4 & 0 \\ -3 & 0 & 0 & 1 \\ 4 & 0 & 0 & 0 \\ 0 & 1 & 0 & 0 \end{pmatrix} \\ &= \frac{1}{5}\begin{pmatrix} 0 & -15 & 20 & 0 \\ 25 & 0 & 0 & -3 \\ 0 & 0 & 0 & -4 \\ 0 & 5 & 0 & 0 \end{pmatrix} \end{aligned} \tag{3.139}$$

となる．さらに，

$$G_4(2,3;\theta)AG_4(2,3;\theta)^{\mathrm{T}} = \frac{1}{5}\begin{pmatrix} 0 & -15 & 20 & 0 \\ 25 & 0 & 0 & -3 \\ 0 & 0 & 0 & -4 \\ 0 & 5 & 0 & 0 \end{pmatrix} \cdot \frac{1}{5}\begin{pmatrix} 5 & 0 & 0 & 0 \\ 0 & -3 & -4 & 0 \\ 0 & 4 & -3 & 0 \\ 0 & 0 & 0 & 5 \end{pmatrix}$$
$$= \frac{1}{5}\begin{pmatrix} 0 & 25 & 0 & 0 \\ 25 & 0 & 0 & -3 \\ 0 & 0 & 0 & -4 \\ 0 & -3 & -4 & 0 \end{pmatrix} \tag{3.140}$$

である．

次に，$\varphi \in \mathbf{R}$ を

$$\cos\varphi = \frac{0}{\sqrt{0^2+(-3)^2}} = 0, \quad \sin\varphi = \frac{-3}{\sqrt{0^2+(-3)^2}} = -1 \tag{3.141}$$

となるように選んでおく．このとき，

$$G_4(3,4;\varphi)G_4(2,3;\theta)AG_4(2,3;\theta)^{\mathrm{T}}$$
$$= \begin{pmatrix} 1 & 0 & 0 & 0 \\ 0 & 1 & 0 & 0 \\ 0 & 0 & \cos\varphi & \sin\varphi \\ 0 & 0 & -\sin\varphi & \cos\varphi \end{pmatrix} G_4(2,3;\theta)AG_4(2,3;\theta)^{\mathrm{T}}$$
$$= \begin{pmatrix} 1 & 0 & 0 & 0 \\ 0 & 1 & 0 & 0 \\ 0 & 0 & 0 & -1 \\ 0 & 0 & 1 & 0 \end{pmatrix} \cdot \frac{1}{5}\begin{pmatrix} 0 & 25 & 0 & 0 \\ 25 & 0 & 0 & -3 \\ 0 & 0 & 0 & -4 \\ 0 & -3 & -4 & 0 \end{pmatrix}$$
$$= \frac{1}{5}\begin{pmatrix} 0 & 25 & 0 & 0 \\ 25 & 0 & 0 & -3 \\ 0 & 3 & 4 & 0 \\ 0 & 0 & 0 & -4 \end{pmatrix} \tag{3.142}$$

となる．さらに，

$$G_4(3,4;\varphi)G_4(2,3;\theta)AG_4(2,3;\theta)^{\mathrm{T}}G_4(3,4;\varphi)^{\mathrm{T}}$$
$$= \frac{1}{5}\begin{pmatrix} 0 & 25 & 0 & 0 \\ 25 & 0 & 0 & -3 \\ 0 & 3 & 4 & 0 \\ 0 & 0 & 0 & -4 \end{pmatrix}\begin{pmatrix} 1 & 0 & 0 & 0 \\ 0 & 1 & 0 & 0 \\ 0 & 0 & 0 & 1 \\ 0 & 0 & -1 & 0 \end{pmatrix}$$
$$= \frac{1}{5}\begin{pmatrix} 0 & 25 & 0 & 0 \\ 25 & 0 & 3 & 0 \\ 0 & 3 & 0 & 4 \\ 0 & 0 & 4 & 0 \end{pmatrix} \tag{3.143}$$

である．

よって，$P \in \mathrm{O}(3)$ を

$$P = (G_4(3,4;\varphi)G_4(2,3;\theta))^{\mathrm{T}} = G_4(2,3;\theta)^{\mathrm{T}}G_4(3,4;\varphi)^{\mathrm{T}}$$

$$= \frac{1}{5}\begin{pmatrix} 5 & 0 & 0 & 0 \\ 0 & -3 & -4 & 0 \\ 0 & 4 & -3 & 0 \\ 0 & 0 & 0 & 5 \end{pmatrix}\begin{pmatrix} 1 & 0 & 0 & 0 \\ 0 & 1 & 0 & 0 \\ 0 & 0 & 0 & 1 \\ 0 & 0 & -1 & 0 \end{pmatrix}$$

$$= \frac{1}{5}\begin{pmatrix} 5 & 0 & 0 & 0 \\ 0 & -3 & 0 & -4 \\ 0 & 4 & 0 & -3 \\ 0 & 0 & -5 & 0 \end{pmatrix} \tag{3.144}$$

により定めると，

$$P^{\mathrm{T}}AP = \frac{1}{5}\begin{pmatrix} 0 & 25 & 0 & 0 \\ 25 & 0 & 3 & 0 \\ 0 & 3 & 0 & 4 \\ 0 & 0 & 4 & 0 \end{pmatrix} \tag{3.145}$$

となり，A は P によって3重対角化される．

(2) まず，$\boldsymbol{p} \in \mathbf{R}^4$ を式(3.123)のように定めると，

$$\boldsymbol{p} = \begin{pmatrix} 0 \\ -3 \\ 4 \\ 0 \end{pmatrix} - \begin{pmatrix} 0 \\ \sqrt{\{0^2 + (-3)^2 + 4^2 + 0^2\} - 0^2} \\ 0 \\ 0 \end{pmatrix} = \begin{pmatrix} 0 \\ -8 \\ 4 \\ 0 \end{pmatrix} \tag{3.146}$$

である．よって，

$$\langle \boldsymbol{p}, \boldsymbol{p} \rangle = 0^2 + (-8)^2 + 4^2 + 0^2 = 80 \tag{3.147}$$

$$\boldsymbol{p}\boldsymbol{p}^{\mathrm{T}} = \begin{pmatrix} 0 \\ -8 \\ 4 \\ 0 \end{pmatrix}\begin{pmatrix} 0 & -8 & 4 & 0 \end{pmatrix} = \begin{pmatrix} 0 & 0 & 0 & 0 \\ 0 & 64 & -32 & 0 \\ 0 & -32 & 16 & 0 \\ 0 & 0 & 0 & 0 \end{pmatrix} \tag{3.148}$$

となる．さらに，式(2.129)より，

$$H_4(\boldsymbol{p}) = E_4 - \frac{2\boldsymbol{p}\boldsymbol{p}^{\mathrm{T}}}{\langle \boldsymbol{p}, \boldsymbol{p} \rangle} = \begin{pmatrix} 1 & 0 & 0 & 0 \\ 0 & 1 & 0 & 0 \\ 0 & 0 & 1 & 0 \\ 0 & 0 & 0 & 1 \end{pmatrix} - \frac{2}{80}\begin{pmatrix} 0 & 0 & 0 & 0 \\ 0 & 64 & -32 & 0 \\ 0 & -32 & 16 & 0 \\ 0 & 0 & 0 & 0 \end{pmatrix}$$

$$= \frac{1}{5}\begin{pmatrix} 5 & 0 & 0 & 0 \\ 0 & -3 & 4 & 0 \\ 0 & 4 & 3 & 0 \\ 0 & 0 & 0 & 5 \end{pmatrix} \tag{3.149}$$

である．したがって，

$$H_4(\boldsymbol{p})A = \frac{1}{5}\begin{pmatrix} 5 & 0 & 0 & 0 \\ 0 & -3 & 4 & 0 \\ 0 & 4 & 3 & 0 \\ 0 & 0 & 0 & 5 \end{pmatrix}\begin{pmatrix} 0 & -3 & 4 & 0 \\ -3 & 0 & 0 & 1 \\ 4 & 0 & 0 & 0 \\ 0 & 1 & 0 & 0 \end{pmatrix}$$

$$= \frac{1}{5}\begin{pmatrix} 0 & -15 & 20 & 0 \\ 25 & 0 & 0 & -3 \\ 0 & 0 & 0 & 4 \\ 0 & 5 & 0 & 0 \end{pmatrix} \tag{3.150}$$

である．さらに，

$$H_4(\boldsymbol{p})AH_4(\boldsymbol{p})^{\mathrm{T}} = \frac{1}{5}\begin{pmatrix} 0 & -15 & 20 & 0 \\ 25 & 0 & 0 & -3 \\ 0 & 0 & 0 & 4 \\ 0 & 5 & 0 & 0 \end{pmatrix} \cdot \frac{1}{5}\begin{pmatrix} 5 & 0 & 0 & 0 \\ 0 & -3 & 4 & 0 \\ 0 & 4 & 3 & 0 \\ 0 & 0 & 0 & 5 \end{pmatrix}$$
$$= \frac{1}{5}\begin{pmatrix} 0 & 25 & 0 & 0 \\ 25 & 0 & 0 & -3 \\ 0 & 0 & 0 & 4 \\ 0 & -3 & 4 & 0 \end{pmatrix} \tag{3.151}$$

である．

次に，$\boldsymbol{q} \in \mathbf{R}^4$ を式(3.126)のように定めると，

$$\boldsymbol{q} = \begin{pmatrix} 0 \\ 0 \\ 0 \\ -3 \end{pmatrix} - \begin{pmatrix} 0 \\ 0 \\ \sqrt{\{0^2 + 0^2 + (-3)^2\} - 0^2} \\ 0 \end{pmatrix} = \begin{pmatrix} 0 \\ 0 \\ -3 \\ -3 \end{pmatrix} \tag{3.152}$$

である[8]．よって，

$$\langle \boldsymbol{q}, \boldsymbol{q} \rangle = 0^2 + 0^2 + (-3)^2 + (-3)^2 = 18 \tag{3.153}$$

$$\boldsymbol{q}\boldsymbol{q}^{\mathrm{T}} = \begin{pmatrix} 0 \\ 0 \\ -3 \\ -3 \end{pmatrix} \begin{pmatrix} 0 & 0 & -3 & -3 \end{pmatrix} = \begin{pmatrix} 0 & 0 & 0 & 0 \\ 0 & 0 & 0 & 0 \\ 0 & 0 & 9 & 9 \\ 0 & 0 & 9 & 9 \end{pmatrix} \tag{3.154}$$

となる．さらに，式(2.129)より，

$$H_4(\boldsymbol{q}) = E_4 - \frac{2\boldsymbol{q}\boldsymbol{q}^{\mathrm{T}}}{\langle \boldsymbol{q}, \boldsymbol{q} \rangle} = \begin{pmatrix} 1 & 0 & 0 & 0 \\ 0 & 1 & 0 & 0 \\ 0 & 0 & 1 & 0 \\ 0 & 0 & 0 & 1 \end{pmatrix} - \frac{2}{18}\begin{pmatrix} 0 & 0 & 0 & 0 \\ 0 & 0 & 0 & 0 \\ 0 & 0 & 9 & 9 \\ 0 & 0 & 9 & 9 \end{pmatrix}$$
$$= \begin{pmatrix} 1 & 0 & 0 & 0 \\ 0 & 1 & 0 & 0 \\ 0 & 0 & 0 & -1 \\ 0 & 0 & -1 & 0 \end{pmatrix} \tag{3.155}$$

である．したがって，

$$H_4(\boldsymbol{q})H_4(\boldsymbol{p})AH_4(\boldsymbol{p})^{\mathrm{T}} = \begin{pmatrix} 1 & 0 & 0 & 0 \\ 0 & 1 & 0 & 0 \\ 0 & 0 & 0 & -1 \\ 0 & 0 & -1 & 0 \end{pmatrix} \cdot \frac{1}{5}\begin{pmatrix} 0 & 25 & 0 & 0 \\ 25 & 0 & 0 & -3 \\ 0 & 0 & 0 & 4 \\ 0 & -3 & 4 & 0 \end{pmatrix}$$
$$= \frac{1}{5}\begin{pmatrix} 0 & 25 & 0 & 0 \\ 25 & 0 & 0 & -3 \\ 0 & 3 & -4 & 0 \\ 0 & 0 & 0 & -4 \end{pmatrix} \tag{3.156}$$

---

8) 一般に，任意の $c \in \mathbf{R} \setminus \{0\}$ に対して，$H_n(\boldsymbol{p}) = H_n(c\boldsymbol{p})$ であることに注意し，式(3.151)の $(2,2)$ 成分〜$(2,4)$ 成分を 5 倍したものに対して，式(3.126)を用いた．

である．さらに，

$$H_4(\boldsymbol{q})H_4(\boldsymbol{p})AH_4(\boldsymbol{p})^{\mathrm{T}}H_4(\boldsymbol{q})^{\mathrm{T}} = \frac{1}{5}\begin{pmatrix} 0 & 25 & 0 & 0 \\ 25 & 0 & 0 & -3 \\ 0 & 3 & -4 & 0 \\ 0 & 0 & 0 & -4 \end{pmatrix}\begin{pmatrix} 1 & 0 & 0 & 0 \\ 0 & 1 & 0 & 0 \\ 0 & 0 & 0 & -1 \\ 0 & 0 & -1 & 0 \end{pmatrix}$$

$$= \frac{1}{5}\begin{pmatrix} 0 & 25 & 0 & 0 \\ 25 & 0 & 3 & 0 \\ 0 & 3 & 0 & 4 \\ 0 & 0 & 4 & 0 \end{pmatrix} \tag{3.157}$$

である．

以上より，$P \in \mathrm{O}(3)$ を

$$P = (H_4(\boldsymbol{q})H_4(\boldsymbol{p}))^{\mathrm{T}} = H_4(\boldsymbol{p})^{\mathrm{T}}H_4(\boldsymbol{q})^{\mathrm{T}} = \frac{1}{5}\begin{pmatrix} 5 & 0 & 0 & 0 \\ 0 & -3 & 4 & 0 \\ 0 & 4 & 3 & 0 \\ 0 & 0 & 0 & 5 \end{pmatrix}\begin{pmatrix} 1 & 0 & 0 & 0 \\ 0 & 1 & 0 & 0 \\ 0 & 0 & 0 & -1 \\ 0 & 0 & -1 & 0 \end{pmatrix}$$

$$= \frac{1}{5}\begin{pmatrix} 5 & 0 & 0 & 0 \\ 0 & -3 & 0 & -4 \\ 0 & 4 & 0 & -3 \\ 0 & 0 & -5 & 0 \end{pmatrix} \tag{3.158}$$

により定めると，式(3.145)がなりたち[9]，A は P によって3重対角化される． ■

問 3.10 $A \in \mathrm{Sym}(4)$ を

$$A = \begin{pmatrix} 0 & 3 & -4 & 0 \\ 3 & 0 & 0 & 2 \\ -4 & 0 & 0 & 0 \\ 0 & 2 & 0 & 0 \end{pmatrix} \tag{3.159}$$

により定める．次の問いに答えよ．

（1）ギブンス行列を用いることにより，$P^{\mathrm{T}}AP$ が3重対角行列となるような $P \in \mathrm{O}(4)$ を一つ求めよ．

（2）ハウスホルダー行列を用いることにより，$P^{\mathrm{T}}AP$ が3重対角行列となるような $P \in \mathrm{O}(4)$ を一つ求めよ．

章末問題

問題 3.1 $a, b \in \mathbf{R}$ とし，$A \in M_3(\mathbf{R})$ を

$$A = \begin{pmatrix} 2 & a & b \\ 0 & 1 & a \\ 0 & 0 & 2 \end{pmatrix} \tag{3.160}$$

9) (1)と同じ3重対角行列が得られたが，いつでもこのように一致するわけではない➡注意 3.5．

により定める．このとき，A は上三角行列なので，A の固有値 λ は対角成分の $\lambda = 1, 2$（重解）である．次の問いに答えよ．

（1）固有値 $\lambda = 1$ に対する A の固有空間を求めよ．

（2）固有値 $\lambda = 2$ に対する A の固有空間を求めよ．

（3）A が対角化可能であるための a, b の条件を求めよ．

（4）A が対角化可能なとき，$P^{-1}AP$ が対角行列となるような正則行列 P を一つ求めよ．

問題 3.2　$A \in \mathrm{Sym}(n)$ とし，$\lambda, \mu \in \mathbf{R}$ を A の異なる固有値とする．さらに，固有値 λ, μ に対する A の固有空間をそれぞれ $W(\lambda), W(\mu)$ とする．$\boldsymbol{x} \in W(\lambda)$，$\boldsymbol{y} \in W(\mu)$ ならば，$\boldsymbol{x}$ と $\boldsymbol{y}$ は $\mathbf{R}^n$ の標準内積に関して直交することを，定理 3.9 を用いずに示せ．

問題 3.3　$A, B \in \mathrm{Sym}(n)$ とすると，$A - B \in \mathrm{Sym}(n)$ である．さらに，$A - B$ が半正定値となるとき，$A \geq B$ と表すことにする．次の問いに答えよ．

（1）$A \in \mathrm{Sym}(n)$ とすると，$A \geq A$ であることを示せ．

（2）$A, B \in \mathrm{Sym}(n)$ とする．$A \geq B$ かつ $B \geq A$ ならば，$A = B$ であることを示せ．

（3）$A, B, C \in \mathrm{Sym}(n)$ とする．$A \geq B$ かつ $B \geq C$ ならば，$A \geq C$ であることを示せ．

問題 3.4　$n = 2, 3, 4, \ldots$ とし，$A \in M_n(\mathbf{R})$ とする．また，A の (i, j) 成分を a_{ij} とする．A の第 i 行と第 j 列を取り除いて得られる $(n-1)$ 次行列の行列式に $(-1)^{i+j}$ を掛けたものを $\tilde{a}_{ij}$ と表し，A の (i, j) **余因子**という．このとき，$i = 1, 2, \ldots, n$ に対して，

$$|A| = a_{i1}\tilde{a}_{i1} + a_{i2}\tilde{a}_{i2} + \cdots + a_{in}\tilde{a}_{in} \tag{3.161}$$

がなりたつことがわかる．式(3.161)を，**第 i 行に関する余因子展開**という．また，$j = 1, 2, \ldots, n$ に対して，

$$|A| = a_{1j}\tilde{a}_{1j} + a_{2j}\tilde{a}_{2j} + \cdots + a_{nj}\tilde{a}_{nj} \tag{3.162}$$

がなりたつことがわかる．式(3.162)を，**第 j 列に関する余因子展開**という．

n を 3 以上の整数とし，$a_1, a_2, \ldots, a_n, b_1, b_2, \ldots, b_{n-1}, c_1, c_2, \ldots, c_{n-1} \in \mathbf{R}$ とする．このとき，$k = 3, 4, \ldots, n$ に対して，3 重対角行列 $A_k \in M_k(\mathbf{R})$ を

$$A_k = \begin{pmatrix} a_1 & b_1 & 0 & \cdots & 0 & 0 \\ c_1 & a_2 & b_2 & \cdots & 0 & 0 \\ 0 & c_2 & a_3 & \cdots & 0 & 0 \\ \vdots & \vdots & \vdots & \ddots & \vdots & \vdots \\ 0 & 0 & 0 & \cdots & a_{k-1} & b_{k-1} \\ 0 & 0 & 0 & \cdots & c_{k-1} & a_k \end{pmatrix} \tag{3.163}$$

により定める．A_k の固有多項式を $\phi_k(\lambda) = |\lambda E_k - A_k|$ とすると，漸化式

$$\phi_k(\lambda) = (\lambda - a_k)\phi_{k-1}(\lambda) - b_{k-1}c_{k-1}\phi_{k-2}(\lambda) \tag{3.164}$$

がなりたつことを示せ．

第4章 特異値分解と一般逆行列

前章までに現れた行列の標準形はおもに正方行列に対するものであったが，ここでは，正方行列とは限らない行列に対する特異値標準形や特異値分解について述べる．また，正則とは限らない行列に対して，一般逆行列とよばれる逆行列を一般化した概念を定め，その基本的な性質を扱う．特異値分解と一般逆行列は，ともに数値計算や多変量解析などのさまざまな応用分野で用いられる重要な概念である．

4.1 特異値分解

4.1.1 線形写像に対する表現行列

3.1.3 項では，線形変換，すなわち，同じベクトル空間の間の線形写像の表現行列が基底変換によってどのように変わるのかについて述べ，正方行列の対角化可能性について定めた➔定理 3.4, 定義 3.1．ここでは，同じとは限らないベクトル空間の間の線形写像について考えよう．

V, W をそれぞれ n 次元, m 次元のベクトル空間, $f\colon V \to W$ を線形写像とする．また, V, W の基底 $\{\boldsymbol{a}_1, \boldsymbol{a}_2, \ldots, \boldsymbol{a}_n\}$, $\{\boldsymbol{b}_1, \boldsymbol{b}_2, \ldots, \boldsymbol{b}_m\}$ をそれぞれ選んでおく．このとき, 線形変換の場合と同様に, 基底 $\{\boldsymbol{a}_1, \boldsymbol{a}_2, \ldots, \boldsymbol{a}_n\}$, $\{\boldsymbol{b}_1, \boldsymbol{b}_2, \ldots, \boldsymbol{b}_m\}$ に関する f の表現行列 $A \in M_{m,n}(\mathbf{R})$ を定めることができる．すなわち，$j = 1, 2, \ldots, n$ に対して，

$$f(\boldsymbol{a}_j) = a_{1j}\boldsymbol{b}_1 + a_{2j}\boldsymbol{b}_2 + \cdots + a_{mj}\boldsymbol{b}_m \tag{4.1}$$

と表しておくと，A の (i, j) 成分は a_{ij} である．さらに，定理 3.4 と同様に，線形写像の表現行列が定義域および値域の基底変換によってどのように変わるのかについては，次がなりたつ．

定理 4.1　V, W をそれぞれ n 次元，m 次元のベクトル空間，$f\colon V \to W$ を線形写像とする．また，$\{\boldsymbol{a}_1, \boldsymbol{a}_2, \ldots, \boldsymbol{a}_n\}$，$\{\boldsymbol{a}'_1, \boldsymbol{a}'_2, \ldots, \boldsymbol{a}'_n\}$ を V の基底，$\{\boldsymbol{b}_1, \boldsymbol{b}_2, \ldots, \boldsymbol{b}_m\}$，$\{\boldsymbol{b}'_1, \boldsymbol{b}'_2, \ldots, \boldsymbol{b}'_m\}$ を W の基底，P を基底変換 $\{\boldsymbol{a}_1, \boldsymbol{a}_2, \ldots, \boldsymbol{a}_n\} \to \{\boldsymbol{a}'_1, \boldsymbol{a}'_2, \ldots, \boldsymbol{a}'_n\}$ に関する基底変換行列，Q を基底変換 $\{\boldsymbol{b}_1, \boldsymbol{b}_2, \ldots, \boldsymbol{b}_m\} \to \{\boldsymbol{b}'_1, \boldsymbol{b}'_2, \ldots, \boldsymbol{b}'_m\}$ に関する基底変換行列とする．さらに，A を基底 $\{\boldsymbol{a}_1, \boldsymbol{a}_2, \ldots, \boldsymbol{a}_n\}$，$\{\boldsymbol{b}_1, \boldsymbol{b}_2, \ldots, \boldsymbol{b}_m\}$ に関する f の表現行列，B を基底 $\{\boldsymbol{a}'_1, \boldsymbol{a}'_2, \ldots, \boldsymbol{a}'_n\}$，$\{\boldsymbol{b}'_1, \boldsymbol{b}'_2, \ldots, \boldsymbol{b}'_m\}$ に関する f の表現行列とする．このとき，

$$B = Q^{-1}AP \tag{4.2}$$

である．

4.1.2　特異値標準形と特異値分解

定理 4.1 において，ベクトル空間が内積空間の場合は，考える基底を正規直交基底としておくと，基底変換行列は直交行列となる➲ 3.2.1項．さらに，基底変換をうまく選んでおくと，次に述べるように，表現行列は特異値標準形とよばれるものとなる．

定理 4.2　$A \in M_{m,n}(\mathbf{R})$ とする．このとき，ある $P \in \mathrm{O}(m)$，$Q \in \mathrm{O}(n)$ および

$$\sigma_1 \geq \sigma_2 \geq \cdots \geq \sigma_r > 0 \tag{4.3}$$

をみたす $\sigma_1, \sigma_2, \ldots, \sigma_r \in \mathbf{R}$ が存在し，

$$P^{\mathrm{T}}AQ = \begin{pmatrix} \sigma_1 & & \text{\Large 0} & & \\ & \sigma_2 & & & O_{r,n-r} \\ & & \ddots & & \\ \text{\Large 0} & & & \sigma_r & \\ & O_{m-r,r} & & & O_{m-r,n-r} \end{pmatrix} \tag{4.4}$$

となる．ただし，$r = \operatorname{rank} A$ である．また，$\sigma_1, \sigma_2, \ldots, \sigma_r$ は一意的である．

定理 4.2 において，式(4.4)の右辺を A の**特異値標準形**という．また，

$$\sigma_{r+1} = \sigma_{r+2} = \cdots = \sigma_n = 0 \tag{4.5}$$

とおき，$\sigma_1, \sigma_2, \ldots, \sigma_n$ を A の**特異値**という[1]．とくに，特異値標準形および特異値は一意的である．さらに，$P \in \mathrm{O}(m)$，$Q \in \mathrm{O}(n)$ より，式(4.4)は

$$A = P \begin{pmatrix} \sigma_1 & & & \text{\Large 0} & \\ & \sigma_2 & & & \\ & & \ddots & & O_{r,n-r} \\ \text{\Large 0} & & & \sigma_r & \\ & O_{m-r,r} & & & O_{m-r,n-r} \end{pmatrix} Q^{\mathrm{T}} \tag{4.6}$$

と同値である．式(4.6)を A の**特異値分解**という．なお，式(4.4)の右辺における零行列のいくつかは，現れないこともある（図 4.1）．また，零行列の特異値標準形は零行列そのものであると約束する．

$$\begin{pmatrix} \sigma_1 & & \text{\Large 0} \\ & \sigma_2 & \\ & & \ddots \\ \text{\Large 0} & & & \sigma_n \\ & O_{m-n,n} & \end{pmatrix} \quad \begin{pmatrix} \sigma_1 & & \text{\Large 0} & \\ & \sigma_2 & & O_{m,n-m} \\ & & \ddots & \\ \text{\Large 0} & & \sigma_m & \end{pmatrix} \quad \begin{pmatrix} \sigma_1 & & \text{\Large 0} \\ & \sigma_2 & \\ & & \ddots \\ \text{\Large 0} & & & \sigma_m \end{pmatrix}$$

$r = n$ のとき　　$r = m$ のとき　　$r = m = n$ のとき

図 4.1 特別な特異値標準形

4.1.3 特異値分解のための準備

定理 4.2 を示す前に，いくつか準備をしておこう．まず，同次連立 1 次方程式の解全体の集合はベクトル空間となるのであった➲問題 1.1．さらに，係数行列の簡約化を考えると，その次元に関して，次がなりたつ．

定理 4.3 $A \in M_{m,n}(\mathbf{R})$ とし，$\mathbf{R}^n$ の部分空間 W を

$$W = \{\boldsymbol{x} \in \mathbf{R}^n \mid A\boldsymbol{x} = \mathbf{0}\} \tag{4.7}$$

により定める．このとき，

$$\dim W = n - \operatorname{rank} A \tag{4.8}$$

である．

1) 0 を付け加えず，$\sigma_1, \sigma_2, \ldots, \sigma_r$ を特異値という文献もある．

また，次がなりたつ．

> **定理 4.4**　行列の階数は転置をとっても変わらない．すなわち，$A \in M_{m,n}(\mathbf{R})$ とすると，
>
> $$\operatorname{rank} A = \operatorname{rank} A^{\mathrm{T}} \tag{4.9}$$
>
> である．

定理 4.3，定理 4.4 を用いることにより，次を示すことができる．

> **定理 4.5**　$A \in M_{m,n}(\mathbf{R})$ とすると，
>
> $$\operatorname{rank} A = \operatorname{rank}(A^{\mathrm{T}}A) = \operatorname{rank}(AA^{\mathrm{T}}) \tag{4.10}$$
>
> である．

証明　まず，$\mathbf{R}^n$ の部分空間 W_1, W_2 を

$$W_1 = \{\boldsymbol{x} \in \mathbf{R}^n \mid A\boldsymbol{x} = \mathbf{0}\} \tag{4.11}$$

$$W_2 = \{\boldsymbol{x} \in \mathbf{R}^n \mid A^{\mathrm{T}}A\boldsymbol{x} = \mathbf{0}\} \tag{4.12}$$

により定め，$W_1 = W_2$ であることを示す．$W_1 \subset W_2$ および $W_2 \subset W_1$ を示せばよい．

$W_1 \subset W_2$　$\boldsymbol{x} \in W_1$ とする．このとき，

$$A^{\mathrm{T}}A\boldsymbol{x} = A^{\mathrm{T}}(A\boldsymbol{x}) = A^{\mathrm{T}}\mathbf{0} = \mathbf{0} \tag{4.13}$$

である．すなわち，$A^{\mathrm{T}}A\boldsymbol{x} = \mathbf{0}$ となり，$\boldsymbol{x} \in W_2$ である．よって，$W_1 \subset W_2$ である．

$W_2 \subset W_1$　$\boldsymbol{x} \in W_2$ とする．このとき，式(1.44)より，

$$\langle A\boldsymbol{x}, A\boldsymbol{x}\rangle = \langle A^{\mathrm{T}}A\boldsymbol{x}, \boldsymbol{x}\rangle = \langle \mathbf{0}, \boldsymbol{x}\rangle = 0 \tag{4.14}$$

である．すなわち，

$$\langle A\boldsymbol{x}, A\boldsymbol{x}\rangle = 0 \tag{4.15}$$

となり，標準内積の正値性➲定理 1.2(4) より，$A\boldsymbol{x} = \mathbf{0}$ である．よって，$\boldsymbol{x} \in W_1$ である．したがって，$W_2 \subset W_1$ である．

$W_1 = W_2$ および定理 4.3 より，

$$n - \operatorname{rank} A = n - \operatorname{rank}(A^{\mathrm{T}}A) \tag{4.16}$$

である．よって，

$$\operatorname{rank} A = \operatorname{rank}(A^{\mathrm{T}}A) \tag{4.17}$$

である．

同様に，

$$\mathrm{rank}\, A^{\mathrm{T}} = \mathrm{rank}((A^{\mathrm{T}})^{\mathrm{T}} A^{\mathrm{T}}) \tag{4.18}$$

すなわち，定理 4.4 および $(A^{\mathrm{T}})^{\mathrm{T}} = A$ より，

$$\mathrm{rank}\, A = \mathrm{rank}(AA^{\mathrm{T}}) \tag{4.19}$$

である．式(4.17)，(4.19) より，式(4.10) がなりたつ． □

さらに，次がなりたつ．

> **定理 4.6** $A \in M_{m,n}(\mathbf{R})$ とすると，$A^{\mathrm{T}}A$ は半正定値対称行列[➡問 3.5]である．とくに，$A^{\mathrm{T}}A$ の固有値はすべて 0 以上の実数である．さらに，$A^{\mathrm{T}}A$ の正の固有値の個数は重複度も含めて $\mathrm{rank}\, A$ である．

証明 まず，

$$(A^{\mathrm{T}}A)^{\mathrm{T}} = A^{\mathrm{T}}(A^{\mathrm{T}})^{\mathrm{T}} = A^{\mathrm{T}}A \tag{4.20}$$

となるので，$(A^{\mathrm{T}}A)^{\mathrm{T}} = A^{\mathrm{T}}A$，すなわち，$A^{\mathrm{T}}A \in \mathrm{Sym}(n)$ である．ここで，$\boldsymbol{x} \in \mathbf{R}^n$ とすると，式(1.43) および標準内積の正値性[➡定理 1.2(4)] より，

$$\boldsymbol{x}^{\mathrm{T}}A^{\mathrm{T}}A\boldsymbol{x} = (A\boldsymbol{x})^{\mathrm{T}}(A\boldsymbol{x}) = \langle A\boldsymbol{x}, A\boldsymbol{x}\rangle \geq 0 \tag{4.21}$$

となる．よって，問 3.5 より，$A^{\mathrm{T}}A$ は半正定値であり，$A^{\mathrm{T}}A$ の固有値はすべて 0 以上である．さらに，定理 3.9 および定理 4.5 より，$A^{\mathrm{T}}A$ の正の固有値の個数は重複度も含めて $\mathrm{rank}\, A$ となる． □

4.1.4 特異値の一意性

定理 4.2 について，先に特異値分解の存在を認めたうえで，特異値の一意性を示しておこう．

特異値の一意性の証明 A の特異値標準形が式(4.4) の右辺のようにあたえられているとする．このとき，式(4.4) の両辺の転置をとると，

$$Q^{\mathrm{T}}A^{\mathrm{T}}P = \begin{pmatrix} \sigma_1 & & & \mathbf{0} & \\ & \sigma_2 & & & O_{r,m-r} \\ & & \ddots & & \\ \mathbf{0} & & & \sigma_r & \\ & O_{n-r,r} & & & O_{n-r,m-r} \end{pmatrix} \tag{4.22}$$

である．さらに，$P \in \mathrm{O}(m)$ より，$PP^{\mathrm{T}} = E_m$ であることに注意すると，

$$Q^{\mathrm{T}}A^{\mathrm{T}}AQ = (Q^{\mathrm{T}}A^{\mathrm{T}}P)(P^{\mathrm{T}}AQ) = \begin{pmatrix} \begin{matrix} \sigma_1^2 & & \\ & \sigma_2^2 & \\ & & \ddots & \\ & & & \sigma_r^2 \end{matrix} & O_{r,n-r} \\ O_{n-r,r} & O_{n-r,n-r} \end{pmatrix} \tag{4.23}$$

となる．よって，$\sigma_1^2, \sigma_2^2, \ldots, \sigma_r^2$ は $A^{\mathrm{T}}A$ の正の固有値を大きい順に並べたものとなり，一意的である．さらに，これらの正の平方根である $\sigma_1, \sigma_2, \ldots, \sigma_r$ も一意的である．□

上の証明より，定理 4.2 において，$r = \mathrm{rank}\, A$ であることもわかる．

4.1.5 特異値分解の存在

それでは，定理 4.2 について，特異値分解の存在を示そう．

特異値分解の存在の証明　まず，$A^{\mathrm{T}}A \in \mathrm{Sym}(n)$ なので，定理 3.9 より，ある $Q \in \mathrm{O}(n)$ が存在し，$Q^{-1}A^{\mathrm{T}}AQ$ は対角行列となる．また，$A^{\mathrm{T}}A$ のすべての正の固有値を重複度も含めて大きいほうから順に，$\lambda_1, \lambda_2, \ldots, \lambda_r$ とする．ただし，定理 4.6 より，$r = \mathrm{rank}\, A$ である．このとき，必要ならば，Q の列ベクトルの順序を入れ替えることにより，

$$Q^{-1}A^{\mathrm{T}}AQ = \begin{pmatrix} \begin{matrix} \lambda_1 & & \\ & \lambda_2 & \\ & & \ddots & \\ & & & \lambda_r \end{matrix} & O_{r,n-r} \\ O_{n-r,r} & O_{n-r,n-r} \end{pmatrix} \tag{4.24}$$

であるとしてよい．さらに，Q を

$$Q = \begin{pmatrix} \boldsymbol{q}_1 & \boldsymbol{q}_2 & \cdots & \boldsymbol{q}_n \end{pmatrix} \tag{4.25}$$

と列ベクトルに分割しておくと，式(4.24)は

$$\begin{cases} A^{\mathrm{T}}A\boldsymbol{q}_j = \lambda_j \boldsymbol{q}_j & (j = 1, 2, \ldots, r) \\ A^{\mathrm{T}}A\boldsymbol{q}_j = \boldsymbol{0} & (j = r+1, r+2, \ldots, n) \end{cases} \tag{4.26}$$

と同値である．また，$Q \in \mathrm{O}(n)$ より，$\{\boldsymbol{q}_1, \boldsymbol{q}_2, \ldots, \boldsymbol{q}_n\}$ は $\mathbf{R}^n$ の正規直交基底である➡定理2.10．すなわち，$\mathbf{R}^n$ の標準内積に関して，

$$\langle \boldsymbol{q}_i, \boldsymbol{q}_j \rangle = \delta_{ij} \quad (i, j = 1, 2, \ldots, n) \tag{4.27}$$

である．

次に，$j = 1, 2, \ldots, r$ に対して，

$$\sigma_j = \sqrt{\lambda_j} \tag{4.28}$$

とおく．このとき，式(4.3)がなりたつ．さらに，$\boldsymbol{p}_1, \boldsymbol{p}_2, \ldots, \boldsymbol{p}_r \in \mathbf{R}^m$ を

$$\boldsymbol{p}_j = \frac{1}{\sigma_j} A\boldsymbol{q}_j \quad (j = 1, 2, \ldots, r) \tag{4.29}$$

により定める．このとき，式(1.44)と $\{\boldsymbol{q}_1, \boldsymbol{q}_2, \ldots, \boldsymbol{q}_n\}$ が $\mathbf{R}^n$ の正規直交基底であることから，$i, j = 1, 2, \ldots, r$ とすると，$\mathbf{R}^m$ の標準内積に関して，

$$\begin{aligned}\langle \boldsymbol{p}_i, \boldsymbol{p}_j \rangle &= \left\langle \frac{1}{\sigma_i} A\boldsymbol{q}_i, \frac{1}{\sigma_j} A\boldsymbol{q}_j \right\rangle = \left\langle \frac{1}{\sigma_i} A^{\mathrm{T}} A\boldsymbol{q}_i, \frac{1}{\sigma_j} \boldsymbol{q}_j \right\rangle = \left\langle \frac{1}{\sigma_i} \lambda_i \boldsymbol{q}_i, \frac{1}{\sigma_j} \boldsymbol{q}_j \right\rangle \\ &= \frac{\sigma_i^2}{\sigma_i \sigma_j} \delta_{ij} = \delta_{ij} \end{aligned} \tag{4.30}$$

となる．よって，$\boldsymbol{p}_1, \boldsymbol{p}_2, \ldots, \boldsymbol{p}_r$ は互いに直交し，大きさが 1 である．そこで，さらに $\boldsymbol{p}_{r+1}, \boldsymbol{p}_{r+2}, \ldots, \boldsymbol{p}_m \in \mathbf{R}^m$ を，$\{\boldsymbol{p}_1, \boldsymbol{p}_2, \ldots, \boldsymbol{p}_m\}$ が $\mathbf{R}^m$ の正規直交基底となるように選んでおく．すなわち，

$$\langle \boldsymbol{p}_i, \boldsymbol{p}_j \rangle = \delta_{ij} \quad (i, j = 1, 2, \ldots, m) \tag{4.31}$$

である．また，

$$P = (\, \boldsymbol{p}_1 \ \boldsymbol{p}_2 \ \cdots \ \boldsymbol{p}_m \,) \tag{4.32}$$

とおくと，$P \in \mathrm{O}(m)$ である➲定理 2.10．

ここで，式(4.26)〜(4.29)および式(1.43)より，$i, j = 1, 2, \ldots, r$ のとき，

$$\boldsymbol{p}_i^{\mathrm{T}} A\boldsymbol{q}_j = \frac{1}{\sigma_i} \boldsymbol{q}_i^{\mathrm{T}} A^{\mathrm{T}} A\boldsymbol{q}_j = \frac{1}{\sigma_i} \boldsymbol{q}_i^{\mathrm{T}} \cdot \lambda_j \boldsymbol{q}_j = \frac{\sigma_j^2}{\sigma_i} \langle \boldsymbol{q}_i, \boldsymbol{q}_j \rangle = \frac{\sigma_j^2}{\sigma_i} \delta_{ij} = \sigma_i \delta_{ij} \tag{4.33}$$

$i = r+1, r+2, \ldots, m$，$j = 1, 2, \ldots, r$ のとき，

$$\boldsymbol{p}_i^{\mathrm{T}} A\boldsymbol{q}_j = \frac{1}{\sigma_i} \boldsymbol{q}_i^{\mathrm{T}} A^{\mathrm{T}} A\boldsymbol{q}_j = \frac{1}{\sigma_i} \boldsymbol{q}_i^{\mathrm{T}} \cdot \lambda_j \boldsymbol{q}_j = \frac{\sigma_j^2}{\sigma_i} \langle \boldsymbol{q}_i, \boldsymbol{q}_j \rangle = 0 \tag{4.34}$$

$i = 1, 2, \ldots, m$，$j = r+1, r+2, \ldots, n$ のとき，

$$\boldsymbol{p}_i^{\mathrm{T}} A\boldsymbol{q}_j = \frac{1}{\sigma_i} \boldsymbol{q}_i^{\mathrm{T}} A^{\mathrm{T}} A\boldsymbol{q}_j = \frac{1}{\sigma_i} \boldsymbol{q}_i^{\mathrm{T}} \cdot \mathbf{0} = 0 \tag{4.35}$$

となる．式(4.25)，式(4.32)〜(4.35)より，式(4.4)がなりたつ． □

4.1.6 特異値分解の具体例

定理 4.2 の証明より，$A \in M_{m,n}(\mathbf{R})$ の特異値分解の手順は次のようにまとめることができる．

特異値分解の手順

1 $A^{\mathrm{T}}A \in \mathrm{Sym}(n)$ を対角化する $Q = (\, \boldsymbol{q}_1 \ \boldsymbol{q}_2 \ \cdots \ \boldsymbol{q}_n \,) \in \mathrm{O}(n)$ を求める．このとき，$r = \mathrm{rank}\, A$ とすると，$A^{\mathrm{T}}A$ の正の固有値は大きい順に

$\lambda_1, \lambda_2, \ldots, \lambda_r$ と表され，式(4.24)がなりたつとしてよい．

2 $\sigma_j = \sqrt{\lambda_j}$ $(j = 1, 2, \ldots, r)$とおき，$\boldsymbol{p}_1, \boldsymbol{p}_2, \ldots, \boldsymbol{p}_r \in \mathbf{R}^m$ を式(4.29)により定める．

3 $\boldsymbol{p}_{r+1}, \boldsymbol{p}_{r+2}, \ldots, \boldsymbol{p}_m \in \mathbf{R}^m$ を，$\{\boldsymbol{p}_1, \boldsymbol{p}_2, \ldots, \boldsymbol{p}_m\}$ が $\mathbf{R}^m$ の正規直交基底となるように選んでおき，$P = (\boldsymbol{p}_1\ \boldsymbol{p}_2\ \cdots\ \boldsymbol{p}_m)$とおく．

4 $P^{\mathrm{T}}AQ$ は式(4.4)の右辺の特異値標準形となる．

$a, b \in \mathbf{R}$ とし，$A \in M_{2,1}(\mathbf{R})$ を

$$A = \begin{pmatrix} a \\ b \end{pmatrix} \tag{4.36}$$

により定める．A の特異値分解を求めよう．

$b = 0$ のとき，A ははじめから特異値標準形である．とくに，特異値は a である．また，$P = E_2$，$Q = E_1$ とすると，$P \in \mathrm{O}(2)$，$Q \in \mathrm{O}(1)$ であり，

$$A = P\begin{pmatrix} a \\ 0 \end{pmatrix}Q^{\mathrm{T}} \tag{4.37}$$

となり，A の特異値分解が得られる．

$b \neq 0$ のとき，$A^{\mathrm{T}}A$ ははじめから対角行列であり，

$$A^{\mathrm{T}}A = (\,a\ b\,)\begin{pmatrix} a \\ b \end{pmatrix} = (a^2 + b^2) = a^2 + b^2 \tag{4.38}$$

である．また，$Q = E_1$ とおくと，$Q \in \mathrm{O}(1)$ であり，

$$Q^{-1}A^{\mathrm{T}}AQ = a^2 + b^2 \tag{4.39}$$

となる．ここで，式(4.29)より，$\boldsymbol{p}_1 \in \mathbf{R}^2$ を

$$\boldsymbol{p}_1 = \frac{1}{\sqrt{a^2 + b^2}}\begin{pmatrix} a \\ b \end{pmatrix}(1) = \frac{1}{\sqrt{a^2 + b^2}}\begin{pmatrix} a \\ b \end{pmatrix} \tag{4.40}$$

により定めると，$\|\boldsymbol{p}_1\| = 1$ である．さらに，$\boldsymbol{p}_2 \in \mathbf{R}^2$ を

$$\boldsymbol{p}_2 = \frac{1}{\sqrt{a^2 + b^2}}\begin{pmatrix} -b \\ a \end{pmatrix} \tag{4.41}$$

により定めると，$\{\boldsymbol{p}_1\ \boldsymbol{p}_2\}$ は $\mathbf{R}^2$ の正規直交基底となる➔例2.13．よって，

$$P = (\,\boldsymbol{p}_1\ \boldsymbol{p}_2\,) \tag{4.42}$$

とおくと，$P \in \mathrm{O}(2)$ である．さらに，

$$A = P\begin{pmatrix} \sqrt{a^2+b^2} \\ 0 \end{pmatrix} Q^{\mathrm{T}} \tag{4.43}$$

となり，A の特異値分解が得られる．とくに，A の特異値は $\sqrt{a^2+b^2}$ である．■

例 4.2 $a, b \in \mathbf{R}$ とし，$A \in M_{1,2}(\mathbf{R})$ を

$$A = (\,a\ b\,) \tag{4.44}$$

により定める．A の特異値分解は式(4.37)または式(4.43)の転置をとることによっても得られるが，改めて考えてみよう．

$b = 0$ のとき，A ははじめから特異値標準形である．とくに，特異値は a である．また，$P = E_1$，$Q = E_2$ とすると，$P \in \mathrm{O}(1)$，$Q \in \mathrm{O}(2)$ であり，

$$A = P(\,a\ 0\,)Q^{\mathrm{T}} \tag{4.45}$$

となり，A の特異値分解が得られる．

$b \neq 0$ のときは次の例題としよう．■

例題 4.1 $a, b \in \mathbf{R}$，$b \neq 0$ とし，$A \in M_{1,2}(\mathbf{R})$ を式(4.44)により定める．次の問いに答えよ．

（1）$A^{\mathrm{T}}A$ の固有値を求めよ．

（2）$A^{\mathrm{T}}A$ の各固有値に対する固有空間を求めよ．

（3）$Q^{-1}A^{\mathrm{T}}AQ$ が対角行列となるような $Q \in \mathrm{O}(2)$ を一つ求めよ．ただし，$Q^{-1}A^{\mathrm{T}}AQ$ の $(1,1)$ 成分は $(2,2)$ 成分より大きいとする．

（4）$P = E_1$ とおくと，$P^{\mathrm{T}}AQ$ は特異値標準形であることを確かめよ．

解説 (1) まず，

$$A^{\mathrm{T}}A = \begin{pmatrix} a \\ b \end{pmatrix}(\,a\ b\,) = \begin{pmatrix} a^2 & ab \\ ab & b^2 \end{pmatrix} \tag{4.46}$$

である．よって，$A^{\mathrm{T}}A$ の固有多項式を $\phi(\lambda)$ と表すと，

$$\begin{aligned}\phi(\lambda) = |\lambda E_2 - A^{\mathrm{T}}A| &= \begin{vmatrix} \lambda - a^2 & -ab \\ -ab & \lambda - b^2 \end{vmatrix} = (\lambda - a^2)(\lambda - b^2) - (-ab)^2 \\ &= \lambda^2 - (a^2+b^2)\lambda \end{aligned} \tag{4.47}$$

である．したがって，固有方程式 $\phi(\lambda) = 0$ を解くと，$A^{\mathrm{T}}A$ の固有値 λ は大きい順に $\lambda = a^2+b^2, 0$ である．

(2) まず，固有値 $\lambda = a^2 + b^2$ に対する $A^{\mathrm{T}}A$ の固有空間 $W(a^2 + b^2)$ を求める．同次連立1次方程式

$$(\lambda E_2 - A^{\mathrm{T}}A)\boldsymbol{x} = \boldsymbol{0} \tag{4.48}$$

において $\lambda = a^2 + b^2$ を代入し，

$$\boldsymbol{x} = \begin{pmatrix} x_1 \\ x_2 \end{pmatrix} \tag{4.49}$$

とすると，

$$\begin{pmatrix} b^2 & -ab \\ -ab & a^2 \end{pmatrix}\begin{pmatrix} x_1 \\ x_2 \end{pmatrix} = \begin{pmatrix} 0 \\ 0 \end{pmatrix} \tag{4.50}$$

である．よって，$b \neq 0$ に注意すると，解は $c \in \mathbf{R}$ を任意の定数として，

$$x_1 = ca, \quad x_2 = cb \tag{4.51}$$

である．したがって，

$$\boldsymbol{x} = \begin{pmatrix} x_1 \\ x_2 \end{pmatrix} = \begin{pmatrix} ca \\ cb \end{pmatrix} = c\begin{pmatrix} a \\ b \end{pmatrix} \tag{4.52}$$

と表されるので，

$$W(a^2 + b^2) = \left\{ c\begin{pmatrix} a \\ b \end{pmatrix} \;\middle|\; c \in \mathbf{R} \right\} \tag{4.53}$$

である．

次に，固有値 $\lambda = 0$ に対する $A^{\mathrm{T}}A$ の固有空間 $W(0)$ を求める．同次連立1次方程式(4.48)において $\lambda = 0$ を代入し，$\boldsymbol{x}$ を式(4.49)のように表しておくと，

$$\begin{pmatrix} -a^2 & -ab \\ -ab & -b^2 \end{pmatrix}\begin{pmatrix} x_1 \\ x_2 \end{pmatrix} = \begin{pmatrix} 0 \\ 0 \end{pmatrix} \tag{4.54}$$

である．よって，$b \neq 0$ に注意すると，解は $c \in \mathbf{R}$ を任意の定数として，

$$x_1 = -cb, \quad x_2 = ca \tag{4.55}$$

である．したがって，

$$\boldsymbol{x} = \begin{pmatrix} x_1 \\ x_2 \end{pmatrix} = \begin{pmatrix} -cb \\ ca \end{pmatrix} = c\begin{pmatrix} -b \\ a \end{pmatrix} \tag{4.56}$$

と表されるので，

$$W(0) = \left\{ c\begin{pmatrix} -b \\ a \end{pmatrix} \;\middle|\; c \in \mathbf{R} \right\} \tag{4.57}$$

である．

(3) まず，$W(a^2 + b^2)$ の正規直交基底を求める．$\boldsymbol{q}_1' \in \mathbf{R}^2$ を

$$\boldsymbol{q}_1' = \begin{pmatrix} a \\ b \end{pmatrix} \tag{4.58}$$

により定める．このとき，$b \neq 0$ より，$\boldsymbol{q}_1'$ は1次独立であり，式(4.53)より，$\{\boldsymbol{q}_1'\}$ は $W(a^2 + b^2)$ の基底である．さらに，$\boldsymbol{q}_1'$ を正規化したものを $\boldsymbol{q}_1$ とおくと，

$$\boldsymbol{q}_1 = \frac{1}{\|\boldsymbol{q}_1'\|}\boldsymbol{q}_1' = \frac{1}{\sqrt{a^2+b^2}}\begin{pmatrix} a \\ b \end{pmatrix} \tag{4.59}$$

である．このとき，$\{\boldsymbol{q}_1\}$ は $W(a^2+b^2)$ の正規直交基底である．

次に，$W(0)$ の正規直交基底を求める．$\boldsymbol{q}_2' \in \mathbf{R}^2$ を

$$\boldsymbol{q}_2' = \begin{pmatrix} -b \\ a \end{pmatrix} \tag{4.60}$$

により定める．このとき，$b \neq 0$ より，$\boldsymbol{q}_2'$ は 1 次独立であり，式(4.57) より，$\{\boldsymbol{q}_2'\}$ は $W(0)$ の基底である．さらに，$\boldsymbol{q}_2'$ を正規化したものを $\boldsymbol{q}_2$ とおくと，

$$\boldsymbol{q}_2 = \frac{1}{\|\boldsymbol{q}_2'\|}\boldsymbol{q}_2' = \frac{1}{\sqrt{(-b)^2+a^2}}\begin{pmatrix} -b \\ a \end{pmatrix} = \frac{1}{\sqrt{a^2+b^2}}\begin{pmatrix} -b \\ a \end{pmatrix} \tag{4.61}$$

である．このとき，$\{\boldsymbol{q}_2\}$ は $W(0)$ の正規直交基底である．

よって，

$$Q = (\ \boldsymbol{q}_1\ \boldsymbol{q}_2\ ) = \frac{1}{\sqrt{a^2+b^2}}\begin{pmatrix} a & -b \\ b & a \end{pmatrix} \tag{4.62}$$

とおくと，$Q \in \mathrm{O}(2)$ となるので，逆行列 Q^{-1} が存在する．さらに，

$$Q^{-1}A^{\mathrm{T}}AQ = \begin{pmatrix} a^2+b^2 & 0 \\ 0 & 0 \end{pmatrix} \tag{4.63}$$

となり，$A^{\mathrm{T}}A$ は Q によって対角化される．

(4) 式(4.44)，(4.62) より，

$$P^{\mathrm{T}}AQ = E_1AQ = (\ a\ b\ )\cdot\frac{1}{\sqrt{a^2+b^2}}\begin{pmatrix} a & -b \\ b & a \end{pmatrix} = (\ \sqrt{a^2+b^2}\quad 0\ ) \tag{4.64}$$

となり，特異値標準形が得られる． ■

問 4.1 $0 < a \leq b$ とし，$A \in M_2(\mathbf{R})$ を

$$A = \begin{pmatrix} 0 & a \\ b & 0 \end{pmatrix} \tag{4.65}$$

により定める．A の特異値分解および特異値を求めよ．

4.1.7 極分解

特異値分解から，行列の別の分解が得られる．具体的には，任意の実正方行列は半正定値対称行列と直交行列の積として表される．すなわち，次がなりたつ．

定理 4.7　任意の $A \in M_n(\mathbf{R})$ に対して，ある半正定値な S_1, $S_2 \in \mathrm{Sym}(n)$ および T_1, $T_2 \in \mathrm{O}(n)$ が存在し，

$$A = S_1 T_1 = T_2 S_2 \tag{4.66}$$

となる．

証明　S_1, T_1 の存在のみ示し，S_2, T_2 の存在の証明は問 4.2 とする．

S_1, T_1 の存在　A の特異値分解を

$$A = P \begin{pmatrix} \begin{matrix} \sigma_1 & & \\ & \ddots & \\ & & \sigma_r \end{matrix} & O_{r,n-r} \\ O_{n-r,r} & O_{n-r,n-r} \end{pmatrix} Q^{\mathrm{T}} \tag{4.67}$$

とする．ただし，$P, Q \in \mathrm{O}(n)$ である．このとき，

$$S_1 = P \begin{pmatrix} \begin{matrix} \sigma_1 & & \\ & \ddots & \\ & & \sigma_r \end{matrix} & O_{r,n-r} \\ O_{n-r,r} & O_{n-r,n-r} \end{pmatrix} P^{\mathrm{T}}, \quad T_1 = PQ^{\mathrm{T}} \tag{4.68}$$

とおくと，$P \in \mathrm{O}(n)$ より，$A = S_1 T_1$ となる．ここで，$S_1 \in \mathrm{Sym}(n)$ である．また，S_1 の固有値は A の特異値からなり，すべて 0 以上である．よって，問 3.5 より，S_1 は半正定値である．さらに，$P, Q \in \mathrm{O}(n)$ より，$T_1 \in \mathrm{O}(n)$ である．　□

定理 4.7 において，$A = S_1 T_1$ を A の**右極分解**，$A = T_2 S_2$ を A の**左極分解**という．また，右極分解，左極分解をあわせて，**極分解**という．

問 4.2　定理 4.7 において，S_2, T_2 の存在を示せ．

注意 4.1　本書では，実行列を中心に扱っているが，多くの議論は複素行列に対しても可能である．たとえば，対称行列，直交行列に対応する複素行列は，それぞれエルミート行列，ユニタリ行列とよばれるものとなる．さらに，定理 4.7 に対応する事実として，任意の複素正方行列は半正定値エルミート行列とユニタリ行列の積として表されることがわかる．この極分解は，複素数に対する極形式

$$z = re^{i\theta} \quad (r \geq 0,\ 0 \leq \theta < 2\pi) \tag{4.69}$$

の一般化とみなすことができる．

4.2 最小 2 乗法と主成分分析

4.2.1 最小 2 乗法

2.4.5 項では，係数行列を構成する列ベクトルが 1 次独立な場合の連立 1 次方程式に対する最小 2 乗法を考え，その最小 2 乗近似解が QR 分解を用いて求められることを述べた．ここでは，一般の連立 1 次方程式に対する最小 2 乗法を考え，特異値分解を用いて，その最小 2 乗近似解を求めよう．

$A \in M_{m,n}(\mathbf{R})$, $\boldsymbol{b} \in \mathbf{R}^m$ とし[2]，$\|A\boldsymbol{x}-\boldsymbol{b}\|^2$ の値が最も小さくなるような $\boldsymbol{x} \in \mathbf{R}^n$ を求める，という問題を考える．まず，A の特異値分解を式(4.6)とし，

$$P = (\, P_1 \; P_2 \,) \quad (P_1 \in M_{m,r}(\mathbf{R}),\; P_2 \in M_{m,m-r}(\mathbf{R})) \tag{4.70}$$

$$Q = (\, Q_1 \; Q_2 \,) \quad (Q_1 \in M_{n,r}(\mathbf{R}),\; Q_2 \in M_{n,n-r}(\mathbf{R})) \tag{4.71}$$

と表しておく[3]．このとき，$P \in \mathrm{O}(m)$ より，

$$E_m = P^{\mathrm{T}}P = \begin{pmatrix} P_1^{\mathrm{T}} \\ P_2^{\mathrm{T}} \end{pmatrix} (\, P_1 \; P_2 \,) = \begin{pmatrix} P_1^{\mathrm{T}}P_1 & P_1^{\mathrm{T}}P_2 \\ P_2^{\mathrm{T}}P_1 & P_2^{\mathrm{T}}P_2 \end{pmatrix} \tag{4.72}$$

となる．とくに，

$$P_1^{\mathrm{T}}P_1 = E_r \tag{4.73}$$

である．同様に，$Q \in \mathrm{O}(n)$ より，

$$Q_1^{\mathrm{T}}Q_1 = E_r, \quad Q_1^{\mathrm{T}}Q_2 = O_{r,n-r}, \quad Q_2^{\mathrm{T}}Q_1 = O_{n-r,r} \tag{4.74}$$

となる．また，

$$E_m = PP^{\mathrm{T}} = (\, P_1 \; P_2 \,) \begin{pmatrix} P_1^{\mathrm{T}} \\ P_2^{\mathrm{T}} \end{pmatrix} = P_1P_1^{\mathrm{T}} + P_2P_2^{\mathrm{T}} \tag{4.75}$$

すなわち，

$$P_1P_1^{\mathrm{T}} + P_2P_2^{\mathrm{T}} = E_m \tag{4.76}$$

である．

さらに，

2）2.4 節の議論は用いないので，m と n はこのようにアルファベット順にしておく．

3）$r = m, n$ のときは，P_2 あるいは Q_2 は現れない．

$$\Sigma = \begin{pmatrix} \sigma_1 & & & \text{\Large 0} \\ & \sigma_2 & & \\ & & \ddots & \\ \text{\Large 0} & & & \sigma_r \end{pmatrix} \tag{4.77}$$

とおくと，式(4.6)，(4.70)，(4.71)より，

$$A = (\, P_1 \ P_2 \,)\begin{pmatrix} \Sigma & O_{r,n-r} \\ O_{m-r,r} & O_{m-r,n-r} \end{pmatrix}\begin{pmatrix} Q_1^{\mathrm{T}} \\ Q_2^{\mathrm{T}} \end{pmatrix} = P_1\Sigma Q_1^{\mathrm{T}} \tag{4.78}$$

となる．よって，式(1.43)，(4.78)，(4.73)，(4.76)より，

$$\begin{aligned}
\|A\boldsymbol{x} - \boldsymbol{b}\|^2 &= \langle A\boldsymbol{x} - \boldsymbol{b}, A\boldsymbol{x} - \boldsymbol{b}\rangle = (A\boldsymbol{x} - \boldsymbol{b})^{\mathrm{T}}(A\boldsymbol{x} - \boldsymbol{b}) \\
&= (\boldsymbol{x}^{\mathrm{T}}A^{\mathrm{T}} - \boldsymbol{b}^{\mathrm{T}})(A\boldsymbol{x} - \boldsymbol{b}) = \{\boldsymbol{x}^{\mathrm{T}}(P_1\Sigma Q_1^{\mathrm{T}})^{\mathrm{T}} - \boldsymbol{b}^{\mathrm{T}}\}(A\boldsymbol{x} - \boldsymbol{b}) \\
&= (\boldsymbol{x}^{\mathrm{T}}Q_1\Sigma P_1^{\mathrm{T}} - \boldsymbol{b}^{\mathrm{T}})(P_1\Sigma Q_1^{\mathrm{T}}\boldsymbol{x} - \boldsymbol{b}) \\
&= \boldsymbol{x}^{\mathrm{T}}Q_1\Sigma^2 Q_1^{\mathrm{T}}\boldsymbol{x} - \boldsymbol{x}^{\mathrm{T}}Q_1\Sigma P_1^{\mathrm{T}}\boldsymbol{b} - \boldsymbol{b}^{\mathrm{T}}P_1\Sigma Q_1^{\mathrm{T}}\boldsymbol{x} + \boldsymbol{b}^{\mathrm{T}}\boldsymbol{b} \\
&= \{\boldsymbol{x}^{\mathrm{T}}(Q_1^{\mathrm{T}})^{\mathrm{T}}\Sigma^{\mathrm{T}}\}(\Sigma Q_1^{\mathrm{T}}\boldsymbol{x}) - \{\boldsymbol{x}^{\mathrm{T}}(Q_1^{\mathrm{T}})^{\mathrm{T}}\Sigma\}(P_1^{\mathrm{T}}\boldsymbol{b}) \\
&\quad - \boldsymbol{b}^{\mathrm{T}}(P_1^{\mathrm{T}})^{\mathrm{T}}(\Sigma Q_1^{\mathrm{T}}\boldsymbol{x}) + \boldsymbol{b}^{\mathrm{T}}(P_1P_1^{\mathrm{T}} + P_2P_2^{\mathrm{T}})\boldsymbol{b} \\
&= \{\boldsymbol{x}^{\mathrm{T}}(Q_1^{\mathrm{T}})^{\mathrm{T}}\Sigma^{\mathrm{T}} - \boldsymbol{b}^{\mathrm{T}}(P_1^{\mathrm{T}})^{\mathrm{T}}\}(\Sigma Q_1^{\mathrm{T}}\boldsymbol{x} - P_1^{\mathrm{T}}\boldsymbol{b}) + \boldsymbol{b}^{\mathrm{T}}(P_2^{\mathrm{T}})^{\mathrm{T}}P_2^{\mathrm{T}}\boldsymbol{b} \\
&= (\Sigma Q_1^{\mathrm{T}}\boldsymbol{x} - P_1^{\mathrm{T}}\boldsymbol{b})^{\mathrm{T}}(\Sigma Q_1^{\mathrm{T}}\boldsymbol{x} - P_1^{\mathrm{T}}\boldsymbol{b}) + (P_2^{\mathrm{T}}\boldsymbol{b})^{\mathrm{T}}(P_2^{\mathrm{T}}\boldsymbol{b}) \\
&= \|\Sigma Q_1^{\mathrm{T}}\boldsymbol{x} - P_1^{\mathrm{T}}\boldsymbol{b}\|^2 + \|P_2^{\mathrm{T}}\boldsymbol{b}\|^2
\end{aligned} \tag{4.79}$$

となる．すなわち，

$$\|A\boldsymbol{x} - \boldsymbol{b}\|^2 = \|\Sigma Q_1^{\mathrm{T}}\boldsymbol{x} - P_1^{\mathrm{T}}\boldsymbol{b}\|^2 + \|P_2^{\mathrm{T}}\boldsymbol{b}\|^2 \tag{4.80}$$

である．

ここで，連立1次方程式

$$\Sigma Q_1^{\mathrm{T}}\boldsymbol{x} = P_1^{\mathrm{T}}\boldsymbol{b} \tag{4.81}$$

を考える．まず，$\sigma_1, \sigma_2, \ldots, \sigma_r > 0$ より，Σ は正則であり，逆行列 Σ^{-1} が存在する．そこで，

$$\boldsymbol{x}_0 = Q_1\Sigma^{-1}P_1^{\mathrm{T}}\boldsymbol{b} \tag{4.82}$$

とおく．このとき，式(4.74)の第1式より，$\boldsymbol{x}_0$ は式(4.81)をみたし，解である．次に，$\boldsymbol{x}$ を式(4.81)の解とし，

$$\boldsymbol{y} = \boldsymbol{x} - \boldsymbol{x}_0 \tag{4.83}$$

とおくと，$\boldsymbol{y}$ は同次連立 1 次方程式

$$\Sigma Q_1^{\mathrm{T}} \boldsymbol{y} = \boldsymbol{0} \tag{4.84}$$

の解となる．逆に，式(4.84)の解 $\boldsymbol{y}$ があたえられると，式(4.83)によって，式(4.81)の解 $\boldsymbol{x}$ を定めることができる．そこで，Q が正則であることに注意し，式(4.84)の $\boldsymbol{y}$ を

$$\boldsymbol{y} = Q\boldsymbol{z} = (\, Q_1 \ Q_2 \,)\begin{pmatrix} \boldsymbol{z}_1 \\ \boldsymbol{z}_2 \end{pmatrix} \quad (\boldsymbol{z} \in \mathbf{R}^n,\ \boldsymbol{z}_1 \in \mathbf{R}^r,\ \boldsymbol{z}_2 \in \mathbf{R}^{n-r}) \tag{4.85}$$

と表しておく．このとき，式(4.74)の第 1 式と第 2 式，式(4.84)より，

$$\boldsymbol{0} = \Sigma Q_1^{\mathrm{T}} \boldsymbol{y} = \Sigma Q_1^{\mathrm{T}} (\, Q_1 \ Q_2 \,)\begin{pmatrix} \boldsymbol{z}_1 \\ \boldsymbol{z}_2 \end{pmatrix} = \Sigma Q_1^{\mathrm{T}} (Q_1 \boldsymbol{z}_1 + Q_2 \boldsymbol{z}_2) = \Sigma \boldsymbol{z}_1 \tag{4.86}$$

となる．すなわち，$\Sigma \boldsymbol{z}_1 = \boldsymbol{0}$ となり，Σ が正則であることから，$\boldsymbol{z}_1 = \boldsymbol{0}$ である．よって，式(4.84)の解は，$\boldsymbol{c} \in \mathbf{R}^{n-r}$ を任意の定ベクトルとして

$$\boldsymbol{y} = Q_2 \boldsymbol{c} \tag{4.87}$$

である．したがって，次が得られる．

定理 4.8 $A \in M_{m,n}(\mathbf{R})$，$\boldsymbol{b} \in \mathbf{R}^m$ とする．また，A の特異値分解を式(4.6)とし，P, Q を式(4.70)，(4.71)のように表しておき，Σ を式(4.77)により定める．このとき，連立 1 次方程式

$$A\boldsymbol{x} = \boldsymbol{b} \tag{4.88}$$

の最小 2 乗近似解は

$$\boldsymbol{x} = Q_2 \boldsymbol{c} + Q_1 \Sigma^{-1} P_1^{\mathrm{T}} \boldsymbol{b} \quad (\boldsymbol{c} \in \mathbf{R}^{n-r}) \tag{4.89}$$

である．また，$\boldsymbol{x}$ が式(4.89)によりあたえられるとき，

$$\|A\boldsymbol{x} - \boldsymbol{b}\|^2 = \|P_2^{\mathrm{T}} \boldsymbol{b}\|^2 \tag{4.90}$$

である[4]．とくに，$\operatorname{rank} A = n$ のとき，最小 2 乗近似解は一意的である[5]．

4) $P_2^{\mathrm{T}} \boldsymbol{b} = \boldsymbol{0}$ のとき，$\boldsymbol{x}$ は式(4.88)の解である．

5) この場合は，問題 2.3 より，A を構成する列ベクトルは 1 次独立となり，定理 2.16 における一意的な最小 2 乗近似解が得られる．ただし，m と n は入れ替わることに注意せよ．

4.2.2 最小ノルム解

式(4.89)により定められた最小2乗近似解 $\boldsymbol{x}$ について，式(1.44)，(4.74)より，

$$\begin{aligned}\|\boldsymbol{x}\|^2 &= \langle Q_2\boldsymbol{c} + Q_1\Sigma^{-1}P_1^{\mathrm{T}}\boldsymbol{b}, Q_2\boldsymbol{c} + Q_1\Sigma^{-1}P_1^{\mathrm{T}}\boldsymbol{b}\rangle \\ &= \langle Q_2\boldsymbol{c}, Q_2\boldsymbol{c}\rangle + \langle Q_2\boldsymbol{c}, Q_1\Sigma^{-1}P_1^{\mathrm{T}}\boldsymbol{b}\rangle + \langle Q_1\Sigma^{-1}P_1^{\mathrm{T}}\boldsymbol{b}, Q_2\boldsymbol{c}\rangle \\ &\quad + \langle Q_1\Sigma^{-1}P_1^{\mathrm{T}}\boldsymbol{b}, Q_1\Sigma^{-1}P_1^{\mathrm{T}}\boldsymbol{b}\rangle \\ &= \|Q_2\boldsymbol{c}\|^2 + \langle Q_1^{\mathrm{T}}Q_2\boldsymbol{c}, \Sigma^{-1}P_1^{\mathrm{T}}\boldsymbol{b}\rangle + \langle Q_2^{\mathrm{T}}Q_1\Sigma^{-1}P_1^{\mathrm{T}}\boldsymbol{b}, \boldsymbol{c}\rangle \\ &\quad + \langle Q_1^{\mathrm{T}}Q_1\Sigma^{-1}P_1^{\mathrm{T}}\boldsymbol{b}, \Sigma^{-1}P_1^{\mathrm{T}}\boldsymbol{b}\rangle \\ &= \|Q_2\boldsymbol{c}\|^2 + \|\Sigma^{-1}P_1^{\mathrm{T}}\boldsymbol{b}\|^2 \end{aligned} \tag{4.91}$$

となる．よって，$\boldsymbol{c} = \boldsymbol{0}$ のとき，すなわち，$\boldsymbol{x} = \boldsymbol{x}_0$ のとき，$\|\boldsymbol{x}\|$ は最小値 $\|\Sigma^{-1}P_1^{\mathrm{T}}\boldsymbol{b}\|$ をとる．このことから，$\boldsymbol{c} = \boldsymbol{0}$ のときの最小2乗近似解 $\boldsymbol{x} = \boldsymbol{x}_0$ を**最小ノルム解**という．

4.2.3 最小2乗法の具体例

定理4.8を用いた最小2乗法の具体例について考えてみよう．

$A \in M_{3,2}(\mathbf{R})$ を

$$A = \begin{pmatrix} 2 & 0 \\ 0 & 3 \\ 0 & 4 \end{pmatrix} \tag{4.92}$$

により定める．次の問いに答えよ．

(1) $Q^{-1}A^{\mathrm{T}}AQ$ が対角行列となるような $Q \in \mathrm{O}(2)$ を一つ求めよ．ただし，$Q^{-1}A^{\mathrm{T}}AQ$ の $(1,1)$ 成分は $(2,2)$ 成分より大きいとする．

(2) A の特異値分解および特異値を求めよ．

(3) 連立1次方程式

$$A\boldsymbol{x} = \begin{pmatrix} 0 \\ 0 \\ 1 \end{pmatrix} \tag{4.93}$$

の最小2乗近似解を求めよ．

解説 (1) まず，

$$A^{\mathrm{T}}A = \begin{pmatrix} 2 & 0 & 0 \\ 0 & 3 & 4 \end{pmatrix}\begin{pmatrix} 2 & 0 \\ 0 & 3 \\ 0 & 4 \end{pmatrix} = \begin{pmatrix} 4 & 0 \\ 0 & 25 \end{pmatrix} \tag{4.94}$$

である．よって，$A^{\mathrm{T}}A$ の固有値 λ は大きい順に $\lambda = 25,\ 4$ である．

さらに，固有値 $\lambda = 25$ に対する $A^{\mathrm{T}}A$ の固有空間 $W(25)$ は

$$W(25) = \left\{ c\begin{pmatrix} 0 \\ 1 \end{pmatrix} \,\middle|\, c \in \mathbf{R} \right\} \tag{4.95}$$

であり，$\left\{ \begin{pmatrix} 0 \\ 1 \end{pmatrix} \right\}$ は $W(25)$ の正規直交基底である．また，固有値 $\lambda = 4$ に対する $A^{\mathrm{T}}A$ の固有空間 $W(4)$ は

$$W(4) = \left\{ c\begin{pmatrix} 1 \\ 0 \end{pmatrix} \,\middle|\, c \in \mathbf{R} \right\} \tag{4.96}$$

であり，$\left\{ \begin{pmatrix} 1 \\ 0 \end{pmatrix} \right\}$ は $W(4)$ の正規直交基底である．

したがって，

$$Q = \begin{pmatrix} 0 & 1 \\ 1 & 0 \end{pmatrix} \tag{4.97}$$

とおくと，$Q \in \mathrm{O}(2)$ となるので，逆行列 Q^{-1} が存在する．さらに，

$$Q^{-1}A^{\mathrm{T}}AQ = \begin{pmatrix} 25 & 0 \\ 0 & 4 \end{pmatrix} \tag{4.98}$$

となり，$A^{\mathrm{T}}A$ は Q によって対角化される．

(2) 式(4.29)より，$\boldsymbol{p}_1 \in \mathbf{R}^3$ を

$$\boldsymbol{p}_1 = \frac{1}{5}\begin{pmatrix} 2 & 0 \\ 0 & 3 \\ 0 & 4 \end{pmatrix}\begin{pmatrix} 0 \\ 1 \end{pmatrix} = \frac{1}{5}\begin{pmatrix} 0 \\ 3 \\ 4 \end{pmatrix} \tag{4.99}$$

により定める．また，$\boldsymbol{p}_2 \in \mathbf{R}^3$ を

$$\boldsymbol{p}_2 = \frac{1}{2}\begin{pmatrix} 2 & 0 \\ 0 & 3 \\ 0 & 4 \end{pmatrix}\begin{pmatrix} 1 \\ 0 \end{pmatrix} = \begin{pmatrix} 1 \\ 0 \\ 0 \end{pmatrix} \tag{4.100}$$

により定める．このとき，$\boldsymbol{p}_1, \boldsymbol{p}_2$ は直交し，大きさが1である．さらに，

$$\boldsymbol{p}_3 = \frac{1}{5}\begin{pmatrix} 0 \\ -4 \\ 3 \end{pmatrix} \tag{4.101}$$

とおくと，$\{\boldsymbol{p}_1, \boldsymbol{p}_2, \boldsymbol{p}_3\}$ は $\mathbf{R}^3$ の正規直交基底となる．よって，

$$P = (\, \boldsymbol{p}_1 \ \boldsymbol{p}_2 \ \boldsymbol{p}_3 \,) = \frac{1}{5}\begin{pmatrix} 0 & 5 & 0 \\ 3 & 0 & -4 \\ 4 & 0 & 3 \end{pmatrix} \tag{4.102}$$

とおくと，$P \in \mathrm{O}(3)$ である．さらに，

$$A = P\begin{pmatrix} 5 & 0 \\ 0 & 2 \\ 0 & 0 \end{pmatrix}Q^{\mathrm{T}} \tag{4.103}$$

となり，A の特異値分解が得られる．とくに，A の特異値は 5，2 である．

(3) 式(4.89)より，

$$P_1 = \frac{1}{5}\begin{pmatrix} 0 & 5 \\ 3 & 0 \\ 4 & 0 \end{pmatrix}, \quad Q_1 = \begin{pmatrix} 0 & 1 \\ 1 & 0 \end{pmatrix}, \quad \Sigma = \begin{pmatrix} 5 & 0 \\ 0 & 2 \end{pmatrix} \tag{4.104}$$

とおくと[6]，最小 2 乗近似解は

$$\begin{aligned} \boldsymbol{x} = Q_1\Sigma^{-1}P_1^{\mathrm{T}}\begin{pmatrix} 0 \\ 0 \\ 1 \end{pmatrix} &= \begin{pmatrix} 0 & 1 \\ 1 & 0 \end{pmatrix}\cdot\frac{1}{10}\begin{pmatrix} 2 & 0 \\ 0 & 5 \end{pmatrix}\cdot\frac{1}{5}\begin{pmatrix} 0 & 3 & 4 \\ 5 & 0 & 0 \end{pmatrix}\begin{pmatrix} 0 \\ 0 \\ 1 \end{pmatrix} \\ &= \frac{1}{10}\begin{pmatrix} 0 & 5 \\ 2 & 0 \end{pmatrix}\cdot\frac{1}{5}\begin{pmatrix} 4 \\ 0 \end{pmatrix} = \begin{pmatrix} 0 \\ \frac{4}{25} \end{pmatrix} \end{aligned} \tag{4.105}$$

である．■

問 4.3　$A \in M_{3,2}(\mathbf{R})$ を

$$A = \begin{pmatrix} 0 & 6 \\ -3 & 0 \\ 4 & 0 \end{pmatrix} \tag{4.106}$$

により定める．次の問いに答えよ．

（1）$Q^{-1}A^{\mathrm{T}}AQ$ が対角行列となるような $Q \in \mathrm{O}(2)$ を一つ求めよ．ただし，$Q^{-1}A^{\mathrm{T}}AQ$ の $(1,1)$ 成分は $(2,2)$ 成分より大きいとする．

（2）A の特異値分解および特異値を求めよ．

（3）連立 1 次方程式

$$A\boldsymbol{x} = \begin{pmatrix} 0 \\ 0 \\ 1 \end{pmatrix} \tag{4.107}$$

の最小 2 乗近似解を求めよ．

4.2.4　部分空間への射影

ユークリッド空間の元としていくつかのデータがあたえられているとき，それらの分布を最もよく近似する部分空間を求める手法を**主成分分析**という．主成分分析は連立 1 次方程式に対する最小 2 乗法と同様に，しかるべき関数の最小値を求める問題として捉えることができる．まず，主成分分析について述べるための準備をしておこう．

W を $\mathbf{R}^m$ の n 次元の部分空間とし，$\{\boldsymbol{a}_1, \boldsymbol{a}_2, \ldots, \boldsymbol{a}_n\}$ を W の正規直交基底とする．このとき，線形写像 $f\colon \mathbf{R}^m \to \mathbf{R}^m$ を

6)　$\mathrm{rank}\, A = 2$ より，最小 2 乗近似解は一意的であり，Q_2 は現れない．

$$f(\boldsymbol{x}) = \langle \boldsymbol{a}_1, \boldsymbol{x} \rangle \boldsymbol{a}_1 + \langle \boldsymbol{a}_2, \boldsymbol{x} \rangle \boldsymbol{a}_2 + \cdots + \langle \boldsymbol{a}_n, \boldsymbol{x} \rangle \boldsymbol{a}_n \quad (\boldsymbol{x} \in \mathbf{R}^m) \tag{4.108}$$

により定めることができる．f の定義より，$f(\boldsymbol{x}) \in W$ なので，f は線形写像 $f\colon \mathbf{R}^m \to W$ とみなすこともできる．次の定理の(2)，(3)より，f を W への**直交射影**という（図 4.2）．

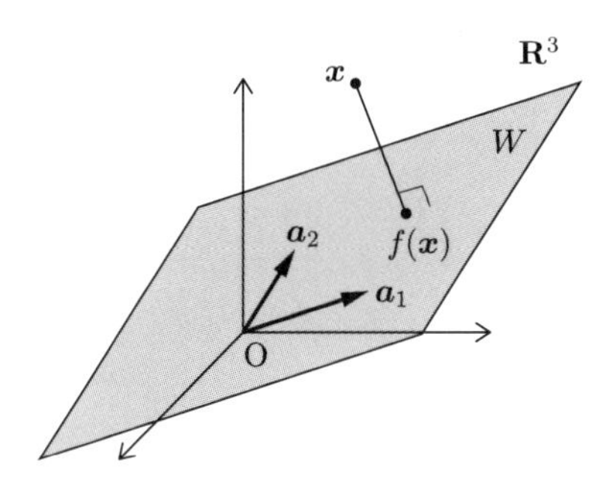

図 4.2 直交射影（$m = 3$，$n = 2$ のときのイメージ）

定理 4.9 線形写像 $f\colon \mathbf{R}^m \to \mathbf{R}^m$ を式(4.108)のように定めると，次の(1)～(4)がなりたつ．

（1）f は正規直交基底の選び方に依存しない．

（2）$\boldsymbol{x} \in W$ ならば，$f(\boldsymbol{x}) = \boldsymbol{x}$ である．とくに，任意の $\boldsymbol{x} \in \mathbf{R}^m$ に対して，$f(f(\boldsymbol{x})) = f(\boldsymbol{x})$ である．

（3）任意の $\boldsymbol{x} \in \mathbf{R}^m \setminus W$ に対して，$\boldsymbol{x}$ と $f(\boldsymbol{x})$ を通る直線は W と直交する．

（4）$A \in M_{m,n}(\mathbf{R})$ を

$$A = (\, \boldsymbol{a}_1 \ \boldsymbol{a}_2 \ \cdots \ \boldsymbol{a}_n \,) \tag{4.109}$$

により定めると，

$$f(\boldsymbol{x}) = AA^{\mathrm{T}}\boldsymbol{x} \quad (\boldsymbol{x} \in \mathbf{R}^m) \tag{4.110}$$

である．

証明 問 4.4 とする． □

問 4.4

（1）定理 4.9 (1)を示せ．

（2）定理 4.9 (2)を示せ．

（3）定理 4.9 (3)を示せ．

（4）定理 4.9 (4)を示せ．

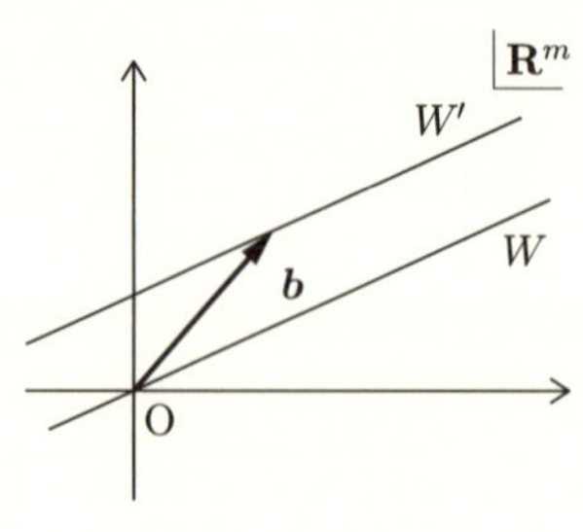

図 4.3　W と W'

$\boldsymbol{b} \in \mathbf{R}^m$ とし，上の W を $\boldsymbol{b}$ だけ平行移動したものを W' としよう．すなわち，

$$W' = \{\boldsymbol{x} + \boldsymbol{b} \mid \boldsymbol{x} \in W\} \tag{4.111}$$

である（図 4.3）．W' を $\mathbf{R}^m$ の**アファイン部分空間**という．このとき，W' への直交射影を考えることもできる．実際，$\mathbf{R}^m$ の元を $-\boldsymbol{b}$ だけ平行移動したものを，W への直交射影で写し，さらに，$\boldsymbol{b}$ だけ平行移動して W' の元を定めればよい．すなわち，W' への直交射影を $g\colon \mathbf{R}^m \to \mathbf{R}^m$ とすると，

$$g(\boldsymbol{x}) = f(\boldsymbol{x} - \boldsymbol{b}) + \boldsymbol{b} \tag{4.112}$$

である．さらに，定理 4.9 より，アファイン部分空間への直交射影は，$-AA^{\mathrm{T}}\boldsymbol{b} + \boldsymbol{b}$ を改めて $\boldsymbol{b}$ とおくことにより

$$g(\boldsymbol{x}) = AA^{\mathrm{T}}\boldsymbol{x} + \boldsymbol{b} \quad (\boldsymbol{x} \in \mathbf{R}^m) \tag{4.113}$$

と表される．

4.2.5　対称行列に関する最大値問題

続いて，もう一つ準備をしておこう．$A \in \mathrm{Sym}(m)$ とする．また，$1 \leq n \leq m$ をみたす整数 n を固定しておき，互いに直交し，大きさが 1 である $\boldsymbol{x}_1, \boldsymbol{x}_2, \ldots, \boldsymbol{x}_n \in \mathbf{R}^m$ 全体の集合を X とおく．このとき，関数 $F\colon X \to \mathbf{R}$ を

$$F(\boldsymbol{x}_1, \boldsymbol{x}_2, \ldots, \boldsymbol{x}_n) = \sum_{j=1}^{n} \boldsymbol{x}_j^{\mathrm{T}} A \boldsymbol{x}_j \tag{4.114}$$

により定める．F の最大値について，次がなりたつ．

定理 4.10 $A \in \mathrm{Sym}(m)$ の固有値を，重複度も含めて大きい順に $\lambda_1, \lambda_2, \ldots, \lambda_m$ とする．すなわち，

$$\lambda_1 \geq \lambda_2 \geq \cdots \geq \lambda_m \tag{4.115}$$

である➲定理 3.10．また，$P \in \mathrm{O}(m)$ を

$$P^{\mathrm{T}}AP = \begin{pmatrix} \lambda_1 & & & \\ & \lambda_2 & & \\ & & \ddots & \\ & & & \lambda_m \end{pmatrix} \tag{4.116}$$

となるように選んでおく➲定理 3.9．このとき，式(4.114)で定められる F は

$$(\, \boldsymbol{x}_1 \ \boldsymbol{x}_2 \ \cdots \ \boldsymbol{x}_n \,) = P\begin{pmatrix} Q' \\ O_{m-n,n} \end{pmatrix} \quad (Q' \in \mathrm{O}(n)) \tag{4.117}$$

のとき，最大値 $\lambda_1 + \lambda_2 + \cdots + \lambda_n$ をとる．

証明 $j = 1, 2, \ldots, n$ に対して，

$$\boldsymbol{y}_j = \begin{pmatrix} y_{1j} \\ y_{2j} \\ \vdots \\ y_{mj} \end{pmatrix} = P^{\mathrm{T}}\boldsymbol{x}_j \tag{4.118}$$

とおく．このとき，$\|\boldsymbol{x}_j\| = 1$，$P \in \mathrm{O}(m)$ および定理 1.8 の (1) ⇒ (2) より，

$$\sum_{i=1}^{m} y_{ij}^2 = 1 \tag{4.119}$$

である．また，$\boldsymbol{y}_{n+1}, \boldsymbol{y}_{n+2}, \ldots, \boldsymbol{y}_m \in \mathbf{R}^m$ を $\{\boldsymbol{y}_1, \boldsymbol{y}_2, \ldots, \boldsymbol{y}_m\}$ が $\mathbf{R}^m$ の正規直交基底となるように選んでおいたとき，$(\, \boldsymbol{y}_1 \ \boldsymbol{y}_2 \ \cdots \ \boldsymbol{y}_m \,)^{\mathrm{T}} \in \mathrm{O}(m)$ となることに注意すると，$i = 1, 2, \ldots, m$ に対して，

$$\sum_{j=1}^{n} y_{ij}^2 \leq 1 \tag{4.120}$$

である．式(4.115)，(4.116)，(4.118)～(4.120)より，

$$F(\boldsymbol{x}_1, \boldsymbol{x}_2, \ldots, \boldsymbol{x}_n) = \sum_{j=1}^{n} \boldsymbol{x}_j^{\mathrm{T}} PP^{\mathrm{T}}APP^{\mathrm{T}}\boldsymbol{x}_j = \sum_{j=1}^{n} \boldsymbol{y}_j^{\mathrm{T}} \begin{pmatrix} \lambda_1 & & & \\ & \lambda_2 & & \\ & & \ddots & \\ & & & \lambda_m \end{pmatrix} \boldsymbol{y}_j$$

$$= \lambda_1 \sum_{j=1}^{n} y_{1j}^2 + \cdots + \lambda_m \sum_{j=1}^{n} y_{mj}^2$$

$$
\begin{aligned}
&\le \lambda_1 \sum_{j=1}^{n} y_{1j}^2 + \cdots + \lambda_n \sum_{j=1}^{n} y_{nj}^2 + \lambda_{n+1} \left(\sum_{j=1}^{n} y_{n+1,j}^2 + \cdots + \sum_{j=1}^{n} y_{mj}^2 \right) \\
&= \lambda_1 \sum_{j=1}^{n} y_{1j}^2 + \cdots + \lambda_n \sum_{j=1}^{n} y_{nj}^2 + \lambda_{n+1} \left(\sum_{i=n+1}^{m} y_{i1}^2 + \cdots + \sum_{i=n+1}^{m} y_{in}^2 \right) \\
&= \lambda_1 \sum_{j=1}^{n} y_{1j}^2 + \cdots + \lambda_n \sum_{j=1}^{n} y_{nj}^2 + \lambda_{n+1} \left\{ \left(1 - \sum_{i=1}^{n} y_{i1}^2 \right) + \cdots + \left(1 - \sum_{i=1}^{n} y_{in}^2 \right) \right\} \\
&= \lambda_1 \sum_{j=1}^{n} y_{1j}^2 + \cdots + \lambda_n \sum_{j=1}^{n} y_{nj}^2 + \lambda_{n+1} \left(n - \sum_{j=1}^{n} y_{1j}^2 - \cdots - \sum_{j=1}^{n} y_{nj}^2 \right) \\
&= n\lambda_{n+1} + (\lambda_1 - \lambda_{n+1}) \sum_{j=1}^{n} y_{1j}^2 + \cdots + (\lambda_n - \lambda_{n+1}) \sum_{j=1}^{n} y_{nj}^2 \\
&\le n\lambda_{n+1} + (\lambda_1 - \lambda_{n+1}) \cdot 1 + \cdots + (\lambda_n - \lambda_{n+1}) \cdot 1 = \lambda_1 + \lambda_2 + \cdots + \lambda_n
\end{aligned}
\tag{4.121}
$$

となる．よって，F は $Q' \in \mathrm{O}(n)$ を用いて，

$$
(\, \boldsymbol{y}_1 \ \boldsymbol{y}_2 \ \cdots \ \boldsymbol{y}_n \,) = \begin{pmatrix} Q' \\ O_{m-n,n} \end{pmatrix} \tag{4.122}
$$

と表されるとき，すなわち，$\boldsymbol{x}_j$ が式(4.117)によりあたえられるとき，最大値 $\lambda_1+\lambda_2+\cdots+\lambda_n$ をとる．□

4.2.6 主成分分析

それでは，主成分分析について述べよう．数値データとして，$\boldsymbol{x}_1, \boldsymbol{x}_2, \ldots, \boldsymbol{x}_l \in \mathbf{R}^m$ があたえられているとする．さらに，直交射影が式(4.113)によりあたえられるアファイン部分空間 W' を考える．このとき，各 $j = 1, 2, \ldots, l$ に対して，$\boldsymbol{x}_j$ と W' の距離，すなわち，$\boldsymbol{x}_j$ と $g(\boldsymbol{x}_j)$ を結ぶ線分の長さを d_j とおく（図 4.4）．そして，d_j^2 の和が最小となるような AA^{T} および $\boldsymbol{b}$，つまり，数値データをよく近似する W' を求めることにしよう．これが主成分分析の考え方である．

まず，

$$
\begin{aligned}
\sum_{j=1}^{l} d_j^2 &= \sum_{j=1}^{l} \| \boldsymbol{x}_j - (AA^{\mathrm{T}}\boldsymbol{x}_j + \boldsymbol{b}) \|^2 = \sum_{j=1}^{l} \| (E_m - AA^{\mathrm{T}})\boldsymbol{x}_j - \boldsymbol{b} \|^2 \\
&= \sum_{j=1}^{l} \langle (E_m - AA^{\mathrm{T}})\boldsymbol{x}_j - \boldsymbol{b}, (E_m - AA^{\mathrm{T}})\boldsymbol{x}_j - \boldsymbol{b} \rangle
\end{aligned}
$$

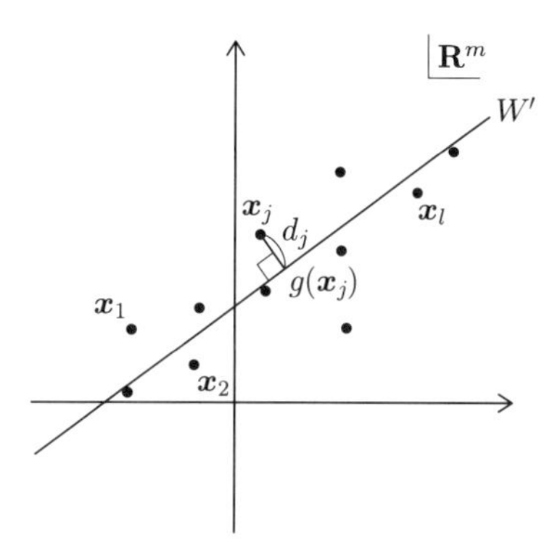

図 4.4 主成分分析

$$
\begin{aligned}
&= \sum_{j=1}^{l} \langle (E_m - AA^{\mathrm{T}})\boldsymbol{x}_j, (E_m - AA^{\mathrm{T}})\boldsymbol{x}_j \rangle - 2\left\langle (E_m - AA^{\mathrm{T}}) \sum_{j=1}^{l} \boldsymbol{x}_j, \boldsymbol{b} \right\rangle + l\langle \boldsymbol{b}, \boldsymbol{b} \rangle \\
&= \sum_{j=1}^{l} \langle (E_m - AA^{\mathrm{T}})\boldsymbol{x}_j, (E_m - AA^{\mathrm{T}})\boldsymbol{x}_j \rangle \\
&\quad - \frac{1}{l}\left\langle (E_m - AA^{\mathrm{T}}) \sum_{j=1}^{l} \boldsymbol{x}_j, (E_m - AA^{\mathrm{T}}) \sum_{j=1}^{l} \boldsymbol{x}_j \right\rangle \\
&\quad + l\left\langle \boldsymbol{b} - \frac{1}{l}(E_m - AA^{\mathrm{T}}) \sum_{j=1}^{l} \boldsymbol{x}_j, \boldsymbol{b} - \frac{1}{l}(E_m - AA^{\mathrm{T}}) \sum_{j=1}^{l} \boldsymbol{x}_j \right\rangle
\end{aligned} \tag{4.123}
$$

となる．式(4.123)の最後の式において，$\boldsymbol{b}$ が現れているのは第3項のみである．さらに，内積の正値性➔定理 1.2(4) より，d_j^2 の和が最小となるとき，

$$
\boldsymbol{b} = \frac{1}{l}(E_m - AA^{\mathrm{T}}) \sum_{j=1}^{l} \boldsymbol{x}_j \tag{4.124}
$$

である．このとき，

$$
\begin{aligned}
\sum_{j=1}^{l} d_j^2 &= \sum_{j=1}^{l} \langle (E_m - AA^{\mathrm{T}})\boldsymbol{x}_j, (E_m - AA^{\mathrm{T}})\boldsymbol{x}_j \rangle \\
&\quad - \frac{1}{l}\left\langle (E_m - AA^{\mathrm{T}}) \sum_{j=1}^{l} \boldsymbol{x}_j, (E_m - AA^{\mathrm{T}}) \sum_{j=1}^{l} \boldsymbol{x}_j \right\rangle \\
&= \sum_{j=1}^{l} \left\langle (E_m - AA^{\mathrm{T}})\left(\boldsymbol{x}_j - \frac{1}{l}\sum_{k=1}^{l} \boldsymbol{x}_k\right), (E_m - AA^{\mathrm{T}})\left(\boldsymbol{x}_j - \frac{1}{l}\sum_{k=1}^{l} \boldsymbol{x}_k\right) \right\rangle
\end{aligned}
$$

$$= \sum_{j=1}^{l} \langle (E_m - AA^{\mathrm{T}})\boldsymbol{y}_j, (E_m - AA^{\mathrm{T}})\boldsymbol{y}_j \rangle \tag{4.125}$$

となる．ただし，

$$\boldsymbol{y}_j = \boldsymbol{x}_j - \frac{1}{l}\sum_{k=1}^{l} \boldsymbol{x}_k \tag{4.126}$$

とおいた．

ここで，式(1.43)，(1.44)と，A の各列は互いに直交し，大きさが1であることから，$A^{\mathrm{T}}A = E_n$ となることを用いると，

$$\begin{aligned}
\sum_{j=1}^{l} d_j^2 &= \sum_{j=1}^{l} \langle (E_m - AA^{\mathrm{T}})\boldsymbol{y}_j, (E_m - AA^{\mathrm{T}})\boldsymbol{y}_j \rangle \\
&= \sum_{j=1}^{l} \langle \boldsymbol{y}_j - AA^{\mathrm{T}}\boldsymbol{y}_j, \boldsymbol{y}_j - AA^{\mathrm{T}}\boldsymbol{y}_j \rangle \\
&= \sum_{j=1}^{l} \langle \boldsymbol{y}_j, \boldsymbol{y}_j \rangle - \sum_{j=1}^{l} \langle \boldsymbol{y}_j, AA^{\mathrm{T}}\boldsymbol{y}_j \rangle - \sum_{j=1}^{l} \langle AA^{\mathrm{T}}\boldsymbol{y}_j, \boldsymbol{y}_j \rangle + \sum_{j=1}^{l} \langle AA^{\mathrm{T}}\boldsymbol{y}_j, AA^{\mathrm{T}}\boldsymbol{y}_j \rangle \\
&= \sum_{j=1}^{l} \langle \boldsymbol{y}_j, \boldsymbol{y}_j \rangle - \sum_{j=1}^{l} \langle A^{\mathrm{T}}\boldsymbol{y}_j, A^{\mathrm{T}}\boldsymbol{y}_j \rangle = \sum_{j=1}^{l} \langle \boldsymbol{y}_j, \boldsymbol{y}_j \rangle - \sum_{j=1}^{l} (A^{\mathrm{T}}\boldsymbol{y}_j)^{\mathrm{T}}(A^{\mathrm{T}}\boldsymbol{y}_j) \\
&= \sum_{j=1}^{l} \langle \boldsymbol{y}_j, \boldsymbol{y}_j \rangle - \sum_{j=1}^{l} \boldsymbol{y}_j^{\mathrm{T}} AA^{\mathrm{T}} \boldsymbol{y}_j
\end{aligned} \tag{4.127}$$

となる．さらに，A を式(4.109)のように表しておくと，

$$\begin{aligned}
\sum_{j=1}^{l} \boldsymbol{y}_j^{\mathrm{T}} AA^{\mathrm{T}} \boldsymbol{y}_j &= \sum_{j=1}^{l} \boldsymbol{y}_j^{\mathrm{T}} \begin{pmatrix} \boldsymbol{a}_1 & \boldsymbol{a}_2 & \cdots & \boldsymbol{a}_n \end{pmatrix} \begin{pmatrix} \boldsymbol{a}_1^{\mathrm{T}} \\ \boldsymbol{a}_2^{\mathrm{T}} \\ \vdots \\ \boldsymbol{a}_n^{\mathrm{T}} \end{pmatrix} \boldsymbol{y}_j = \sum_{j=1}^{l} \sum_{i=1}^{n} \boldsymbol{y}_j^{\mathrm{T}} \boldsymbol{a}_i \boldsymbol{a}_i^{\mathrm{T}} \boldsymbol{y}_j \\
&= \sum_{j=1}^{l} \sum_{i=1}^{n} \boldsymbol{a}_i^{\mathrm{T}} \boldsymbol{y}_j \boldsymbol{y}_j^{\mathrm{T}} \boldsymbol{a}_i = \sum_{i=1}^{n} \boldsymbol{a}_i^{\mathrm{T}} Y \boldsymbol{a}_i
\end{aligned} \tag{4.128}$$

となる．ただし，

$$Y = \sum_{j=1}^{l} \boldsymbol{y}_j \boldsymbol{y}_j^{\mathrm{T}} \tag{4.129}$$

とおいた．

Y の定義より，$Y \in \mathrm{Sym}(m)$ である．さらに，定理 4.6 と同様に，Y の固有値はすべて 0 以上の実数である．よって，Y の固有値を重複度も含めて大きい順に $\lambda_1, \lambda_2, \ldots, \lambda_m$ とし，$P \in \mathrm{O}(m)$ を

$$P^{\mathrm{T}} Y P = \begin{pmatrix} \lambda_1 & & & \text{\huge 0} \\ & \lambda_2 & & \\ & & \ddots & \\ \text{\huge 0} & & & \lambda_m \end{pmatrix} \tag{4.130}$$

となるように選んでおくと，定理 4.10 より，式(4.128)は

$$A = P \begin{pmatrix} Q' \\ O_{m-n,n} \end{pmatrix} \quad (Q' \in \mathrm{O}(n)) \tag{4.131}$$

のとき，最大値 $\lambda_1 + \lambda_2 + \cdots + \lambda_n$ をとり，式(4.127)は最小値をとる．このとき，

$$AA^{\mathrm{T}} = P \begin{pmatrix} Q' \\ O_{m-n,n} \end{pmatrix} \left(Q'^{\mathrm{T}} \; O_{n,m-n} \right) P^{\mathrm{T}} = P \begin{pmatrix} E_n & O_{n,m-n} \\ O_{m-n,n} & O_{m-n,m-n} \end{pmatrix} P^{\mathrm{T}} \tag{4.132}$$

となる．すなわち，

$$AA^{\mathrm{T}} = P \begin{pmatrix} E_n & O_{n,m-n} \\ O_{m-n,n} & O_{m-n,m-n} \end{pmatrix} P^{\mathrm{T}} \tag{4.133}$$

である．以上より，d_j^2 の和が最小となるのは，式(4.113)の AA^{T} および $\boldsymbol{b}$ がそれぞれ式(4.133)，(4.124)によりあたえられるときであることがわかった．

注意 4.2　式(4.130)において，$\lambda_1, \lambda_2, \ldots, \lambda_m$ はすべて 0 以上の実数なので，式(4.130)は Y の特異値標準形をあたえる式でもある．

4.2.7　主成分分析の具体例

4.2.6 項で述べた主成分分析の具体例について考えてみよう．

$\boldsymbol{x}_1, \boldsymbol{x}_2, \boldsymbol{x}_3 \in \mathbf{R}^2$ を

$$\boldsymbol{x}_1 = \begin{pmatrix} 0 \\ 0 \end{pmatrix}, \quad \boldsymbol{x}_2 = \begin{pmatrix} 3 \\ 0 \end{pmatrix}, \quad \boldsymbol{x}_3 = \begin{pmatrix} 0 \\ 3 \end{pmatrix} \tag{4.134}$$

により定める．

まず，式(4.126)に注意し，$j = 1, 2, 3$ に対して，

$$\boldsymbol{y}_j = \boldsymbol{x}_j - \frac{1}{3} \sum_{k=1}^{3} \boldsymbol{x}_k \tag{4.135}$$

とおく．このとき，

$$\frac{1}{3}\sum_{k=1}^{3}\boldsymbol{x}_k = \frac{1}{3}\left(\begin{pmatrix}0\\0\end{pmatrix}+\begin{pmatrix}3\\0\end{pmatrix}+\begin{pmatrix}0\\3\end{pmatrix}\right) = \begin{pmatrix}1\\1\end{pmatrix} \tag{4.136}$$

より，

$$\boldsymbol{y}_1 = \begin{pmatrix}0\\0\end{pmatrix}-\begin{pmatrix}1\\1\end{pmatrix} = \begin{pmatrix}-1\\-1\end{pmatrix},\quad \boldsymbol{y}_2 = \begin{pmatrix}3\\0\end{pmatrix}-\begin{pmatrix}1\\1\end{pmatrix} = \begin{pmatrix}2\\-1\end{pmatrix} \tag{4.137}$$

$$\boldsymbol{y}_3 = \begin{pmatrix}0\\3\end{pmatrix}-\begin{pmatrix}1\\1\end{pmatrix} = \begin{pmatrix}-1\\2\end{pmatrix} \tag{4.138}$$

である．

次に，式(4.129)に注意し，$Y \in \mathrm{Sym}(2)$ を

$$Y = \sum_{j=1}^{3}\boldsymbol{y}_j\boldsymbol{y}_j^{\mathrm{T}} \tag{4.139}$$

により定めると，

$$\begin{aligned} Y &= \begin{pmatrix}-1\\-1\end{pmatrix}(-1\ \ -1)+\begin{pmatrix}2\\-1\end{pmatrix}(2\ \ -1)+\begin{pmatrix}-1\\2\end{pmatrix}(-1\ \ 2) \\ &= \begin{pmatrix}1&1\\1&1\end{pmatrix}+\begin{pmatrix}4&-2\\-2&1\end{pmatrix}+\begin{pmatrix}1&-2\\-2&4\end{pmatrix} = \begin{pmatrix}6&-3\\-3&6\end{pmatrix} \end{aligned} \tag{4.140}$$

である．このとき，$P \in \mathrm{O}(2)$ を

$$P = \frac{1}{\sqrt{2}}\begin{pmatrix}1&1\\-1&1\end{pmatrix} \tag{4.141}$$

により定めると，

$$P^{\mathrm{T}}YP = \begin{pmatrix}9&0\\0&3\end{pmatrix} \tag{4.142}$$

となる．このことについては問4.5とする．

さらに，$A \in M_{2,1}(\mathbf{R})$，$\boldsymbol{b} \in \mathbf{R}^2$ に対して，直交射影が

$$g(\boldsymbol{x}) = AA^{\mathrm{T}}\boldsymbol{x}+\boldsymbol{b}\quad (\boldsymbol{x}\in\mathbf{R}^2) \tag{4.143}$$

によりあたえられる $\mathbf{R}^2$ のアファイン部分空間を W' とし，$j = 1, 2, 3$ に対して，$\boldsymbol{x}_j$ と W' の距離を d_j とおく．$\sum_{j=1}^{3} d_j^2$ が最小となるとき，式(4.133)，(4.141)より，

$$AA^{\mathrm{T}} = P\begin{pmatrix}1&0\\0&0\end{pmatrix}P^{\mathrm{T}} = \frac{1}{\sqrt{2}}\begin{pmatrix}1&1\\-1&1\end{pmatrix}\begin{pmatrix}1&0\\0&0\end{pmatrix}\cdot\frac{1}{\sqrt{2}}\begin{pmatrix}1&-1\\1&1\end{pmatrix}$$

$$= \frac{1}{2}\begin{pmatrix} 1 & 1 \\ -1 & 1 \end{pmatrix}\begin{pmatrix} 1 & -1 \\ 0 & 0 \end{pmatrix} = \frac{1}{2}\begin{pmatrix} 1 & -1 \\ -1 & 1 \end{pmatrix} \tag{4.144}$$

である．また，式(4.124)より，

$$\begin{aligned} \boldsymbol{b} &= \frac{1}{3}(E_2 - AA^{\mathrm{T}})\sum_{j=1}^{3}\boldsymbol{x}_j = \frac{1}{3}\left(\begin{pmatrix} 1 & 0 \\ 0 & 1 \end{pmatrix} - \frac{1}{2}\begin{pmatrix} 1 & -1 \\ -1 & 1 \end{pmatrix}\right)\begin{pmatrix} 3 \\ 3 \end{pmatrix} \\ &= \frac{1}{2}\begin{pmatrix} 1 & 1 \\ 1 & 1 \end{pmatrix}\begin{pmatrix} 1 \\ 1 \end{pmatrix} = \begin{pmatrix} 1 \\ 1 \end{pmatrix} \end{aligned} \tag{4.145}$$

である[7]． ■

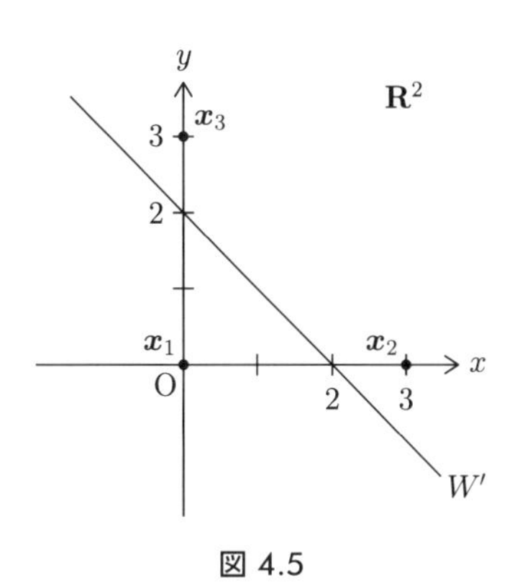

図 4.5

問 4.5 例 4.3 について，次の問いに答えよ．

（1）Y の固有値は 9，3 であることを示せ．

（2）Y の各固有値に対する固有空間を求めよ．

（3）式(4.142)がなりたつ $P \in \mathrm{O}(2)$ を一つ求めよ．

4.3 一般逆行列

4.3.1 ムーア－ペンローズ一般逆行列

連立 1 次方程式は，係数行列が正則であれば，両辺に左から係数行列の逆行列を掛けることにより解を求めることができる．一方，係数行列が一般の場合には，解は存在するとは限らない．しかし，最小 2 乗法によって，解に近いものとして最小 2 乗近似解を求めることはできる➲定理 4.8（図 4.6）．とくに，最小ノルム解(4.82)は

7) さらに計算することにより，W' は方程式 $x + y = 2$ で表される直線であることがわかる（図 4.5）．

特異値分解 $A = P\begin{pmatrix} \sigma_1 & & & 0 & \\ & \sigma_2 & & & \\ & & \ddots & & O_{r,n-r} \\ 0 & & & \sigma_r & \\ & O_{m-r,r} & & & O_{m-r,n-r} \end{pmatrix} Q^{\mathrm{T}}$

$\Rightarrow$ $A\boldsymbol{x} = \boldsymbol{b}$ の最小 2 乗近似解は $\boldsymbol{x} = Q_2\boldsymbol{c} + Q_1\Sigma^{-1}P_1^{\mathrm{T}}\boldsymbol{b}$ $(\boldsymbol{c} \in \mathbf{R}^{n-r})$

ただし $\Sigma = \begin{pmatrix} \sigma_1 & & & 0 \\ & \sigma_2 & & \\ & & \ddots & \\ 0 & & & \sigma_r \end{pmatrix}$, $P = (P_1\ P_2)\ (P_1 \in M_{m,r}(\mathbf{R}),\ P_2 \in M_{m,m-r}(\mathbf{R}))$
$Q = (Q_1\ Q_2)\ (Q_1 \in M_{n,r}(\mathbf{R}),\ Q_2 \in M_{n,n-r}(\mathbf{R}))$

図 4.6　特異値分解と最小 2 乗近似解

解の中でノルムが最も小さいものである．そこで，最小ノルム解を表す式に注目し，まず，ムーア－ペンローズ一般逆行列とよばれるものを定めよう．

$A \in M_{m,n}(\mathbf{R})$ とし，A の特異値分解を式(4.6)とする．また，P, Q を式(4.70), (4.71)のように表しておき，Σ を式(4.77)により定める．このとき，$A^+ \in M_{n,m}(\mathbf{R})$ を

$$A^+ = Q\begin{pmatrix} \Sigma^{-1} & O_{r,m-r} \\ O_{n-r,r} & O_{n-r,m-r} \end{pmatrix}P^{\mathrm{T}} = Q_1\Sigma^{-1}P_1^{\mathrm{T}} \tag{4.146}$$

により定め，これを**ムーア－ペンローズ一般逆行列**または**擬似逆行列**という．

$A \in M_{2,3}(\mathbf{R})$ を

$$A = \begin{pmatrix} 0 & 2 & 0 \\ -1 & 0 & 0 \end{pmatrix} \tag{4.147}$$

により定める．次の問いに答えよ．

（1）$Q^{-1}A^{\mathrm{T}}AQ$ が対角行列となるような $Q \in \mathrm{O}(3)$ を一つ求めよ．ただし，$Q^{-1}A^{\mathrm{T}}AQ$ の $(1,1)$ 成分は $(2,2)$ 成分より大きく，$(2,2)$ 成分は $(3,3)$ 成分より大きいとする．

（2）A の特異値分解および特異値を求めよ．

（3）A のムーア－ペンローズ一般逆行列を求めよ．

解説　(1)　まず，

$$A^{\mathrm{T}}A = \begin{pmatrix} 0 & -1 \\ 2 & 0 \\ 0 & 0 \end{pmatrix}\begin{pmatrix} 0 & 2 & 0 \\ -1 & 0 & 0 \end{pmatrix} = \begin{pmatrix} 1 & 0 & 0 \\ 0 & 4 & 0 \\ 0 & 0 & 0 \end{pmatrix} \tag{4.148}$$

である．よって，$A^{\mathrm{T}}A$ の固有値 λ は大きい順に $\lambda = 4,\ 1,\ 0$ である．したがって，固有値 $\lambda = 4$ に対する $A^{\mathrm{T}}A$ の固有空間 $W(4)$ は

$$W(4) = \left\{ c \begin{pmatrix} 0 \\ 1 \\ 0 \end{pmatrix} \middle| \, c \in \mathbf{R} \right\} \tag{4.149}$$

であり，$\left\{ \begin{pmatrix} 0 \\ 1 \\ 0 \end{pmatrix} \right\}$ は $W(4)$ の正規直交基底である．また，固有値 $\lambda = 1$ に対する $A^{\mathrm{T}}A$ の固有空間 $W(1)$ は

$$W(1) = \left\{ c \begin{pmatrix} 1 \\ 0 \\ 0 \end{pmatrix} \middle| \, c \in \mathbf{R} \right\} \tag{4.150}$$

であり，$\left\{ \begin{pmatrix} 1 \\ 0 \\ 0 \end{pmatrix} \right\}$ は $W(1)$ の正規直交基底である．さらに，固有値 $\lambda = 0$ に対する $A^{\mathrm{T}}A$ の固有空間 $W(0)$ は

$$W(0) = \left\{ c \begin{pmatrix} 0 \\ 0 \\ 1 \end{pmatrix} \middle| \, c \in \mathbf{R} \right\} \tag{4.151}$$

であり，$\left\{ \begin{pmatrix} 0 \\ 0 \\ 1 \end{pmatrix} \right\}$ は $W(0)$ の正規直交基底である．以上より，

$$Q = \begin{pmatrix} 0 & 1 & 0 \\ 1 & 0 & 0 \\ 0 & 0 & 1 \end{pmatrix} \tag{4.152}$$

とおくと，$Q \in \mathrm{O}(3)$ となるので，逆行列 Q^{-1} が存在する．さらに，

$$Q^{-1}A^{\mathrm{T}}AQ = \begin{pmatrix} 4 & 0 & 0 \\ 0 & 1 & 0 \\ 0 & 0 & 0 \end{pmatrix} \tag{4.153}$$

となり，$A^{\mathrm{T}}A$ は Q によって対角化される．

(2) 式(4.29)より，$\boldsymbol{p}_1 \in \mathbf{R}^2$ を

$$\boldsymbol{p}_1 = \frac{1}{2} \begin{pmatrix} 0 & 2 & 0 \\ -1 & 0 & 0 \end{pmatrix} \begin{pmatrix} 0 \\ 1 \\ 0 \end{pmatrix} = \begin{pmatrix} 1 \\ 0 \end{pmatrix} \tag{4.154}$$

により定める．また，$\boldsymbol{p}_2 \in \mathbf{R}^2$ を

$$\boldsymbol{p}_2 = \frac{1}{1} \begin{pmatrix} 0 & 2 & 0 \\ -1 & 0 & 0 \end{pmatrix} \begin{pmatrix} 1 \\ 0 \\ 0 \end{pmatrix} = \begin{pmatrix} 0 \\ -1 \end{pmatrix} \tag{4.155}$$

により定める．このとき，$\{\boldsymbol{p}_1, \boldsymbol{p}_2\}$ は $\mathbf{R}^2$ の正規直交基底となる．よって，

$$P = (\, \boldsymbol{p}_1 \ \boldsymbol{p}_2 \,) = \begin{pmatrix} 1 & 0 \\ 0 & -1 \end{pmatrix} \tag{4.156}$$

とおくと，$P \in \mathrm{O}(2)$ である．さらに，

$$A = P\begin{pmatrix} 2 & 0 & 0 \\ 0 & 1 & 0 \end{pmatrix} Q^{\mathrm{T}} \tag{4.157}$$

となり，A の特異値分解が得られる．とくに，A の特異値は 2，1 である．

(3) 式(4.146)および(2)より，A のムーア－ペンローズ一般逆行列は

$$\begin{aligned} A^+ &= Q\begin{pmatrix} \frac{1}{2} & 0 \\ 0 & 1 \\ 0 & 0 \end{pmatrix} P^{\mathrm{T}} = \begin{pmatrix} 0 & 1 & 0 \\ 1 & 0 & 0 \\ 0 & 0 & 1 \end{pmatrix}\begin{pmatrix} \frac{1}{2} & 0 \\ 0 & 1 \\ 0 & 0 \end{pmatrix}\begin{pmatrix} 1 & 0 \\ 0 & -1 \end{pmatrix}^{\mathrm{T}} \\ &= \begin{pmatrix} 0 & 1 \\ \frac{1}{2} & 0 \\ 0 & 0 \end{pmatrix}\begin{pmatrix} 1 & 0 \\ 0 & -1 \end{pmatrix} = \begin{pmatrix} 0 & -1 \\ \frac{1}{2} & 0 \\ 0 & 0 \end{pmatrix} \end{aligned} \tag{4.158}$$

である．■

問 4.6　$A \in M_{2,3}(\mathbf{R})$ を

$$A = \begin{pmatrix} 0 & 0 & 3 \\ -2 & 0 & 0 \end{pmatrix} \tag{4.159}$$

により定める．次の問いに答えよ．

（1）$Q^{-1}A^{\mathrm{T}}AQ$ が対角行列となるような $Q \in \mathrm{O}(3)$ を一つ求めよ．ただし，$Q^{-1}A^{\mathrm{T}}AQ$ の $(1,1)$ 成分は $(2,2)$ 成分より大きく，$(2,2)$ 成分は $(3,3)$ 成分より大きいとする．

（2）A の特異値分解および特異値を求めよ．

（3）A のムーア－ペンローズ一般逆行列を求めよ．

4.3.2　ムーア－ペンローズ一般逆行列の特徴付け

ムーア－ペンローズ一般逆行列は，次のように特徴付けることができる．

定理 4.11　$A \in M_{m,n}(\mathbf{R})$，$A^+ \in M_{n,m}(\mathbf{R})$ とする．A^+ が A のムーア－ペンローズ一般逆行列であることと A^+ が次の(1)～(4)をみたすことは同値である．

（1）$AA^+A = A$

（2）$A^+AA^+ = A^+$

（3）$(AA^+)^{\mathrm{T}} = AA^+$，すなわち，$AA^+ \in \mathrm{Sym}(m)$

（4）$(A^+A)^{\mathrm{T}} = A^+A$，すなわち，$A^+A \in \mathrm{Sym}(n)$

証明　A の特異値分解を式(4.6)とし，Σ を式(4.77)により定める．また，P, Q が正則であることに注意し，A^+ を

$$A^+ = Q\begin{pmatrix} C_{11} & C_{12} \\ C_{21} & C_{22} \end{pmatrix} P^{\mathrm{T}} \tag{4.160}$$

と表しておく．ただし，$C_{11} \in M_r(\mathbf{R})$，$C_{12} \in M_{r,m-r}(\mathbf{R})$，$C_{21} \in M_{n-r,r}(\mathbf{R})$，$C_{22} \in M_{n-r,m-r}(\mathbf{R})$ である．

このとき，$P \in \mathrm{O}(m)$，$Q \in \mathrm{O}(n)$ より，

$$\begin{aligned} AA^+A &= P\begin{pmatrix} \Sigma & O_{r,n-r} \\ O_{m-r,r} & O_{m-r,n-r} \end{pmatrix} Q^{\mathrm{T}} \cdot Q \begin{pmatrix} C_{11} & C_{12} \\ C_{21} & C_{22} \end{pmatrix} P^{\mathrm{T}} \cdot P \begin{pmatrix} \Sigma & O_{r,n-r} \\ O_{m-r,r} & O_{m-r,n-r} \end{pmatrix} Q^{\mathrm{T}} \\ &= P\begin{pmatrix} \Sigma C_{11} \Sigma & O_{r,n-r} \\ O_{m-r,r} & O_{m-r,n-r} \end{pmatrix} Q^{\mathrm{T}} \end{aligned} \tag{4.161}$$

となる．よって，(1) より，

$$C_{11} = \Sigma^{-1} \tag{4.162}$$

となる．

次に，式 (4.162) がなりたつとき，(2)〜(4) より，それぞれ

$$C_{21}\Sigma C_{12} = C_{22}, \quad C_{12} = O_{r,m-r}, \quad C_{21} = O_{n-r,r} \tag{4.163}$$

が得られる．これらの証明については，問 4.7 としよう．

式 (4.163) より，$C_{22} = O_{n-r,m-r}$ となり，A^+ は式 (4.146) のように表される．すなわち，A^+ はムーア－ペンローズ一般逆行列である． □

注意 4.3 定理 4.11 より，$A \in M_{m,n}(\mathbf{R})$ のムーア－ペンローズ一般逆行列は，定理 4.11 の条件 (1)〜(4) をみたす $A^+ \in M_{n,m}(\mathbf{R})$ であると定めてもよい．

問 4.7 定理 4.11 の証明において，式 (4.162) がなりたつとする．次の問いに答えよ．

（1）条件 (2) から，式 (4.163) の第 1 式を導け．

（2）条件 (3) から，式 (4.163) の第 2 式を導け．

（3）条件 (4) から，式 (4.163) の第 3 式を導け．

例 4.4 実正方行列 A が正則であるとする．このとき，A の逆行列 A^{-1} は明らかに定理 4.11 の条件 (1)〜(4) をみたす．よって，$A^+ = A^{-1}$ である． ■

4.3.3 一般逆行列と連立 1 次方程式

ムーア－ペンローズ一般逆行列は定理 4.11 の条件 (1)〜(4) すべてをみたすものであったが，これらの一部をみたすようなものも考えることができる．まず，条件 (1) のみに注目しよう．$A \in M_{m,n}(\mathbf{R})$ に対して，$A^- \in M_{n,m}(\mathbf{R})$ が

$$AA^-A = A \tag{4.164}$$

をみたすとき，A^- を A の**一般逆行列**という．

例 4.5　実正方行列 A が正則であるとする．このとき，式(4.164)の両辺に左から A^{-1} を掛けることにより，$A^{-}=A^{-1}$ となる．すなわち，実正則行列の一般逆行列は逆行列に限る．■

なお，定理 4.11 の証明からわかるように，一般逆行列は必ずしも一意的ではない．すなわち，A の特異値分解を式(4.6)とし，Σ を式(4.77)により定めると，A の一般逆行列 A^{-} は

$$A^{-}=Q\begin{pmatrix}\Sigma^{-1} & C_{12}\\ C_{21} & C_{22}\end{pmatrix}P^{\mathrm{T}} \tag{4.165}$$

と表される．ただし，$C_{12}\in M_{r,m-r}(\mathbf{R})$，$C_{21}\in M_{n-r,r}(\mathbf{R})$，$C_{22}\in M_{n-r,m-r}(\mathbf{R})$ である．

次に，一般逆行列と連立1次方程式の関係について述べていこう．

定理 4.12　$A\in M_{m,n}(\mathbf{R})$，$A^{-}\in M_{n,m}(\mathbf{R})$ とする．A^{-} が A の一般逆行列であることと，$\boldsymbol{b}=A\boldsymbol{c}$（$\boldsymbol{c}\in\mathbf{R}^n$）と表される任意の $\boldsymbol{b}$ に対して，$A^{-}\boldsymbol{b}$ が連立1次方程式

$$A\boldsymbol{x}=\boldsymbol{b} \tag{4.166}$$

の解であることは同値である．

証明　まず，A^{-} が A の一般逆行列のとき，$\boldsymbol{b}=A\boldsymbol{c}$（$\boldsymbol{c}\in\mathbf{R}^n$）とすると，式(4.164)より，

$$AA^{-}\boldsymbol{b}=AA^{-}A\boldsymbol{c}=A\boldsymbol{c}=\boldsymbol{b} \tag{4.167}$$

となる．よって，$A^{-}\boldsymbol{b}$ は式(4.166)の解である．

次に，$\boldsymbol{b}=A\boldsymbol{c}$（$\boldsymbol{c}\in\mathbf{R}^n$）と表される $\boldsymbol{b}$ に対して，$A^{-}\boldsymbol{b}$ が式(4.166)の解であるとすると，

$$AA^{-}\boldsymbol{b}=\boldsymbol{b} \tag{4.168}$$

すなわち，

$$AA^{-}A\boldsymbol{c}=A\boldsymbol{c} \tag{4.169}$$

である．さらに，$\boldsymbol{c}$ は任意なので，式(4.164)がなりたち，A^{-} は A の一般逆行列である．□

さらに，次がなりたつ．

定理 4.13　$A\in M_{m,n}(\mathbf{R})$ とし，A^{-} を A の一般逆行列とする．さらに，$\boldsymbol{b}\in\mathbf{R}^m$ とし，連立1次方程式(4.166) を考える．このとき，次の(1)，(2)がなりたつ．

（1）式(4.166)の解が存在するための必要十分条件は

$$AA^{-}\boldsymbol{b} = \boldsymbol{b} \tag{4.170}$$

である．

（2）式(4.170)がなりたつとき，式(4.166)の解は

$$\boldsymbol{x} = A^{-}\boldsymbol{b} + (E_n - A^{-}A)\boldsymbol{c} \quad (\boldsymbol{c} \in \mathbf{R}^n) \tag{4.171}$$

と表される．

証明 (1) まず，$\boldsymbol{x}$ を式(4.166)の解とする．このとき，式(4.166)，(4.164)より，

$$AA^{-}\boldsymbol{b} = (AA^{-})(A\boldsymbol{x}) = (AA^{-}A)\boldsymbol{x} = A\boldsymbol{x} = \boldsymbol{b} \tag{4.172}$$

となる．よって，式(4.170)がなりたつ．

次に，式(4.170)がなりたつとする．このとき，$\boldsymbol{x} = A^{-}\boldsymbol{b}$ は式(4.166)の解である．したがって，(1)がなりたつ．

(2) $\boldsymbol{x}$ を式(4.166)の解とし，

$$\boldsymbol{y} = \boldsymbol{x} - A^{-}\boldsymbol{b} \tag{4.173}$$

とおく．このとき，式(4.170)より，

$$A\boldsymbol{y} = A\boldsymbol{x} - AA^{-}\boldsymbol{b} = \boldsymbol{b} - \boldsymbol{b} = \boldsymbol{0} \tag{4.174}$$

となる．よって，$\boldsymbol{y}$ は同次連立１次方程式

$$A\boldsymbol{y} = \boldsymbol{0} \tag{4.175}$$

の解である．

ここで，式(4.175)より，

$$\boldsymbol{y} = \boldsymbol{y} - A^{-1}A\boldsymbol{y} = (E_n - A^{-}A)\boldsymbol{y} \tag{4.176}$$

となる．また，$\boldsymbol{c} \in \mathbf{R}^n$ とすると，式(4.164)より，

$$A(E_n - A^{-}A)\boldsymbol{c} = (A - AA^{-}A)\boldsymbol{c} = (A - A)\boldsymbol{c} = \boldsymbol{0} \tag{4.177}$$

となる．よって，式(4.175)の解は $\boldsymbol{c} \in \mathbf{R}^n$ を用いて，

$$\boldsymbol{y} = (E_n - A^{-}A)\boldsymbol{c} \tag{4.178}$$

と表される．したがって，式(4.173)より，(2)がなりたつ． □

4.3.4 階数標準形による方法

一般逆行列は，階数標準形➲問題2.1を計算することによって求めることもできる．$A \in M_{m,n}(\mathbf{R})$ とする．基本行列は正則なので，$r = \operatorname{rank} A$ とすると，ある正則

な $P \in M_m(\mathbf{R})$ および $Q \in M_n(\mathbf{R})$ が存在し，PAQ は階数標準形となる．すなわち，

$$PAQ = \begin{pmatrix} E_r & O_{r,n-r} \\ O_{m-r,r} & O_{m-r,n-r} \end{pmatrix} \tag{4.179}$$

である．そこで，A^- を A の一般逆行列とし，

$$A^- = Q\begin{pmatrix} C_{11} & C_{12} \\ C_{21} & C_{22} \end{pmatrix}P \tag{4.180}$$

と表しておく．ただし，$C_{11} \in M_r(\mathbf{R})$，$C_{12} \in M_{r,m-r}(\mathbf{R})$，$C_{21} \in M_{n-r,r}(\mathbf{R})$，$C_{22} \in M_{n-r,m-r}(\mathbf{R})$ である．このとき，定理 4.11 の証明と同様の計算により，

$$C_{11} = E_r \tag{4.181}$$

となる．すなわち，

$$A^- = Q\begin{pmatrix} E_r & C_{12} \\ C_{21} & C_{22} \end{pmatrix}P \tag{4.182}$$

である．

$A \in M_2(\mathbf{R})$ を

$$A = \begin{pmatrix} 2 & 4 \\ 1 & 2 \end{pmatrix} \tag{4.183}$$

により定める．A の階数標準形を計算することにより，A の一般逆行列をすべて求めよ[8)]．

解説 A に対して，基本変形を繰り返すと，

$$\begin{pmatrix} 2 & 4 \\ 1 & 2 \end{pmatrix} \xrightarrow{\text{第1行}-\text{第2行}\times 2} \begin{pmatrix} 0 & 0 \\ 1 & 2 \end{pmatrix} \xrightarrow{\text{第1行と第2行の入れ替え}} \begin{pmatrix} 1 & 2 \\ 0 & 0 \end{pmatrix}$$
$$\xrightarrow{\text{第2列}-\text{第1列}\times 2} \begin{pmatrix} 1 & 0 \\ 0 & 0 \end{pmatrix} \tag{4.184}$$

となり，これは階数標準形である．よって，それぞれの基本変形に対応する基本行列を考え➔定理 2.2，問題 2.1 (2)，

$$P = Q_2(1,2)R_2(1,2;-2) = \begin{pmatrix} 0 & 1 \\ 1 & 0 \end{pmatrix}\begin{pmatrix} 1 & -2 \\ 0 & 1 \end{pmatrix} = \begin{pmatrix} 0 & 1 \\ 1 & -2 \end{pmatrix} \tag{4.185}$$

$$Q = R_2(1,2;-2) = \begin{pmatrix} 1 & -2 \\ 0 & 1 \end{pmatrix} \tag{4.186}$$

とおくと，

$$PAQ = \begin{pmatrix} 1 & 0 \\ 0 & 0 \end{pmatrix} \tag{4.187}$$

---

8) A のムーア－ペンローズ一般逆行列の計算は，問題 4.3 とする．

である．したがって，A の一般逆行列は，$a, b, c \in \mathbf{R}$ を任意の定数として

$$A^- = Q\begin{pmatrix} 1 & a \\ b & c \end{pmatrix}P = \begin{pmatrix} 1 & -2 \\ 0 & 1 \end{pmatrix}\begin{pmatrix} 1 & a \\ b & c \end{pmatrix}\begin{pmatrix} 0 & 1 \\ 1 & -2 \end{pmatrix}$$

$$= \begin{pmatrix} 1 & -2 \\ 0 & 1 \end{pmatrix}\begin{pmatrix} a & 1-2a \\ c & b-2c \end{pmatrix} = \begin{pmatrix} a-2c & 1-2a-2b+4c \\ c & b-2c \end{pmatrix} \tag{4.188}$$

である． ■

問 4.8 $A \in M_2(\mathbf{R})$ を

$$A = \begin{pmatrix} 3 & 6 \\ 1 & 2 \end{pmatrix} \tag{4.189}$$

により定める．A の階数標準形を計算することにより，A の一般逆行列をすべて求めよ[9]．

4.3.5 反射型一般逆行列

定理 4.11 の条件(1)，(2)をみたす一般逆行列を**反射型一般逆行列**という．すなわち，$A \in M_{m,n}(\mathbf{R})$ とし，A^- を A の反射型一般逆行列とすると，

$$AA^-A = A, \quad A^-AA^- = A^- \tag{4.190}$$

である．式(4.190)の第 2 式より，A は A^- の一般逆行列である．これが，「反射型」という用語の由来である．とくに，ムーア－ペンローズ一般逆行列は反射型一般逆行列でもある．

A の特異値分解を式(4.6)とし，Σ を式(4.77)により定めると，式(4.162)，式(4.163)の第 1 式より，A の反射型一般逆行列は

$$A^- = Q\begin{pmatrix} \Sigma^{-1} & C_{12} \\ C_{21} & C_{21}\Sigma C_{12} \end{pmatrix}P^{\mathrm{T}} \tag{4.191}$$

と表される．同様に，A の階数標準形が式(4.179)のように表されるとすると，A の反射型一般逆行列は

$$A^- = Q\begin{pmatrix} E_r & C_{12} \\ C_{21} & C_{21}C_{12} \end{pmatrix}P \tag{4.192}$$

と表される．さらに，次がなりたつ．

定理 4.14 $A \in M_{m,n}(\mathbf{R})$ とし，A^- を A の一般逆行列とすると，次の(1)，(2)は同値である．

（1）A^- は A の反射型一般逆行列である．

---

9) A のムーア－ペンローズ一般逆行列の計算は，問題 4.4 とする．

（2）$\operatorname{rank} A = \operatorname{rank} A^-$

証明　A^- を式(4.165)のように表しておくと，基本変形を繰り返すことにより，A^- は

$$\begin{pmatrix} E_r & C_{12} \\ O_{n-r,r} & C_{22} - C_{21}\Sigma C_{12} \end{pmatrix} \tag{4.193}$$

へと変わる．よって，(2)は式(4.163)の第1式と同値となり，さらに，(1)と同値である．なお，式(4.182)を用いても，同様の議論を行うことができる．　□

4.3.6　その他の一般逆行列のための準備

一般逆行列には，ほかにも最小2乗型やノルム最小型とよばれるものがある．これらについて述べるために，いくつか準備をしておこう．

定理 4.15　$P \in M_m(\mathbf{R})$ を正則行列とし，

$$PP^{\mathrm{T}} = \begin{pmatrix} S_{11} & S_{12} \\ S_{21} & S_{22} \end{pmatrix} \tag{4.194}$$

と表しておく．ただし，$r = 1, 2, \ldots, m-1$ とし，$S_{11} \in M_r(\mathbf{R})$，$S_{12} \in M_{r,m-r}(\mathbf{R})$，$S_{21} \in M_{m-r,r}(\mathbf{R})$，$S_{22} \in M_{m-r}(\mathbf{R})$ である．このとき，S_{22} は正則である．

証明　一般に，正方行列が正則であることと，その正方行列を係数行列とする同次連立1次方程式が自明な解のみをもつこと，すなわち，零ベクトルのみを解にもつことは同値であることに注意する．よって，同次連立1次方程式

$$S_{22}\boldsymbol{x} = \mathbf{0}_{\mathbf{R}^{m-r}} \tag{4.195}$$

の解が $\boldsymbol{x} = \mathbf{0}_{\mathbf{R}^{m-r}}$ のみであることを示せばよい[10]．

$\boldsymbol{x} \in \mathbf{R}^{m-r}$ が式(4.195)をみたすとする．このとき，式(1.44)，(4.194)より，

$$\begin{aligned}
\left\langle P^{\mathrm{T}}\begin{pmatrix} \mathbf{0}_{\mathbf{R}^r} \\ \boldsymbol{x} \end{pmatrix}, P^{\mathrm{T}}\begin{pmatrix} \mathbf{0}_{\mathbf{R}^r} \\ \boldsymbol{x} \end{pmatrix} \right\rangle &= \left\langle PP^{\mathrm{T}}\begin{pmatrix} \mathbf{0}_{\mathbf{R}^r} \\ \boldsymbol{x} \end{pmatrix}, \begin{pmatrix} \mathbf{0}_{\mathbf{R}^r} \\ \boldsymbol{x} \end{pmatrix} \right\rangle \\
&= \left\langle \begin{pmatrix} S_{11} & S_{12} \\ S_{21} & S_{22} \end{pmatrix}\begin{pmatrix} \mathbf{0}_{\mathbf{R}^r} \\ \boldsymbol{x} \end{pmatrix}, \begin{pmatrix} \mathbf{0}_{\mathbf{R}^r} \\ \boldsymbol{x} \end{pmatrix} \right\rangle \\
&= \left\langle \begin{pmatrix} S_{12}\boldsymbol{x} \\ S_{22}\boldsymbol{x} \end{pmatrix}, \begin{pmatrix} \mathbf{0}_{\mathbf{R}^r} \\ \boldsymbol{x} \end{pmatrix} \right\rangle = \left\langle \begin{pmatrix} S_{12}\boldsymbol{x} \\ \mathbf{0}_{\mathbf{R}^{m-r}} \end{pmatrix}, \begin{pmatrix} \mathbf{0}_{\mathbf{R}^r} \\ \boldsymbol{x} \end{pmatrix} \right\rangle = 0
\end{aligned} \tag{4.196}$$

---

10) $\mathbf{0}_{\mathbf{R}^{m-r}}$ は $\mathbf{R}^{m-r}$ の零ベクトルである．

となる．すなわち，

$$\left\langle P^{\mathrm{T}}\begin{pmatrix}\mathbf{0}_{\mathbf{R}^r}\\ \boldsymbol{x}\end{pmatrix}, P^{\mathrm{T}}\begin{pmatrix}\mathbf{0}_{\mathbf{R}^r}\\ \boldsymbol{x}\end{pmatrix}\right\rangle = 0 \tag{4.197}$$

である．さらに，内積の正値性➲定理 1.2(4) より，

$$P^{\mathrm{T}}\begin{pmatrix}\mathbf{0}_{\mathbf{R}^r}\\ \boldsymbol{x}\end{pmatrix} = \mathbf{0}_{\mathbf{R}^m} \tag{4.198}$$

である．ここで，P は正則なので，P^{T} も正則である．よって，

$$\begin{pmatrix}\mathbf{0}_{\mathbf{R}^r}\\ \boldsymbol{x}\end{pmatrix} = \mathbf{0}_{\mathbf{R}^m} \tag{4.199}$$

すなわち，$\boldsymbol{x} = \mathbf{0}_{\mathbf{R}^{m-r}}$ である． □

定理 4.16 $\boldsymbol{a} \in \mathbf{R}^m$，$A \in M_{m,n}(\mathbf{R})$ とする．任意の $\boldsymbol{b} \in \mathbf{R}^n$ に対して，

$$\|\boldsymbol{a}\|^2 \leq \|\boldsymbol{a} + A\boldsymbol{b}\|^2 \tag{4.200}$$

となるための必要十分条件は $A^{\mathrm{T}}\boldsymbol{a} = \mathbf{0}$ である．

証明 まず，式(1.13)，(1.44)より，

$$\begin{aligned}\|\boldsymbol{a} + A\boldsymbol{b}\|^2 &= \langle \boldsymbol{a} + A\boldsymbol{b}, \boldsymbol{a} + A\boldsymbol{b}\rangle = \langle \boldsymbol{a}, \boldsymbol{a}\rangle + \langle \boldsymbol{a}, A\boldsymbol{b}\rangle + \langle A\boldsymbol{b}, \boldsymbol{a}\rangle + \langle A\boldsymbol{b}, A\boldsymbol{b}\rangle \\ &= \|\boldsymbol{a}\|^2 + 2\langle \boldsymbol{a}, A\boldsymbol{b}\rangle + \|A\boldsymbol{b}\|^2 = \|\boldsymbol{a}\|^2 + 2\langle A^{\mathrm{T}}\boldsymbol{a}, \boldsymbol{b}\rangle + \|A\boldsymbol{b}\|^2\end{aligned} \tag{4.201}$$

となる．すなわち，

$$\|\boldsymbol{a} + A\boldsymbol{b}\|^2 = \|\boldsymbol{a}\|^2 + 2\langle A^{\mathrm{T}}\boldsymbol{a}, \boldsymbol{b}\rangle + \|A\boldsymbol{b}\|^2 \tag{4.202}$$

である．よって，$A^{\mathrm{T}}\boldsymbol{a} = \mathbf{0}$ ならば，式(4.200)がなりたつ．

ここで，$A^{\mathrm{T}}\boldsymbol{a} \neq \mathbf{0}$ であるとする．このとき，$\langle A^{\mathrm{T}}\boldsymbol{a}, \boldsymbol{b}\rangle \neq 0$，すなわち，$\langle \boldsymbol{a}, A\boldsymbol{b}\rangle \neq 0$ となる $\boldsymbol{b} \in \mathbf{R}^n$ が存在する．とくに，$A\boldsymbol{b} \neq \mathbf{0}$ である．この $\boldsymbol{b}$ に対して，

$$\boldsymbol{b}' = -\frac{\langle A^{\mathrm{T}}\boldsymbol{a}, \boldsymbol{b}\rangle}{\|A\boldsymbol{b}\|^2}\boldsymbol{b} \tag{4.203}$$

とおくと，式(4.202)において，$\boldsymbol{b}$ を $\boldsymbol{b}'$ に置き換えることにより，

$$\|\boldsymbol{a} + A\boldsymbol{b}'\|^2 = \|\boldsymbol{a}\|^2 - \frac{\langle A^{\mathrm{T}}\boldsymbol{a}, \boldsymbol{b}\rangle^2}{\|A\boldsymbol{b}\|^2} < \|\boldsymbol{a}\|^2 \tag{4.204}$$

となる．したがって，任意の $\boldsymbol{b} \in \mathbf{R}^n$ に対して，式(4.200)がなりたつための必要十分条件は $A^{\mathrm{T}}\boldsymbol{a} = \mathbf{0}$ である． □

4.3.7 最小 2 乗型一般逆行列

定理 4.11 の条件(1)，(3)をみたす一般逆行列を，**最小 2 乗型一般逆行列**という．すなわち，$A \in M_{m,n}(\mathbf{R})$ とし，A^- を A の最小 2 乗型一般逆行列とすると，

$$AA^-A = A, \quad (AA^-)^{\mathrm{T}} = AA^- \tag{4.205}$$

である．とくに，ムーア－ペンローズ一般逆行列は最小 2 乗型一般逆行列でもある．

A の特異値分解を式(4.6)とし，Σ を式(4.77)により定めると，式(4.162)，式(4.163)の第 2 式より，A の最小 2 乗型一般逆行列は

$$A^- = Q\begin{pmatrix} \Sigma^{-1} & O_{r,m-r} \\ C_{21} & C_{22} \end{pmatrix} P^{\mathrm{T}} \tag{4.206}$$

と表される．

A の階数標準形が式(4.179)のように表されるとする．さらに，PP^{T} を式(4.194)のように表しておく．このとき，定理 4.15 より，S_{22} は正則であり，A の最小 2 乗型一般逆行列は

$$A^- = Q\begin{pmatrix} E_r & -S_{12}S_{22}^{-1} \\ C_{21} & C_{22} \end{pmatrix} P \tag{4.207}$$

と表される．このことについては，次の問いとしよう．

問 4.9　式(4.207)を示せ．

「最小 2 乗型」という用語は，次に由来する．

定理 4.17　$A \in M_{m,n}(\mathbf{R})$，$A^- \in M_{n,m}(\mathbf{R})$ とする．任意の $\boldsymbol{b} \in \mathbf{R}^m$ に対して，$A^-\boldsymbol{b}$ が連立 1 次方程式(4.166)の最小 2 乗近似解となるための必要十分条件は，A^- が A の最小 2 乗型一般逆行列であることである．

証明　$A^-\boldsymbol{b}$ が式(4.166)の最小 2 乗近似解であるとする．すなわち，任意の $\boldsymbol{x} \in \mathbf{R}^n$ に対して，

$$\|AA^-\boldsymbol{b} - \boldsymbol{b}\|^2 \leq \|A\boldsymbol{x} - \boldsymbol{b}\|^2 \tag{4.208}$$

である．このとき，

$$\boldsymbol{x} = \boldsymbol{y} + A^-\boldsymbol{b} \quad (\boldsymbol{y} \in \mathbf{R}^n) \tag{4.209}$$

と表しておくと，

$$\|(AA^- - E_m)\boldsymbol{b}\|^2 \leq \|(AA^- - E_m)\boldsymbol{b} + A\boldsymbol{y}\|^2 \tag{4.210}$$

である．よって，定理 4.16 より，

$$A^{\mathrm{T}}(AA^{-}-E_m)\boldsymbol{b}=\mathbf{0} \tag{4.211}$$

である．さらに，$\boldsymbol{b}$ は任意なので，

$$A^{\mathrm{T}}(AA^{-}-E_m)=O \tag{4.212}$$

となり，

$$(AA^{-})^{\mathrm{T}}A=A \tag{4.213}$$

である．すなわち，

$$(AA^{-})^{\mathrm{T}}(AA^{-})=AA^{-} \tag{4.214}$$

となるので，式(4.205)の第 2 式がなりたつ．さらに，式(4.205)の第 2 式を式(4.213)に代入すると，式(4.205)の第 1 式が得られる．以上より，A^{-} は A の最小 2 乗型一般逆行列である．この議論は，逆にたどることもできる． □

4.3.8 ノルム最小型一般逆行列

定理 4.11 の条件(1)，(4)をみたす一般逆行列を，**ノルム最小型一般逆行列**という．すなわち，$A\in M_{m,n}(\mathbf{R})$ とし，A^{-} を A のノルム最小型一般逆行列とすると，

$$AA^{-}A=A,\quad (A^{-}A)^{\mathrm{T}}=A^{-}A \tag{4.215}$$

である．とくに，ムーア－ペンローズ一般逆行列はノルム最小型一般逆行列でもある．

A の特異値分解を式(4.6)とし，Σ を式(4.77)により定めると，式(4.162)，式(4.163)の第 3 式より，A のノルム最小型一般逆行列は

$$A^{-}=Q\begin{pmatrix}\Sigma^{-1} & C_{12}\\ O_{n-r,r} & C_{22}\end{pmatrix}P^{\mathrm{T}} \tag{4.216}$$

と表される．

A の階数標準形が式(4.179)のように表されるとする．さらに，$Q^{\mathrm{T}}Q$ を

$$Q^{\mathrm{T}}Q=\begin{pmatrix}T_{11} & T_{12}\\ T_{21} & T_{22}\end{pmatrix} \tag{4.217}$$

と表しておく．ただし，$T_{11}\in M_r(\mathbf{R})$，$T_{12}\in M_{r,n-r}(\mathbf{R})$，$T_{21}\in M_{n-r,r}(\mathbf{R})$，$T_{22}\in M_{n-r}(\mathbf{R})$ である．このとき，定理 4.15 より，T_{22} は正則であり，A のノルム最小型一般逆行列は

$$A^{-}=Q\begin{pmatrix}E_r & C_{12}\\ -T_{22}^{-1}T_{21} & C_{22}\end{pmatrix}P \tag{4.218}$$

と表される．このことについては，次の問いとしよう．

問 4.10　式(4.218)を示せ．

「ノルム最小型」という用語は，次に由来する．

定理 4.18　$A \in M_{m,n}(\mathbf{R})$，$A^- \in M_{n,m}(\mathbf{R})$ とする．連立1次方程式(4.166)の解が存在する任意の $\boldsymbol{b} \in \mathbf{R}^m$ に対して，$A^-\boldsymbol{b}$ がノルムが最小の解となるための必要十分条件は，A^- が A のノルム最小型一般逆行列であることである．

証明　式(4.166)の解が存在する任意の $\boldsymbol{b} \in \mathbf{R}^m$ に対して，$A^-\boldsymbol{b}$ がノルムが最小の解であるとする．このとき，定理 4.12 より，A^- は A の一般逆行列であり，式(4.215)の第1式がなりたつ．また，定理 4.13 (2) より，式(4.166)の解は式(4.171)のように表される．さらに，任意の $\boldsymbol{c} \in \mathbf{R}^n$ に対して，

$$\|A^-\boldsymbol{b}\|^2 \leq \|A^-\boldsymbol{b} + (E_n - A^-A)\boldsymbol{c}\|^2 \tag{4.219}$$

である．このとき，定理 4.16 より，

$$(E_n - A^-A)^{\mathrm{T}} A^-\boldsymbol{b} = \boldsymbol{0} \tag{4.220}$$

である．さらに，$\boldsymbol{b}$ は任意の $\boldsymbol{d} \in \mathbf{R}^n$ を用いて，$\boldsymbol{b} = A\boldsymbol{d}$ と表されるので，

$$(E_n - A^-A)^{\mathrm{T}} A^-A\boldsymbol{d} = \boldsymbol{0} \tag{4.221}$$

となり，

$$(E_n - A^-A)^{\mathrm{T}} A^-A = O \tag{4.222}$$

である．すなわち，

$$(A^-A)^{\mathrm{T}}(A^-A) = A^-A \tag{4.223}$$

である．したがって，式(4.215)の第2式がなりたつ．以上より，A^- は A のノルム最小型一般逆行列である．この議論は，逆にたどることもできる．　□

章末問題

問題 4.1　$A \in M_2(\mathbf{R})$ を

$$A = \begin{pmatrix} 2 & 3 \\ 0 & 2 \end{pmatrix} \tag{4.224}$$

により定める．次の問いに答えよ．

（1）$A^{\mathrm{T}}A$ の固有値を求めよ．

（2）$A^{\mathrm{T}}A$ の各固有値に対する固有空間を求めよ．

（3）$Q^{-1}A^{\mathrm{T}}AQ$ が対角行列となるような $Q \in \mathrm{O}(2)$ を一つ求めよ．ただし，$Q^{-1}A^{\mathrm{T}}AQ$ の $(1,1)$ 成分は $(2,2)$ 成分より大きいとする．

（4）A の特異値分解および特異値を求めよ．
（5）A の右極分解を求めよ．
（6）A の左極分解を求めよ．

問題 4.2　$\boldsymbol{x}_1, \boldsymbol{x}_2, \boldsymbol{x}_3 \in \mathbf{R}^2$ を

$$\boldsymbol{x}_1 = \begin{pmatrix} 0 \\ 1 \end{pmatrix}, \quad \boldsymbol{x}_2 = \begin{pmatrix} 1 \\ 3 \end{pmatrix}, \quad \boldsymbol{x}_3 = \begin{pmatrix} 2 \\ 2 \end{pmatrix} \tag{4.225}$$

により定める．次の問いに答えよ．

（1）$j = 1, 2, 3$ に対して，

$$\boldsymbol{y}_j = \boldsymbol{x}_j - \frac{1}{3}\sum_{k=1}^{3} \boldsymbol{x}_k \tag{4.226}$$

とおき，$Y \in \mathrm{Sym}(2)$ を

$$Y = \sum_{j=1}^{3} \boldsymbol{y}_j \boldsymbol{y}_j^{\mathrm{T}} \tag{4.227}$$

により定める．Y を求めよ．

（2）Y の固有値を求めよ．
（3）Y の各固有値に対する固有空間を求めよ．
（4）$P^{\mathrm{T}}YP$ が対角行列となるような $P \in \mathrm{O}(2)$ を一つ求めよ．ただし，$P^{\mathrm{T}}YP$ の $(1,1)$ 成分は $(2,2)$ 成分より大きいとする．
（5）$A \in M_{2,1}(\mathbf{R})$，$\boldsymbol{b} \in \mathbf{R}^2$ に対して，直交射影が

$$g(\boldsymbol{x}) = AA^{\mathrm{T}}\boldsymbol{x} + \boldsymbol{b} \quad (\boldsymbol{x} \in \mathbf{R}^3) \tag{4.228}$$

によりあたえられる $\mathbf{R}^2$ のアファイン部分空間を W' とし，$j = 1, 2, 3$ に対して，$\boldsymbol{x}_j$ と W' の距離を d_j とおく．$\displaystyle\sum_{j=1}^{3} d_j^2$ が最小となるときの AA^{T} および $\boldsymbol{b}$ を求めよ．

問題 4.3　$A \in M_2(\mathbf{R})$ を

$$A = \begin{pmatrix} 2 & 4 \\ 1 & 2 \end{pmatrix} \tag{4.229}$$

により定める．次の問いに答えよ．

（1）$A^{\mathrm{T}}A$ の固有値を求めよ．
（2）$A^{\mathrm{T}}A$ の各固有値に対する固有空間を求めよ．
（3）$Q^{-1}A^{\mathrm{T}}AQ$ が対角行列となるような $Q \in \mathrm{O}(2)$ を一つ求めよ．ただし，$Q^{-1}A^{\mathrm{T}}AQ$ の $(1,1)$ 成分は $(2,2)$ 成分より大きいとする．
（4）A の特異値分解および特異値を求めよ．
（5）A のムーア－ペンローズ一般逆行列を求めよ．

問題 4.4　$A \in M_2(\mathbf{R})$ を

$$A = \begin{pmatrix} 3 & 6 \\ 1 & 2 \end{pmatrix} \tag{4.230}$$

により定める．次の問いに答えよ．

（1）$A^{\mathrm{T}}A$ の固有値を求めよ．

（2）$A^{\mathrm{T}}A$ の各固有値に対する固有空間を求めよ．

（3）$Q^{-1}A^{\mathrm{T}}AQ$ が対角行列となるような $Q \in \mathrm{O}(2)$ を一つ求めよ．ただし，$Q^{-1}A^{\mathrm{T}}AQ$ の $(1,1)$ 成分は $(2,2)$ 成分より大きいとする．

（4）A の特異値分解および特異値を求めよ．

（5）A のムーア－ペンローズ一般逆行列を求めよ．

問題 4.5　$A \in M_{m,n}(\mathbf{R})$ とする．ムーア－ペンローズ一般逆行列について，次の(1)～(5)を示せ．

（1）$(A^+)^+ = A$

（2）$(A^{\mathrm{T}})^+ = (A^+)^{\mathrm{T}}$

（3）$P \in \mathrm{O}(m)$，$Q \in \mathrm{O}(n)$ とすると，$(PAQ)^+ = Q^{\mathrm{T}}A^+P^{\mathrm{T}}$

（4）$(AA^{\mathrm{T}})^+ = (A^{\mathrm{T}})^+A^+$

（5）$(A^{\mathrm{T}}A)^+ = A^+(A^{\mathrm{T}})^+$

問題 4.6　$A \in M_{k,l}(\mathbf{R})$，$B \in M_{m,n}(\mathbf{R})$，$C \in M_{k,n}(\mathbf{R})$ とし，$X \in M_{l,m}(\mathbf{R})$ についての方程式

$$AXB = C \tag{4.231}$$

の解が存在すると仮定する．次の問いに答えよ．

（1）A^-, B^- をそれぞれ A, B の一般逆行列とすると，A^-CB^- も式(4.231)の解であることを示せ．

（2）式(4.231)の解は

$$X = A^-CB^- + Y - A^-AYBB^- \quad (Y \in M_{l,m}(\mathbf{R})) \tag{4.232}$$

と表されることを示せ．

補足　とくに，任意の行列の一般逆行列は存在するので，問題 4.6 において，$A = B = C \in M_{m,n}(\mathbf{R})$ とし，A の一般逆行列 A_0^- を一つ選んでおくと，A の任意の一般逆行列は

$$A^- = A_0^-AA_0^- + Y - A_0^-AYAA_0^- \quad (Y \in M_{n,m}(\mathbf{R})) \tag{4.233}$$

と表される．

問題解答

第1章

問 1.1 (1) $f, g, h \in F(X)$, $x \in X$ とする. $\mathbf{R}$ に対する和については結合律がなりたつことに注意すると, 式(1.5)より, $((f+g)+h)(x) = (f+g)(x)+h(x) = (f(x)+g(x))+h(x) = f(x)+(g(x)+h(x)) = f(x)+(g+h)(x) = (f+(g+h))(x)$ となる. よって, x は X の任意の元であることから, $(f+g)+h = f+(g+h)$ である. したがって, $F(X)$ は定義 1.1 の条件(2)をみたす.

(2) $f \in F(X)$ とする. このとき, 例題 1.1 (1)より, $f+\mathbf{0} = \mathbf{0}+f$ である. また, 式(1.5)より, $(f+\mathbf{0})(x) = f(x)+\mathbf{0}(x) = f(x)+0 = f(x)$ となる. よって, x は X の任意の元であることから, $f+\mathbf{0} = f$ である. したがって, $F(X)$ は定義 1.1 の条件(3)をみたし, $\mathbf{0}$ は $F(X)$ の零ベクトルとなる.

(3) $f \in F(X)$, $c, d \in \mathbf{R}$, $x \in X$ とする. $\mathbf{R}$ の演算に対しては分配律がなりたつことに注意すると, 式(1.5), (1.6)より, $((c+d)f)(x) = (c+d)f(x) = cf(x)+df(x) = (cf)(x)+(df)(x) = (cf+df)(x)$ となる. よって, x は X の任意の元であることから, $(c+d)f = cf+df$ である. したがって, $F(X)$ は定義 1.1 の条件(5)をみたす.

(4) $f, g \in F(X)$, $c \in \mathbf{R}$, $x \in X$ とする. $\mathbf{R}$ の演算に対しては分配律がなりたつことに注意すると, 式(1.5), (1.6)より, $(c(f+g))(x) = c(f+g)(x) = c(f(x)+g(x)) = cf(x)+cg(x) = (cf)(x)+(cg)(x) = (cf+cg)(x)$ となる. よって, x は X の任意の元であることから, $c(f+g) = cf+cg$ である. したがって, $F(X)$ は定義 1.1 の条件(6)をみたす.

(5) $f \in F(X)$, $x \in X$ とすると, 式(1.6)より, $(1f)(x) = 1f(x) = f(x)$ となる. よって, x は X の任意の元であることから, $1f = f$ である. したがって, $F(X)$ は定義 1.1 の条件(7)をみたす. また, 式(1.6)より, $(0f)(x) = 0f(x) = 0$ となる. よって, x は X の任意の元であることから, $0f = \mathbf{0}$ である. したがって, $F(X)$ は定義 1.1 の条件(8)をみたす.

問 1.2 ユークリッド距離の定義➲式(1.33) およびノルムに対する三角不等式➲定理1.3(4) より, $d(\boldsymbol{x}, \boldsymbol{z}) = \|\boldsymbol{x}-\boldsymbol{z}\| = \|(\boldsymbol{x}-\boldsymbol{y})+(\boldsymbol{y}-\boldsymbol{z})\| \leq \|\boldsymbol{x}-\boldsymbol{y}\|+\|\boldsymbol{y}-\boldsymbol{z}\| = d(\boldsymbol{x}, \boldsymbol{y})+d(\boldsymbol{y}, \boldsymbol{z})$ となる. よって, 定理 1.4 (3)がなりたつ.

問 1.3 A を 2 次の直交行列とし, $A = \begin{pmatrix} a & b \\ c & d \end{pmatrix}$ $(a, b, c, d \in \mathbf{R})$ と表しておく. このとき, 直交行列の定義➲定義1.3 より, $A^{\mathrm{T}}A = E_2$, すなわち,

$$\begin{pmatrix} a & c \\ b & d \end{pmatrix}\begin{pmatrix} a & b \\ c & d \end{pmatrix} = \begin{pmatrix} 1 & 0 \\ 0 & 1 \end{pmatrix} \tag{a}$$

である．式(a)の左辺を計算し，右辺の各成分と比較すると，

$$a^2 + c^2 = 1, \quad ab + cd = 0, \quad b^2 + d^2 = 1 \tag{b}$$

である．式(b)の第1式，第3式より，ある $\theta, \varphi \in [0, 2\pi)$ が存在し，$a = \cos\theta$，$c = \sin\theta$，$b = \sin\varphi$，$d = \cos\varphi$ と表すことができる．このとき，式(b)の第2式と加法定理より，$\sin(\theta + \varphi) = 0$ である．ここで，$\theta, \varphi \in [0, 2\pi)$ より，$0 \leq \theta + \varphi < 4\pi$ となるので，$\theta + \varphi = 0, \pi, 2\pi, 3\pi$，すなわち，$\varphi = -\theta, -\theta + \pi, -\theta + 2\pi, -\theta + 3\pi$ である．よって，

$$(\sin\varphi, \cos\varphi) = \begin{cases} (-\sin\theta, \cos\theta) & (\varphi = -\theta,\ -\theta + 2\pi) \\ (\sin\theta, -\cos\theta) & (\varphi = -\theta + \pi,\ -\theta + 3\pi) \end{cases}$$

となる．したがって，A は式(1.51)のように表される．

問 1.4　(3)，定理 1.6，標準内積の線形性➡式(1.12) より，$0 = \langle A\boldsymbol{x}, A\boldsymbol{y}\rangle - \langle \boldsymbol{x}, \boldsymbol{y}\rangle = \langle A^{\mathrm{T}}A\boldsymbol{x}, \boldsymbol{y}\rangle - \langle \boldsymbol{x}, \boldsymbol{y}\rangle = \langle A^{\mathrm{T}}A\boldsymbol{x} - \boldsymbol{x}, \boldsymbol{y}\rangle = \langle (A^{\mathrm{T}}A - E_n)\boldsymbol{x}, \boldsymbol{y}\rangle$，すなわち，$\langle (A^{\mathrm{T}}A - E_n)\boldsymbol{x}, \boldsymbol{y}\rangle = 0$ である．ここで，$\boldsymbol{y} = (A^{\mathrm{T}}A - E_n)\boldsymbol{x}$ とすると，ノルムの定義➡式(1.13) より，$\|(A^{\mathrm{T}}A - E_n)\boldsymbol{x}\|^2 = 0$ である．よって，ノルムの正値性➡定理1.3(1) より，$(A^{\mathrm{T}}A - E_n)\boldsymbol{x} = \boldsymbol{0}$ である．さらに，$\boldsymbol{x}$ は任意なので，$A^{\mathrm{T}}A - E_n = O$，すなわち，$A^{\mathrm{T}}A = E_n$ である．ただし，O は零行列である．したがって，注意 1.4 より，$A \in \mathrm{O}(n)$ となり，(1)が得られる．

問 1.5　$\boldsymbol{x} \in \mathbf{R}^n$，$c \in \mathbf{R}$ とすると，f の定義➡式(1.61) より，$f(c\boldsymbol{x}) = A(c\boldsymbol{x}) = c(A\boldsymbol{x}) = cf(\boldsymbol{x})$ となる．よって，f は定義 1.4 の条件(2)をみたす．

章末問題

問題 1.1　(1) $\boldsymbol{x}, \boldsymbol{y} \in W$ とすると，W の定義➡式(1.88) より，$A\boldsymbol{x} = \boldsymbol{0}_{\mathbf{R}^m}$，$A\boldsymbol{y} = \boldsymbol{0}_{\mathbf{R}^m}$ である．よって，$A(\boldsymbol{x} + \boldsymbol{y}) = A\boldsymbol{x} + A\boldsymbol{y} = \boldsymbol{0}_{\mathbf{R}^m} + \boldsymbol{0}_{\mathbf{R}^m} = \boldsymbol{0}_{\mathbf{R}^m}$ となる．すなわち，W の定義より，$\boldsymbol{x} + \boldsymbol{y} \in W$ である．したがって，W は条件(b)をみたす．
(2) $\boldsymbol{x} \in W$ とすると，W の定義➡式(1.88) より，$A\boldsymbol{x} = \boldsymbol{0}_{\mathbf{R}^m}$ である．さらに，$c \in \mathbf{R}$ とすると，$A(c\boldsymbol{x}) = c(A\boldsymbol{x}) = c\boldsymbol{0}_{\mathbf{R}^m} = \boldsymbol{0}_{\mathbf{R}^m}$ となる．すなわち，W の定義より，$c\boldsymbol{x} \in W$ である．よって，W は条件(c)をみたす．

問題 1.2　(1) 式(1.90)より，$a = a^2$ である．これを解くと，$a = 0, 1$ である．
(2) 式(1.90)より，$a = a^3$，$a^2 = a^6$，$a^5 = a^7$ である．第1式より，$a = 0, \pm 1$ である．これは第2式，第3式をみたす．よって，$a = 0, \pm 1$ である．

問題 1.3　(1) $A, B \in \mathrm{Sym}(n)$ より，$A^{\mathrm{T}} = A$，$B^{\mathrm{T}} = B$ である．よって，定理 1.5 (2)より，$(A + B)^{\mathrm{T}} = A^{\mathrm{T}} + B^{\mathrm{T}} = A + B$ となる．したがって，対称行列の定義より，$A + B \in \mathrm{Sym}(n)$ である．

(2) $A \in \mathrm{Sym}(n)$ より，$A^{\mathrm{T}} = A$ である．よって，定理 1.5 (3) より，$(cA)^{\mathrm{T}} = cA^{\mathrm{T}} = cA$ となる．したがって，対称行列の定義より，$cA \in \mathrm{Sym}(n)$ である．

問題 1.4　(1) $A \in \mathrm{O}(2)$ とすると，問 1.3 より，ある $\theta \in [0, 2\pi)$ が存在し，$A = \begin{pmatrix} \cos\theta & \mp\sin\theta \\ \sin\theta & \pm\cos\theta \end{pmatrix}$ (複号同順) と表される．$A = \begin{pmatrix} \cos\theta & -\sin\theta \\ \sin\theta & \cos\theta \end{pmatrix}$ のとき，式(1.94) より，$|A| = \cos\theta\cos\theta - (-\sin\theta)\sin\theta = \cos^2\theta + \sin^2\theta = 1$ となる．$A = \begin{pmatrix} \cos\theta & \sin\theta \\ \sin\theta & -\cos\theta \end{pmatrix}$ のとき，式(1.94) より，$|A| = (\cos\theta)(-\cos\theta) - \sin\theta\sin\theta = -(\cos^2\theta + \sin^2\theta) = -1$ となる．よって，2 次の直交行列の行列式は 1 または -1 である．
(2) $A \in \mathrm{O}(n)$ とすると，(d)，直交行列の定義➲定義 1.3，(ii) および (i) より，$1 = |E_n| = |AA^{\mathrm{T}}| = |A||A^{\mathrm{T}}| = |A|^2$ となる．すなわち，$|A|^2 = 1$ となり，$|A| = \pm 1$ である．よって，直交行列の行列式は 1 または -1 である．

問題 1.5　(1) 問題 1.4 (1) の計算より，ある $\theta \in [0, 2\pi)$ が存在し，$A = \begin{pmatrix} \cos\theta & -\sin\theta \\ \sin\theta & \cos\theta \end{pmatrix}$ となる．このとき，A の固有多項式を $\phi_A(\lambda)$ とおくと，式(1.94) より，$\phi_A(\lambda) = |\lambda E_2 - A| = \left|\lambda\begin{pmatrix} 1 & 0 \\ 0 & 1 \end{pmatrix} - \begin{pmatrix} \cos\theta & -\sin\theta \\ \sin\theta & \cos\theta \end{pmatrix}\right| = \begin{vmatrix} \lambda - \cos\theta & \sin\theta \\ -\sin\theta & \lambda - \cos\theta \end{vmatrix} = (\lambda - \cos\theta)^2 + \sin^2\theta$ となる．よって，A の固有値は固有方程式 $\phi_A(\lambda) = 0$ を解いて，$\lambda = \cos\theta \pm i\sin\theta$ である．
(2) $\lambda = \cos\theta + i\sin\theta$ のとき，同次連立 1 次方程式 $A\boldsymbol{x} = \lambda\boldsymbol{x}$ は $\begin{pmatrix} i\sin\theta & \sin\theta \\ -\sin\theta & i\sin\theta \end{pmatrix}\boldsymbol{x} = \boldsymbol{0}$ と同値である．$\sin\theta \neq 0$ に注意し，これを解くと，$k \in \mathbf{C}$ を任意の定数として，$\boldsymbol{x} = k\begin{pmatrix} i \\ 1 \end{pmatrix}$ である．よって，たとえば，$k = 1$ として得られる $\boldsymbol{x} = \begin{pmatrix} i \\ 1 \end{pmatrix}$ は固有値 $\cos\theta + i\sin\theta$ に対する A の固有ベクトルの一つである．
(3) (2) より，$A\begin{pmatrix} i \\ 1 \end{pmatrix} = (\cos\theta + i\sin\theta)\begin{pmatrix} i \\ 1 \end{pmatrix}$ である．よって，A の成分が実数であることに注意し，両辺のすべての成分を共役複素数に代えると，$A\begin{pmatrix} -i \\ 1 \end{pmatrix} = (\cos\theta - i\sin\theta)\begin{pmatrix} -i \\ 1 \end{pmatrix}$ となる．したがって，たとえば，$\boldsymbol{x} = \begin{pmatrix} -i \\ 1 \end{pmatrix}$ は固有値 $\cos\theta - i\sin\theta$ に対する A の固有ベクトルの一つである．
(4) 問題 1.4 (1) の計算より，ある $\theta \in [0, 2\pi)$ が存在し，$A = \begin{pmatrix} \cos\theta & \sin\theta \\ \sin\theta & -\cos\theta \end{pmatrix}$ となる．このとき，A の固有多項式を $\phi_A(\lambda)$ とおくと，式(1.94) より，$\phi_A(\lambda) = |\lambda E_2 - A| = \left|\lambda\begin{pmatrix} 1 & 0 \\ 0 & 1 \end{pmatrix} - \begin{pmatrix} \cos\theta & \sin\theta \\ \sin\theta & -\cos\theta \end{pmatrix}\right| = \begin{vmatrix} \lambda - \cos\theta & -\sin\theta \\ -\sin\theta & \lambda + \cos\theta \end{vmatrix} = (\lambda - \cos\theta)(\lambda + \cos\theta) - \sin^2\theta = \lambda^2 - \cos^2\theta - \sin^2\theta = \lambda^2 - 1$ となる．よって，A の固有値は固有方程式 $\phi_A(\lambda) = 0$ を解いて，$\lambda = \pm 1$ である．

(5) $\lambda=1$ のとき，同次連立 1 次方程式 $A\boldsymbol{x}=\lambda\boldsymbol{x}$ は $\begin{pmatrix}1-\cos\theta & -\sin\theta\\ -\sin\theta & 1+\cos\theta\end{pmatrix}\boldsymbol{x}=\boldsymbol{0}$ と同値である．これを解くと，$k\in\mathbf{C}$ を任意の定数として，$\boldsymbol{x}=k\begin{pmatrix}\cos\frac{\theta}{2}\\ \sin\frac{\theta}{2}\end{pmatrix}$ である．よって，たとえば，$k=1$ として得られる $\boldsymbol{x}=\begin{pmatrix}\cos\frac{\theta}{2}\\ \sin\frac{\theta}{2}\end{pmatrix}$ は固有値 1 に対する A の固有ベクトルの一つである．

(6) $\lambda=-1$ のとき，同次連立 1 次方程式 $A\boldsymbol{x}=\lambda\boldsymbol{x}$ は $\begin{pmatrix}-1-\cos\theta & -\sin\theta\\ -\sin\theta & -1+\cos\theta\end{pmatrix}\boldsymbol{x}=\boldsymbol{0}$ となる．これを解くと，$k\in\mathbf{C}$ を任意の定数として，$\boldsymbol{x}=k\begin{pmatrix}-\sin\frac{\theta}{2}\\ \cos\frac{\theta}{2}\end{pmatrix}$ である．よって，たとえば，$k=1$ として得られる $\boldsymbol{x}=\begin{pmatrix}-\sin\frac{\theta}{2}\\ \cos\frac{\theta}{2}\end{pmatrix}$ は固有値 -1 に対する A の固有ベクトルの一つである．

問題 1.6 m を正の整数とし，$A\in\mathrm{O}(2m-1)$，$|A|=\varepsilon$ とする．ただし，$\varepsilon=\pm1$ である．このとき，行列式の基本的性質➲問題 1.4 (b)，(2) (i)，(ii) および直交行列の定義➲定義 1.3 より，$|\varepsilon E-A|=1\cdot|\varepsilon E-A|=\varepsilon^2|\varepsilon E-A|=\varepsilon|A||\varepsilon E-A|=\varepsilon|A^{\mathrm{T}}||\varepsilon E-A|=\varepsilon|A^{\mathrm{T}}(\varepsilon E-A)|=\varepsilon|\varepsilon A^{\mathrm{T}}-E|=\varepsilon|(\varepsilon A-E)^{\mathrm{T}}|=\varepsilon|\varepsilon A-E|=\varepsilon|(-\varepsilon)(-A+\varepsilon E)|=\varepsilon(-\varepsilon)^{2m-1}|-A+\varepsilon E|=-|\varepsilon E-A|$ となる．ただし，E は $(2m-1)$ 次の単位行列である．すなわち，$|\varepsilon E-A|=-|\varepsilon E-A|$ である．よって，$|\varepsilon E-A|=0$ となり，A は ε を固有値にもつ．したがって，行列式が 1，-1 の奇数次の直交行列はそれぞれ 1，-1 を固有値にもつ．

第 2 章

問 2.1 (1) 拡大係数行列の簡約化を行うと，$\left(\begin{array}{cc|c}3 & 1 & 7\\ 1 & 2 & 4\end{array}\right)\xrightarrow{\text{第 1 行}-\text{第 2 行}\times3}\left(\begin{array}{cc|c}0 & -5 & -5\\ 1 & 2 & 4\end{array}\right)\xrightarrow{\text{第 1 行}\times(-\frac{1}{5})}\left(\begin{array}{cc|c}0 & 1 & 1\\ 1 & 2 & 4\end{array}\right)\xrightarrow{\text{第 2 行}-\text{第 1 行}\times2}\left(\begin{array}{cc|c}0 & 1 & 1\\ 1 & 0 & 2\end{array}\right)\xrightarrow{\text{第 1 行と第 2 行の入れ替え}}\left(\begin{array}{cc|c}1 & 0 & 2\\ 0 & 1 & 1\end{array}\right)$ となる．最後に現れた簡約行列に対する方程式は，$\begin{pmatrix}1 & 0\\ 0 & 1\end{pmatrix}\begin{pmatrix}x\\ y\end{pmatrix}=\begin{pmatrix}2\\ 1\end{pmatrix}$ である．よって，解は $x=2$，$y=1$ である．また，係数行列の階数は $\mathrm{rank}\begin{pmatrix}3 & 1\\ 1 & 2\end{pmatrix}=\mathrm{rank}\begin{pmatrix}1 & 0\\ 0 & 1\end{pmatrix}=2$ である．さらに，拡大係数行列の階数は $\mathrm{rank}\left(\begin{array}{cc|c}3 & 1 & 7\\ 1 & 2 & 4\end{array}\right)=\mathrm{rank}\left(\begin{array}{cc|c}1 & 0 & 2\\ 0 & 1 & 1\end{array}\right)=2$ である．

(2) 拡大係数行列の簡約化を行うと，$\left(\begin{array}{ccc|c}3 & 1 & 8 & 7\\ 1 & 2 & 1 & 4\\ 2 & -1 & 7 & 3\end{array}\right)\xrightarrow[\text{第 3 行}-\text{第 2 行}\times2]{\text{第 1 行}-\text{第 2 行}\times3}$

$$\left(\begin{array}{ccc|c} 0 & -5 & 5 & -5 \\ 1 & 2 & 1 & 4 \\ 0 & -5 & 5 & -5 \end{array}\right) \xrightarrow{\text{第 1 行と第 2 行の入れ替え}} \left(\begin{array}{ccc|c} 1 & 2 & 1 & 4 \\ 0 & -5 & 5 & -5 \\ 0 & -5 & 5 & -5 \end{array}\right) \xrightarrow{\text{第 3 行}-\text{第 2 行}}$$

$$\left(\begin{array}{ccc|c} 1 & 2 & 1 & 4 \\ 0 & -5 & 5 & -5 \\ 0 & 0 & 0 & 0 \end{array}\right) \xrightarrow{\text{第 2 行}\times(-\frac{1}{5})} \left(\begin{array}{ccc|c} 1 & 2 & 1 & 4 \\ 0 & 1 & -1 & 1 \\ 0 & 0 & 0 & 0 \end{array}\right) \xrightarrow{\text{第 1 行}-\text{第 2 行}\times 2} \left(\begin{array}{ccc|c} 1 & 0 & 3 & 2 \\ 0 & 1 & -1 & 1 \\ 0 & 0 & 0 & 0 \end{array}\right)$$

となる．最後に現れた簡約行列に対する方程式は $\begin{pmatrix} 1 & 0 & 3 \\ 0 & 1 & -1 \\ 0 & 0 & 0 \end{pmatrix}\begin{pmatrix} x \\ y \\ z \end{pmatrix} = \begin{pmatrix} 2 \\ 1 \\ 0 \end{pmatrix}$，すなわち，$x = -3z + 2$，$y = z + 1$ である．よって，解は $c \in \mathbf{R}$ を任意の定数として，$x = -3c + 2$，$y = c + 1$，$z = c$ である．また，係数行列の階数は $\mathrm{rank}\begin{pmatrix} 3 & 1 & 8 \\ 1 & 2 & 1 \\ 2 & -1 & 7 \end{pmatrix} = \mathrm{rank}\begin{pmatrix} 1 & 0 & 3 \\ 0 & 1 & -1 \\ 0 & 0 & 0 \end{pmatrix} = 2$ である．さらに，拡大係数行列の階数は $\mathrm{rank}\left(\begin{array}{ccc|c} 3 & 1 & 8 & 7 \\ 1 & 2 & 1 & 4 \\ 2 & -1 & 7 & 3 \end{array}\right) = \mathrm{rank}\left(\begin{array}{ccc|c} 1 & 0 & 3 & 2 \\ 0 & 1 & -1 & 1 \\ 0 & 0 & 0 & 0 \end{array}\right) = 2$ である．

(3) 拡大係数行列の簡約化を行うと，$\left(\begin{array}{ccc|c} 1 & 2 & -1 & 3 \\ 8 & 1 & 7 & 9 \\ 0 & 1 & -1 & 0 \\ 3 & 1 & 2 & 4 \end{array}\right) \xrightarrow[\text{第 4 行}-\text{第 1 行}\times 3]{\text{第 2 行}-\text{第 1 行}\times 8}$

$$\left(\begin{array}{ccc|c} 1 & 2 & -1 & 3 \\ 0 & -15 & 15 & -15 \\ 0 & 1 & -1 & 0 \\ 0 & -5 & 5 & -5 \end{array}\right) \xrightarrow[\text{第 4 行}-\text{第 2 行}\times\frac{1}{3}]{\text{第 1 行}-\text{第 3 行}\times 2} \left(\begin{array}{ccc|c} 1 & 0 & 1 & 3 \\ 0 & -15 & 15 & -15 \\ 0 & 1 & -1 & 0 \\ 0 & 0 & 0 & 0 \end{array}\right)$$

$$\xrightarrow{\text{第 2 行と第 3 行の入れ替え}} \left(\begin{array}{ccc|c} 1 & 0 & 1 & 3 \\ 0 & 1 & -1 & 0 \\ 0 & -15 & 15 & -15 \\ 0 & 0 & 0 & 0 \end{array}\right) \xrightarrow{\text{第 3 行}+\text{第 2 行}\times 15} \left(\begin{array}{ccc|c} 1 & 0 & 1 & 3 \\ 0 & 1 & -1 & 0 \\ 0 & 0 & 0 & -15 \\ 0 & 0 & 0 & 0 \end{array}\right)$$

$\xrightarrow{\text{第 3 行}\times(-\frac{1}{15})} \left(\begin{array}{ccc|c} 1 & 0 & 1 & 3 \\ 0 & 1 & -1 & 0 \\ 0 & 0 & 0 & 1 \\ 0 & 0 & 0 & 0 \end{array}\right) \xrightarrow{\text{第 1 行}-\text{第 3 行}\times 3} \left(\begin{array}{ccc|c} 1 & 0 & 1 & 0 \\ 0 & 1 & -1 & 0 \\ 0 & 0 & 0 & 1 \\ 0 & 0 & 0 & 0 \end{array}\right)$ となる．最後に現れた簡約行列の第 3 行に注目すると，対応する方程式の一つとして，$0 = 1$ が得られる．よって，解は存在しない．また，係数行列の階数は $\mathrm{rank}\begin{pmatrix} 1 & 2 & -1 \\ 8 & 1 & 7 \\ 0 & 1 & -1 \\ 3 & 1 & 2 \end{pmatrix} = \mathrm{rank}\begin{pmatrix} 1 & 0 & 1 \\ 0 & 1 & -1 \\ 0 & 0 & 0 \\ 0 & 0 & 0 \end{pmatrix} = 2$ である．さらに，拡大係数行列の階数は $\mathrm{rank}\left(\begin{array}{ccc|c} 1 & 2 & -1 & 3 \\ 8 & 1 & 7 & 9 \\ 0 & 1 & -1 & 0 \\ 3 & 1 & 2 & 4 \end{array}\right) = \mathrm{rank}\left(\begin{array}{ccc|c} 1 & 0 & 1 & 0 \\ 0 & 1 & -1 & 0 \\ 0 & 0 & 0 & 1 \\ 0 & 0 & 0 & 0 \end{array}\right) = 3$ である．

問 2.2 $c \in \mathbf{R} \setminus \{0\}$ とする．まず，$P_3(1;c) = \begin{pmatrix} c & 0 & 0 \\ 0 & 1 & 0 \\ 0 & 0 & 1 \end{pmatrix}$，$P_3(2;c) = \begin{pmatrix} 1 & 0 & 0 \\ 0 & c & 0 \\ 0 & 0 & 1 \end{pmatrix}$，$P_3(3;c) = \begin{pmatrix} 1 & 0 & 0 \\ 0 & 1 & 0 \\ 0 & 0 & c \end{pmatrix}$ である．また，$Q_3(1,2) = Q_3(2,1) = \begin{pmatrix} 0 & 1 & 0 \\ 1 & 0 & 0 \\ 0 & 0 & 1 \end{pmatrix}$，$Q_3(1,3) = Q_3(3,1) = \begin{pmatrix} 0 & 0 & 1 \\ 0 & 1 & 0 \\ 1 & 0 & 0 \end{pmatrix}$，$Q_3(2,3) = Q_3(3,2) = \begin{pmatrix} 1 & 0 & 0 \\ 0 & 0 & 1 \\ 0 & 1 & 0 \end{pmatrix}$ である．さらに，$R_3(1,2;c) = \begin{pmatrix} 1 & c & 0 \\ 0 & 1 & 0 \\ 0 & 0 & 1 \end{pmatrix}$，$R_3(1,3;c) = \begin{pmatrix} 1 & 0 & c \\ 0 & 1 & 0 \\ 0 & 0 & 1 \end{pmatrix}$，$R_3(2,1;c) = \begin{pmatrix} 1 & 0 & 0 \\ c & 1 & 0 \\ 0 & 0 & 1 \end{pmatrix}$，$R_3(2,3;c) = \begin{pmatrix} 1 & 0 & 0 \\ 0 & 1 & c \\ 0 & 0 & 1 \end{pmatrix}$，$R_3(3,1;c) = \begin{pmatrix} 1 & 0 & 0 \\ 0 & 1 & 0 \\ c & 0 & 1 \end{pmatrix}$，$R_3(3,2;c) = \begin{pmatrix} 1 & 0 & 0 \\ 0 & 1 & 0 \\ 0 & c & 1 \end{pmatrix}$ である．

問 2.3 $(A \mid E_3)$ に対して，行に関する基本変形を繰り返すと，

$$\left(\begin{array}{ccc|ccc} a & 1 & 1 & 1 & 0 & 0 \\ 1 & a & 1 & 0 & 1 & 0 \\ 1 & 1 & a & 0 & 0 & 1 \end{array}\right) \xrightarrow[\text{第 2 行}-\text{第 3 行}]{\text{第 1 行}-\text{第 3 行}\times a} \left(\begin{array}{ccc|ccc} 0 & 1-a & 1-a^2 & 1 & 0 & -a \\ 0 & a-1 & 1-a & 0 & 1 & -1 \\ 1 & 1 & a & 0 & 0 & 1 \end{array}\right)$$

$$\xrightarrow{\text{第 1 行と第 3 行の入れ替え}} \left(\begin{array}{ccc|ccc} 1 & 1 & a & 0 & 0 & 1 \\ 0 & a-1 & 1-a & 0 & 1 & -1 \\ 0 & 1-a & 1-a^2 & 1 & 0 & -a \end{array}\right)$$

となる．$a - 1 = 0$，すなわち，$a = 1$ のとき，上の変形の最後の行列は $\left(\begin{array}{ccc|ccc} 1 & 1 & 1 & 0 & 0 & 1 \\ 0 & 0 & 0 & 0 & 1 & -1 \\ 0 & 0 & 0 & 1 & 0 & -1 \end{array}\right)$ となる．ここで，$\begin{pmatrix} 1 & 1 & 1 \\ 0 & 0 & 0 \\ 0 & 0 & 0 \end{pmatrix}$ は単位行列ではない簡約行列である．よって，A は正則ではない．$a \neq 1$ のとき，上の変形をさらに続けると，

$$\left(\begin{array}{ccc|ccc} 1 & 1 & a & 0 & 0 & 1 \\ 0 & a-1 & 1-a & 0 & 1 & -1 \\ 0 & 1-a & 1-a^2 & 1 & 0 & -a \end{array}\right) \xrightarrow{\text{第 3 行}+\text{第 2 行}}$$

$$\left(\begin{array}{ccc|ccc} 1 & 1 & a & 0 & 0 & 1 \\ 0 & a-1 & 1-a & 0 & 1 & -1 \\ 0 & 0 & 2-a-a^2 & 1 & 1 & -1-a \end{array}\right) \xrightarrow{\text{第 2 行}\times\frac{1}{a-1}}$$

$$\left(\begin{array}{ccc|ccc} 1 & 1 & a & 0 & 0 & 1 \\ 0 & 1 & -1 & 0 & \frac{1}{a-1} & -\frac{1}{a-1} \\ 0 & 0 & 2-a-a^2 & 1 & 1 & -1-a \end{array}\right) \xrightarrow{\text{第 1 行}-\text{第 2 行}}$$

$$\left(\begin{array}{ccc|ccc} 1 & 0 & 1+a & 0 & -\frac{1}{a-1} & \frac{a}{a-1} \\ 0 & 1 & -1 & 0 & \frac{1}{a-1} & -\frac{1}{a-1} \\ 0 & 0 & 2-a-a^2 & 1 & 1 & -1-a \end{array}\right)$$

となる．$2 - a - a^2 = 0$，すなわち，$a \neq 1$

より，$a=-2$ のとき，上の変形の最後の行列は $\left(\begin{array}{ccc|ccc} 1 & 0 & -1 & 0 & \frac{1}{3} & \frac{2}{3} \\ 0 & 1 & -1 & 0 & -\frac{1}{3} & \frac{1}{3} \\ 0 & 0 & 0 & 1 & 1 & 1 \end{array}\right)$ となる．ここで，$\begin{pmatrix} 1 & 0 & -1 \\ 0 & 1 & -1 \\ 0 & 0 & 0 \end{pmatrix}$ は単位行列ではない簡約行列である．よって，A は正則ではない．$a \neq 1$ かつ $a \neq -2$ のとき，上の変形をさらに続けると，

$$\left(\begin{array}{ccc|ccc} 1 & 0 & 1+a & 0 & -\frac{1}{a-1} & \frac{a}{a-1} \\ 0 & 1 & -1 & 0 & \frac{1}{a-1} & -\frac{1}{a-1} \\ 0 & 0 & 2-a-a^2 & 1 & 1 & -1-a \end{array}\right) \xrightarrow{\text{第 3 行}\times\frac{1}{2-a-a^2}}$$

$$\left(\begin{array}{ccc|ccc} 1 & 0 & 1+a & 0 & -\frac{1}{a-1} & \frac{a}{a-1} \\ 0 & 1 & -1 & 0 & \frac{1}{a-1} & -\frac{1}{a-1} \\ 0 & 0 & 1 & \frac{1}{2-a-a^2} & \frac{1}{2-a-a^2} & -\frac{1+a}{2-a-a^2} \end{array}\right) \xrightarrow[\text{第 2 行}+\text{第 3 行}]{\text{第 1 行}-\text{第 3 行}\times(1+a)}$$

$$\left(\begin{array}{ccc|ccc} 1 & 0 & 0 & -\frac{1+a}{2-a-a^2} & \frac{1}{2-a-a^2} & \frac{1}{2-a-a^2} \\ 0 & 1 & 0 & \frac{1}{2-a-a^2} & -\frac{1+a}{2-a-a^2} & \frac{1}{2-a-a^2} \\ 0 & 0 & 1 & \frac{1}{2-a-a^2} & \frac{1}{2-a-a^2} & -\frac{1+a}{2-a-a^2} \end{array}\right)$$

となる．よって，A は正則であり，A の逆行列は $A^{-1} = \begin{pmatrix} -\frac{1+a}{2-a-a^2} & \frac{1}{2-a-a^2} & \frac{1}{2-a-a^2} \\ \frac{1}{2-a-a^2} & -\frac{1+a}{2-a-a^2} & \frac{1}{2-a-a^2} \\ \frac{1}{2-a-a^2} & \frac{1}{2-a-a^2} & -\frac{1+a}{2-a-a^2} \end{pmatrix} = \dfrac{1}{a^2+a-2}\begin{pmatrix} a+1 & -1 & -1 \\ -1 & a+1 & -1 \\ -1 & -1 & a+1 \end{pmatrix}$ である．

問 2.4　まず，$\boldsymbol{x}=\boldsymbol{0}$ のとき，定理 2.4 (3) およびノルムの正値性 ➲定理 2.5 (1) より，(3) の両辺はともに 0 となり，等しい．次に，$\boldsymbol{x} \neq \boldsymbol{0}$ のとき，ノルムの正値性より，任意の $t \in \mathbf{R}$ に対して，$\|t\boldsymbol{x}+\boldsymbol{y}\|^2 \geq 0$ である．さらに，ノルムの定義 ➲式 (2.54)，内積の線形性 ➲定理 2.4 (1), (2) および内積の対称性 ➲定義 2.2 (1) より，この不等式は $\|\boldsymbol{x}\|^2t^2+2\langle\boldsymbol{x},\boldsymbol{y}\rangle t+\|\boldsymbol{y}\|^2 \geq 0$ となる．ここで，ノルムの正値性より，$\|\boldsymbol{x}\|>0$ なので，上の式の左辺は t の 2 次式である．よって，$\dfrac{1}{4}$(判別式) $=\langle\boldsymbol{x},\boldsymbol{y}\rangle^2-\|\boldsymbol{x}\|^2\|\boldsymbol{y}\|^2 \leq 0$，すなわち，$\langle\boldsymbol{x},\boldsymbol{y}\rangle^2 \leq \|\boldsymbol{x}\|^2\|\boldsymbol{y}\|^2$ である．さらに，ノルムの正値性に注意すると，(3) がなりたつ．

問 2.5　式 (2.71) より，$|\,\boldsymbol{a}_1\ \boldsymbol{a}_2\ \boldsymbol{a}_3\,| = \begin{vmatrix} 1 & 3 & 2 \\ 2 & 1 & 3 \\ 3 & 2 & 1 \end{vmatrix} = 1\cdot1\cdot1+3\cdot3\cdot3+2\cdot2\cdot2-2\cdot1\cdot3-3\cdot2\cdot1-1\cdot3\cdot2 = 18 \neq 0$ である．よって，定理 2.7 より，$\{\boldsymbol{a}_1, \boldsymbol{a}_2, \boldsymbol{a}_3\}$ は $\mathbf{R}^3$ の基底である．

問 2.6　(1) $P \in \mathrm{O}(3)$，式 (2.84) および定理 1.7 より，$P^{-1}AP \in \mathrm{O}(3)$ である．また，問題 1.4 (2) (ii) より，$|PAP^{-1}|=|P^{-1}PA|=|A|=\varepsilon$ である．

(2) $P^{-1}AP \in \mathrm{O}(3)$ および式(2.88)より，$E_3 = \begin{pmatrix} \varepsilon & 0 & 0 \\ 0 & & \\ 0 & \multicolumn{2}{c}{B} \end{pmatrix}\begin{pmatrix} \varepsilon & 0 & 0 \\ 0 & & \\ 0 & \multicolumn{2}{c}{B} \end{pmatrix}^{\mathrm{T}} =$ $\begin{pmatrix} \varepsilon & 0 & 0 \\ 0 & & \\ 0 & \multicolumn{2}{c}{B} \end{pmatrix}\begin{pmatrix} \varepsilon & 0 & 0 \\ 0 & & \\ 0 & \multicolumn{2}{c}{B^{\mathrm{T}}} \end{pmatrix} = \begin{pmatrix} 1 & 0 & 0 \\ 0 & & \\ 0 & \multicolumn{2}{c}{BB^{\mathrm{T}}} \end{pmatrix}$ である．よって，$BB^{\mathrm{T}} = E_2$ である．したがって，注意 1.4 より，$B \in \mathrm{O}(2)$ である．また，$|PAP^{-1}| = \varepsilon$，式(2.88)および式(2.89)より，$\varepsilon = \begin{vmatrix} \varepsilon & 0 & 0 \\ 0 & & \\ 0 & \multicolumn{2}{c}{B} \end{vmatrix} = \varepsilon|B|$，すなわち，$\varepsilon = \varepsilon|B|$ である．よって，$|B| = 1$ である．したがって，問題 1.4 (1)の計算より，B は $\theta \in [0, 2\pi)$ を用いて，$B = \begin{pmatrix} \cos\theta & -\sin\theta \\ \sin\theta & \cos\theta \end{pmatrix}$ と表され，式(2.81)が得られる．

問 2.7　加法定理より，$\begin{pmatrix} \cos\theta & \sin\theta \\ \sin\theta & -\cos\theta \end{pmatrix}\begin{pmatrix} \cos\varphi & \sin\varphi \\ \sin\varphi & -\cos\varphi \end{pmatrix}$

$$= \begin{pmatrix} \cos\theta\cos\varphi + \sin\theta\sin\varphi & \cos\theta\sin\varphi - \sin\theta\cos\varphi \\ \sin\theta\cos\varphi - \cos\theta\sin\varphi & \sin\theta\sin\varphi + \cos\theta\cos\varphi \end{pmatrix}$$

$= \begin{pmatrix} \cos(\theta-\varphi) & -\sin(\theta-\varphi) \\ \sin(\theta-\varphi) & \cos(\theta-\varphi) \end{pmatrix}$ である．よって，式(2.109)がなりたつ．

問 2.8　まず，式(2.104)の R_θ について，$|R_\theta| = 1$ である．よって，問題 1.4 (b)，(d)，(2) (ii)，式(2.110)より，$|A| = |APP^{-1}| = |P^{-1}AP| = |E_k||-E_l||R_{\theta_1}|\cdots|R_{\theta_m}| = 1 \cdot (-1)^l \cdot 1 \cdot \cdots \cdot 1 = (-1)^l$ である．

問 2.9　3 次のギブンス行列は $G_3(1,2;\theta) = \begin{pmatrix} \cos\theta & \sin\theta & 0 \\ -\sin\theta & \cos\theta & 0 \\ 0 & 0 & 1 \end{pmatrix}$，

$G_3(1,3;\theta) = \begin{pmatrix} \cos\theta & 0 & \sin\theta \\ 0 & 1 & 0 \\ -\sin\theta & 0 & \cos\theta \end{pmatrix}$，$G_3(2,1;\theta) = \begin{pmatrix} \cos\theta & -\sin\theta & 0 \\ \sin\theta & \cos\theta & 0 \\ 0 & 0 & 1 \end{pmatrix}$，

$G_3(2,3;\theta) = \begin{pmatrix} 1 & 0 & 0 \\ 0 & \cos\theta & \sin\theta \\ 0 & -\sin\theta & \cos\theta \end{pmatrix}$，$G_3(3,1;\theta) = \begin{pmatrix} \cos\theta & 0 & -\sin\theta \\ 0 & 1 & 0 \\ \sin\theta & 0 & \cos\theta \end{pmatrix}$，

$G_3(3,2;\theta) = \begin{pmatrix} 1 & 0 & 0 \\ 0 & \cos\theta & -\sin\theta \\ 0 & \sin\theta & \cos\theta \end{pmatrix}$ である．

問 2.10　定理 2.13 と同じ記号を用いる．まず，式(1.14)より，$\boldsymbol{b}_1 = \dfrac{1}{\|\boldsymbol{a}_1\|}\boldsymbol{a}_1 =$ $\dfrac{1}{\sqrt{0^2+1^2+2^2}}\begin{pmatrix} 0 \\ 1 \\ 2 \end{pmatrix} = \dfrac{1}{\sqrt{5}}\begin{pmatrix} 0 \\ 1 \\ 2 \end{pmatrix}$ である．次に，式(1.9)より，$\boldsymbol{b}_2' = \boldsymbol{a}_2 - \langle \boldsymbol{a}_2, \boldsymbol{b}_1 \rangle \boldsymbol{b}_1 =$

$$\begin{pmatrix}2\\0\\1\end{pmatrix}-\frac{1}{\sqrt{5}}(2\cdot 0+0\cdot 1+1\cdot 2)\cdot\frac{1}{\sqrt{5}}\begin{pmatrix}0\\1\\2\end{pmatrix}=\begin{pmatrix}2\\0\\1\end{pmatrix}-\frac{2}{5}\begin{pmatrix}0\\1\\2\end{pmatrix}=\frac{1}{5}\begin{pmatrix}10\\-2\\1\end{pmatrix}$$ である．

さらに，$\boldsymbol{b}_2=\dfrac{1}{\|\boldsymbol{b}_2'\|}\boldsymbol{b}_2'=\dfrac{1}{\sqrt{10^2+(-2)^2+1^2}}\begin{pmatrix}10\\-2\\1\end{pmatrix}=\dfrac{1}{\sqrt{105}}\begin{pmatrix}10\\-2\\1\end{pmatrix}$ である．

問 2.11　(1) まず，定理 2.14 の条件(2)より，$Q_1^{\mathrm{T}}Q_1=E_m$，$Q_2^{\mathrm{T}}Q_2=E_m$ である．よって，$Q_2^{\mathrm{T}}Q_1R_1=Q_2^{\mathrm{T}}(Q_1R_1)=Q_2^{\mathrm{T}}(Q_2R_2)=(Q_2^{\mathrm{T}}Q_2)R_2=E_mR_2=R_2$ となる．すなわち，$Q_2^{\mathrm{T}}Q_1R_1=R_2$ である．さらに，R_1 が正則であることに注意すると，$Q_2^{\mathrm{T}}Q_1=R_2R_1^{-1}$ である．同様に，$Q_1^{\mathrm{T}}Q_2=R_1R_2^{-1}$ である．

(2) R_1, R_2 は上三角行列なので，$R_2R_1^{-1}$, $R_1R_2^{-1}$ はともに上三角行列となる．さらに，定理 1.5 (1)，(4) より，$(Q_2^{\mathrm{T}}Q_1)^{\mathrm{T}}=Q_1^{\mathrm{T}}(Q_2^{\mathrm{T}})^{\mathrm{T}}=Q_1^{\mathrm{T}}Q_2$，すなわち，$(Q_2^{\mathrm{T}}Q_1)^{\mathrm{T}}=Q_1^{\mathrm{T}}Q_2$ であることと(1)をあわせると，$(R_2R_1^{-1})^{\mathrm{T}}=R_1R_2^{-1}$ となるので，$R_2R_1^{-1}$ は下三角行列でもある[1)]．よって，$R_2R_1^{-1}$ は上三角行列かつ下三角行列，すなわち，対角行列である．

(3) $D=R_2R_1^{-1}$ より，$Q_1=(Q_1R_1)R_1^{-1}=(Q_2R_2)R_1^{-1}=Q_2(R_2R_1^{-1})=Q_2D$ となる．すなわち，$Q_1=Q_2D$ である．

(4) (3) より，$E_m=Q_1^{\mathrm{T}}Q_1=(Q_2D)^{\mathrm{T}}(Q_2D)=D^{\mathrm{T}}Q_2^{\mathrm{T}}Q_2D=DE_mD=D^2$ となる．すなわち，$D^2=E_m$ である．ここで，$D=R_2R_1^{-1}$ は対角行列であることと上三角行列 R_1, R_2 の対角成分が正であることから $D=E_m$ となり，$R_1=R_2$ が得られる．また，(3) より，$Q_1=Q_2$ が得られる．

問 2.12　(1) 式(1.94)より，$|A|=\begin{vmatrix}1&2\\3&4\end{vmatrix}=1\cdot 4-2\cdot 3=-2\neq 0$ である．よって，A は正則である．

(2) $\theta\in\mathbf{R}$ を $\cos\theta=\dfrac{1}{\sqrt{1^2+3^2}}=\dfrac{1}{\sqrt{10}}$，$\sin\theta=\dfrac{3}{\sqrt{1^2+3^2}}=\dfrac{3}{\sqrt{10}}$ となるように選んでおく．このとき，$G_2(1,2;\theta)A=\begin{pmatrix}\cos\theta&\sin\theta\\-\sin\theta&\cos\theta\end{pmatrix}A=\dfrac{1}{\sqrt{10}}\begin{pmatrix}1&3\\-3&1\end{pmatrix}\begin{pmatrix}1&2\\3&4\end{pmatrix}=\dfrac{1}{\sqrt{10}}\begin{pmatrix}10&14\\0&-2\end{pmatrix}$ となる．よって，$\begin{pmatrix}1&0\\0&-1\end{pmatrix}G_2(1,2;\theta)A=\dfrac{1}{\sqrt{10}}\begin{pmatrix}10&14\\0&2\end{pmatrix}$ である．したがって，求める QR 分解を $A=QR$ とすると，$Q=\left(\begin{pmatrix}1&0\\0&-1\end{pmatrix}G_2(1,2;\theta)\right)^{\mathrm{T}}=$

$$\left(\begin{pmatrix}1&0\\0&-1\end{pmatrix}\cdot\frac{1}{\sqrt{10}}\begin{pmatrix}1&3\\-3&1\end{pmatrix}\right)^{\mathrm{T}}=\frac{1}{\sqrt{10}}\begin{pmatrix}1&3\\3&-1\end{pmatrix}^{\mathrm{T}}=\frac{1}{\sqrt{10}}\begin{pmatrix}1&3\\3&-1\end{pmatrix},$$

$R=\dfrac{1}{\sqrt{10}}\begin{pmatrix}10&14\\0&2\end{pmatrix}$ である．

---

1)　下三角行列とは $i<j$ のとき，(i,j) 成分が 0 である正方行列のことである．

問 2.13　$\boldsymbol{p} \in \mathbf{R}^2$ を式(2.158)のように定めると，$\boldsymbol{p} = \begin{pmatrix} 1 \\ 3 \end{pmatrix} - \begin{pmatrix} \sqrt{1^2+3^2} \\ 0 \end{pmatrix} = \begin{pmatrix} 1-\sqrt{10} \\ 3 \end{pmatrix}$ である．よって，$\langle \boldsymbol{p}, \boldsymbol{p} \rangle = (1-\sqrt{10})^2 + 3^2 = 20 - 2\sqrt{10}$，$\boldsymbol{p}\boldsymbol{p}^{\mathrm{T}} = \begin{pmatrix} 1-\sqrt{10} \\ 3 \end{pmatrix}(1-\sqrt{10} \quad 3) = \begin{pmatrix} 11-2\sqrt{10} & 3-3\sqrt{10} \\ 3-3\sqrt{10} & 9 \end{pmatrix}$ となる．さらに，式(2.129)より，$H_n(\boldsymbol{p}) = E_2 - \dfrac{2\boldsymbol{p}\boldsymbol{p}^{\mathrm{T}}}{\langle \boldsymbol{p}, \boldsymbol{p} \rangle} = \begin{pmatrix} 1 & 0 \\ 0 & 1 \end{pmatrix} - \dfrac{2}{20-2\sqrt{10}}\begin{pmatrix} 11-2\sqrt{10} & 3-3\sqrt{10} \\ 3-3\sqrt{10} & 9 \end{pmatrix} = \dfrac{1}{\sqrt{10}}\begin{pmatrix} 1 & 3 \\ 3 & -1 \end{pmatrix}$ である．したがって，$H_2(\boldsymbol{p})A = \dfrac{1}{\sqrt{10}}\begin{pmatrix} 1 & 3 \\ 3 & -1 \end{pmatrix}\begin{pmatrix} 1 & 2 \\ 3 & 4 \end{pmatrix} = \dfrac{1}{\sqrt{10}}\begin{pmatrix} 10 & 14 \\ 0 & 2 \end{pmatrix}$ である．以上より，求める QR 分解を $A = QR$ とすると，$Q = H_2(\boldsymbol{p})^{\mathrm{T}} = \dfrac{1}{\sqrt{10}}\begin{pmatrix} 1 & 3 \\ 3 & -1 \end{pmatrix}$，$R = \dfrac{1}{\sqrt{10}}\begin{pmatrix} 10 & 14 \\ 0 & 2 \end{pmatrix}$ である．

章末問題

問題 2.1　(1) A に対して，基本変形を繰り返すと，$\begin{pmatrix} a & a & 1 \\ a & 1 & a \\ 1 & a & a \end{pmatrix} \xrightarrow[\text{第 2 行}-\text{第 3 行}\times a]{\text{第 1 行}-\text{第 3 行}\times a}$

$\begin{pmatrix} 0 & a-a^2 & 1-a^2 \\ 0 & 1-a^2 & a-a^2 \\ 1 & a & a \end{pmatrix} \xrightarrow[\text{第 3 列}-\text{第 1 列}\times a]{\text{第 2 列}-\text{第 1 列}\times a} \begin{pmatrix} 0 & a-a^2 & 1-a^2 \\ 0 & 1-a^2 & a-a^2 \\ 1 & 0 & 0 \end{pmatrix} \xrightarrow{\text{第 1 行と第 3 行の入れ替え}}$

$\begin{pmatrix} 1 & 0 & 0 \\ 0 & 1-a^2 & a-a^2 \\ 0 & a-a^2 & 1-a^2 \end{pmatrix} \xrightarrow{\text{第 3 行}-\text{第 2 行}} \begin{pmatrix} 1 & 0 & 0 \\ 0 & 1-a^2 & a-a^2 \\ 0 & a-1 & 1-a \end{pmatrix} \xrightarrow{\text{第 2 列}+\text{第 3 列}}$

$\begin{pmatrix} 1 & 0 & 0 \\ 0 & (1-a)(1+2a) & a(1-a) \\ 0 & 0 & 1-a \end{pmatrix}$ となる．$1-a=0$，すなわち，$a=1$ のとき，上の変形の最後の行列は $\begin{pmatrix} 1 & 0 & 0 \\ 0 & 0 & 0 \\ 0 & 0 & 0 \end{pmatrix}$ となり，これは階数標準形である．$a \neq 1$ のとき，上の変形をさらに続けると，$\begin{pmatrix} 1 & 0 & 0 \\ 0 & (1-a)(1+2a) & a(1-a) \\ 0 & 0 & 1-a \end{pmatrix} \xrightarrow[\text{第 3 行}\times \frac{1}{1-a}]{\text{第 2 行}\times \frac{1}{1-a}} \begin{pmatrix} 1 & 0 & 0 \\ 0 & 1+2a & a \\ 0 & 0 & 1 \end{pmatrix}$

$\xrightarrow{\text{第 2 行}-\text{第 3 行}\times a} \begin{pmatrix} 1 & 0 & 0 \\ 0 & 1+2a & 0 \\ 0 & 0 & 1 \end{pmatrix} \xrightarrow{\text{第 2 行と第 3 行の入れ替え}} \begin{pmatrix} 1 & 0 & 0 \\ 0 & 0 & 1 \\ 0 & 1+2a & 0 \end{pmatrix}$

$\xrightarrow{\text{第 2 列と第 3 列の入れ替え}} \begin{pmatrix} 1 & 0 & 0 \\ 0 & 1 & 0 \\ 0 & 0 & 1+2a \end{pmatrix}$ となる．$1+2a=0$，すなわち，$a = -\dfrac{1}{2}$ のとき，上

の変形の最後の行列は $\begin{pmatrix} 1 & 0 & 0 \\ 0 & 1 & 0 \\ 0 & 0 & 0 \end{pmatrix}$ となり，これは階数標準形である．$1+2a \neq 0$，すなわち，$a \neq 1$ より，$a \neq 1,\ -\dfrac{1}{2}$ のとき，上の変形をさらに続けると，$\begin{pmatrix} 1 & 0 & 0 \\ 0 & 1 & 0 \\ 0 & 0 & 1+2a \end{pmatrix} \xrightarrow{\text{第 3 行} \times \frac{1}{1+2a}}$ $\begin{pmatrix} 1 & 0 & 0 \\ 0 & 1 & 0 \\ 0 & 0 & 1 \end{pmatrix}$ となり，これは階数標準形である．

(2) まず，$AP_2(1;c) = \begin{pmatrix} p & q \\ r & s \\ t & u \end{pmatrix}\begin{pmatrix} c & 0 \\ 0 & 1 \end{pmatrix} = \begin{pmatrix} cp & q \\ cr & s \\ ct & u \end{pmatrix}$ である．また，$AP_2(2;c) = \begin{pmatrix} p & q \\ r & s \\ t & u \end{pmatrix}\begin{pmatrix} 1 & 0 \\ 0 & c \end{pmatrix} = \begin{pmatrix} p & cq \\ r & cs \\ t & cu \end{pmatrix}$ である．よって，(i)がなりたつ．次に，$AQ_2(1,2) = AQ_2(2,1) = \begin{pmatrix} p & q \\ r & s \\ t & u \end{pmatrix}\begin{pmatrix} 0 & 1 \\ 1 & 0 \end{pmatrix} = \begin{pmatrix} q & p \\ s & r \\ u & t \end{pmatrix}$ である．よって，(ii)がなりたつ．さらに，$AR_2(1,2;c) = \begin{pmatrix} p & q \\ r & s \\ t & u \end{pmatrix}\begin{pmatrix} 1 & c \\ 0 & 1 \end{pmatrix} = \begin{pmatrix} p & q+cp \\ r & s+cr \\ t & u+ct \end{pmatrix}$ である．また，$AR_2(2,1;c) = \begin{pmatrix} p & q \\ r & s \\ t & u \end{pmatrix}\begin{pmatrix} 1 & 0 \\ c & 1 \end{pmatrix} = \begin{pmatrix} p+cq & q \\ r+cs & s \\ t+cu & u \end{pmatrix}$ である．よって，(iii)がなりたつ．

問題 2.2　(1) $(\,A \mid E_2\,)$ に対して，行に関する基本変形を繰り返すと，

$$\left(\begin{array}{cc|cc} a & b & 1 & 0 \\ 0 & c & 0 & 1 \end{array}\right) \xrightarrow[\text{第 2 行}\times\frac{1}{c}]{\text{第 1 行}\times\frac{1}{a}} \left(\begin{array}{cc|cc} 1 & \frac{b}{a} & \frac{1}{a} & 0 \\ 0 & 1 & 0 & \frac{1}{c} \end{array}\right) \xrightarrow{\text{第 1 行}-\text{第 2 行}\times\frac{b}{a}} \left(\begin{array}{cc|cc} 1 & 0 & \frac{1}{a} & -\frac{b}{ac} \\ 0 & 1 & 0 & \frac{1}{c} \end{array}\right)$$

となる．

よって，A の逆行列は $A^{-1} = \begin{pmatrix} \frac{1}{a} & -\frac{b}{ac} \\ 0 & \frac{1}{c} \end{pmatrix} = \dfrac{1}{ac}\begin{pmatrix} c & -b \\ 0 & a \end{pmatrix}$ である．

(2) $(\,A \mid E_3\,)$ に対して，行に関する基本変形を繰り返すと，

$$\left(\begin{array}{ccc|ccc} a & b & c & 1 & 0 & 0 \\ 0 & d & e & 0 & 1 & 0 \\ 0 & 0 & f & 0 & 0 & 1 \end{array}\right) \xrightarrow[\substack{\text{第 2 行}\times\frac{1}{d} \\ \text{第 3 行}\times\frac{1}{f}}]{\text{第 1 行}\times\frac{1}{a}} \left(\begin{array}{ccc|ccc} 1 & \frac{b}{a} & \frac{c}{a} & \frac{1}{a} & 0 & 0 \\ 0 & 1 & \frac{e}{d} & 0 & \frac{1}{d} & 0 \\ 0 & 0 & 1 & 0 & 0 & \frac{1}{f} \end{array}\right) \xrightarrow[\text{第 2 行}-\text{第 3 行}\times\frac{e}{d}]{\text{第 1 行}-\text{第 3 行}\times\frac{c}{a}}$$

$$\left(\begin{array}{ccc|ccc} 1 & \frac{b}{a} & 0 & \frac{1}{a} & 0 & -\frac{c}{af} \\ 0 & 1 & 0 & 0 & \frac{1}{d} & -\frac{e}{df} \\ 0 & 0 & 1 & 0 & 0 & \frac{1}{f} \end{array}\right) \xrightarrow{\text{第 1 行}-\text{第 2 行}\times\frac{b}{a}} \left(\begin{array}{ccc|ccc} 1 & 0 & 0 & \frac{1}{a} & -\frac{b}{ad} & -\frac{c}{af}+\frac{be}{adf} \\ 0 & 1 & 0 & 0 & \frac{1}{d} & -\frac{e}{df} \\ 0 & 0 & 1 & 0 & 0 & \frac{1}{f} \end{array}\right)$$

となる．

よって，A の逆行列は $A^{-1}=\begin{pmatrix}\frac{1}{a} & -\frac{b}{ad} & -\frac{c}{af}+\frac{be}{adf}\\ 0 & \frac{1}{d} & -\frac{e}{df}\\ 0 & 0 & \frac{1}{f}\end{pmatrix}=\frac{1}{adf}\begin{pmatrix}df & -bf & be-cd\\ 0 & af & -ae\\ 0 & 0 & ad\end{pmatrix}$ である．

問題 2.3　$(\boldsymbol{a}_1\ \boldsymbol{a}_2\ \boldsymbol{a}_3)$ に対して，行に関する基本変形を繰り返すと，

$$\begin{pmatrix}a & 1 & 1\\ a & a & 1\\ 1 & a & a\\ 1 & 1 & a\end{pmatrix}\xrightarrow[\text{第 3 行−第 4 行}]{\substack{\text{第 1 行−第 4 行}\times a\\ \text{第 2 行−第 4 行}\times a}}\begin{pmatrix}0 & 1-a & 1-a^2\\ 0 & 0 & 1-a^2\\ 0 & a-1 & 0\\ 1 & 1 & a\end{pmatrix}\xrightarrow{\text{第 1 行と第 4 行の入れ替え}}$$

$$\begin{pmatrix}1 & 1 & a\\ 0 & 0 & 1-a^2\\ 0 & a-1 & 0\\ 0 & 1-a & 1-a^2\end{pmatrix}\xrightarrow{\text{第 4 行 − 第 2 行}}\begin{pmatrix}1 & 1 & a\\ 0 & 0 & 1-a^2\\ 0 & a-1 & 0\\ 0 & 1-a & 0\end{pmatrix}\xrightarrow{\text{第 4 行 + 第 3 行}}$$

$$\begin{pmatrix}1 & 1 & a\\ 0 & 0 & (1-a)(1+a)\\ 0 & a-1 & 0\\ 0 & 0 & 0\end{pmatrix}\xrightarrow{\text{第 2 行と第 3 行の入れ替え}}\begin{pmatrix}1 & 1 & a\\ 0 & a-1 & 0\\ 0 & 0 & (1-a)(1+a)\end{pmatrix}$$

となる．$a-1=0$，すなわち，$a=1$ のとき，上の変形の最後の行列は $\begin{pmatrix}1 & 1 & 1\\ 0 & 0 & 0\\ 0 & 0 & 0\end{pmatrix}$ となり，これは簡約行列である．さらに，$\mathrm{rank}(\boldsymbol{a}_1\ \boldsymbol{a}_2\ \boldsymbol{a}_3)=1$ なので，$\boldsymbol{a}_1, \boldsymbol{a}_2, \boldsymbol{a}_3$ は 1 次独立ではない．$a\neq 1$ のとき，上の変形をさらに続けると，

$$\begin{pmatrix}1 & 1 & a\\ 0 & a-1 & 0\\ 0 & 0 & (1-a)(1+a)\end{pmatrix}\xrightarrow{\substack{\text{第 2 行}\times\frac{1}{a-1}\\ \text{第 3 行}\times\frac{1}{a-1}}}$$

$$\begin{pmatrix}1 & 1 & a\\ 0 & 1 & 0\\ 0 & 0 & -a-1\end{pmatrix}\xrightarrow{\text{第 1 行−第 2 行}}\begin{pmatrix}1 & 0 & a\\ 0 & 1 & 0\\ 0 & 0 & -a-1\end{pmatrix}$$

となる．$-a-1=0$，すなわち，$a=-1$ のとき，上の変形の最後の行列は $\begin{pmatrix}1 & 0 & -1\\ 0 & 1 & 0\\ 0 & 0 & 0\end{pmatrix}$ となり，これは簡約行列である．さらに，$\mathrm{rank}(\boldsymbol{a}_1\ \boldsymbol{a}_2\ \boldsymbol{a}_3)=2$ なので，$\boldsymbol{a}_1, \boldsymbol{a}_2, \boldsymbol{a}_3$ は 1 次独立ではない．$-a-1\neq 0$，すなわち，$a\neq 1$ より，$a\neq\pm 1$ のとき，上の変形をさらに続けると，

$$\begin{pmatrix}1 & 0 & a\\ 0 & 1 & 0\\ 0 & 0 & -a-1\end{pmatrix}\xrightarrow{\text{第 3 行}\times\frac{1}{-a-1}}\begin{pmatrix}1 & 0 & a\\ 0 & 1 & 0\\ 0 & 0 & 1\end{pmatrix}\xrightarrow{\text{第 1 行−第 3 行}\times a}\begin{pmatrix}1 & 0 & 0\\ 0 & 1 & 0\\ 0 & 0 & 1\end{pmatrix}$$

となり，最後の行列は簡約行列である．さらに，$\mathrm{rank}(\boldsymbol{a}_1\ \boldsymbol{a}_2\ \boldsymbol{a}_3)=3$ なので，$\boldsymbol{a}_1, \boldsymbol{a}_2, \boldsymbol{a}_3$ は 1 次独立である．

問題 2.4　(1) $(\,\boldsymbol{a}_1\ \boldsymbol{a}_2\,)$ の簡約化を行うと，$\begin{pmatrix}1&0\\1&1\\0&2\end{pmatrix}\xrightarrow{\text{第 2 行}-\text{第 1 行}}\begin{pmatrix}1&0\\0&1\\0&2\end{pmatrix}$ $\xrightarrow{\text{第 3 行}-\text{第 2 行}\times 2}\begin{pmatrix}1&0\\0&1\\0&0\end{pmatrix}$ となる．よって，$\mathrm{rank}(\,\boldsymbol{a}_1\ \boldsymbol{a}_2\,)=2$ である．したがって，$\boldsymbol{a}_1\ \boldsymbol{a}_2$ は 1 次独立である➲問題 2.3．

(2)　定理 2.13 と同じ記号を用いる．まず，式 (1.14) より，$\boldsymbol{b}_1=\dfrac{1}{\|\boldsymbol{a}_1\|}\boldsymbol{a}_1=\dfrac{1}{\sqrt{1^2+1^2+0^2}}\boldsymbol{a}_1=\dfrac{1}{\sqrt{2}}\boldsymbol{a}_1=\dfrac{1}{\sqrt{2}}\begin{pmatrix}1\\1\\0\end{pmatrix}$ である．次に，式 (1.9) より，$\boldsymbol{b}_2'=\boldsymbol{a}_2-\langle\boldsymbol{a}_2,\boldsymbol{b}_1\rangle\boldsymbol{b}_1=\boldsymbol{a}_2-\dfrac{1}{\sqrt{2}}(0\cdot1+1\cdot1+2\cdot0)\cdot\dfrac{1}{\sqrt{2}}\boldsymbol{a}_1=-\dfrac{1}{2}\boldsymbol{a}_1+\boldsymbol{a}_2=-\dfrac{1}{2}\begin{pmatrix}1\\1\\0\end{pmatrix}+\begin{pmatrix}0\\1\\2\end{pmatrix}=\dfrac{1}{2}\begin{pmatrix}-1\\1\\4\end{pmatrix}$ である．さらに，$\boldsymbol{b}_2=\dfrac{1}{\|\boldsymbol{b}_2'\|}\boldsymbol{b}_2'=\dfrac{1}{\frac{1}{2}\sqrt{(-1)^2+1^2+4^2}}\left(-\dfrac{1}{2}\boldsymbol{a}_1+\boldsymbol{a}_2\right)=\dfrac{1}{3\sqrt{2}}(-\boldsymbol{a}_1+2\boldsymbol{a}_2)=\dfrac{1}{3\sqrt{2}}\begin{pmatrix}-1\\1\\4\end{pmatrix}$ である．よって，$\boldsymbol{b}_1=\dfrac{1}{\sqrt{2}}\boldsymbol{a}_1$，$\boldsymbol{b}_2=-\dfrac{1}{3\sqrt{2}}\boldsymbol{a}_1+\dfrac{2}{3\sqrt{2}}\boldsymbol{a}_2$，すなわち，$\dfrac{1}{\sqrt{2}}\begin{pmatrix}1&-\frac{1}{3}\\1&\frac{1}{3}\\0&\frac{4}{3}\end{pmatrix}=(\,\boldsymbol{a}_1\ \boldsymbol{a}_2\,)\cdot\dfrac{1}{\sqrt{2}}\begin{pmatrix}1&-\frac{1}{3}\\0&\frac{2}{3}\end{pmatrix}$ である．したがって，$Q=\dfrac{1}{\sqrt{2}}\begin{pmatrix}1&-\frac{1}{3}\\1&\frac{1}{3}\\0&\frac{4}{3}\end{pmatrix}$，$R=\left(\dfrac{1}{\sqrt{2}}\begin{pmatrix}1&-\frac{1}{3}\\0&\frac{2}{3}\end{pmatrix}\right)^{-1}=\dfrac{\sqrt{2}}{1\cdot\frac{2}{3}}\begin{pmatrix}\frac{2}{3}&\frac{1}{3}\\0&1\end{pmatrix}=\dfrac{1}{\sqrt{2}}\begin{pmatrix}2&1\\0&3\end{pmatrix}$➲問題 2.2 (1)

とおくと，QR 分解 $A=QR$ が得られる．

(3) まず，$\theta\in\mathbf{R}$ を $\cos\theta=\dfrac{1}{\sqrt{1^2+1^2}}=\dfrac{1}{\sqrt{2}}$，　$\sin\theta=\dfrac{1}{\sqrt{1^2+1^2}}=\dfrac{1}{\sqrt{2}}$ となるように選んでおく．このとき，$G_3(1,2;\theta)A=\begin{pmatrix}\cos\theta&\sin\theta&0\\-\sin\theta&\cos\theta&0\\0&0&1\end{pmatrix}A=$ $\dfrac{1}{\sqrt{2}}\begin{pmatrix}1&1&0\\-1&1&0\\0&0&\sqrt{2}\end{pmatrix}\begin{pmatrix}1&0\\1&1\\0&2\end{pmatrix}=\dfrac{1}{\sqrt{2}}\begin{pmatrix}2&1\\0&1\\0&2\sqrt{2}\end{pmatrix}$ となる．次に，$\varphi\in\mathbf{R}$ を

$\cos\varphi=\dfrac{1}{\sqrt{1^2+(2\sqrt{2}\,)^2}}=\dfrac{1}{3}$，　$\sin\varphi=\dfrac{2\sqrt{2}}{\sqrt{1^2+(2\sqrt{2}\,)^2}}=\dfrac{2\sqrt{2}}{3}$ となるように選んでおく．このとき，$G_3(2,3;\varphi)G_3(1,2;\theta)A=\begin{pmatrix}1&0&0\\0&\cos\varphi&\sin\varphi\\0&-\sin\varphi&\cos\varphi\end{pmatrix}G_3(1,2;\theta)A=$

$\frac{1}{3}\begin{pmatrix}3 & 0 & 0\\ 0 & 1 & 2\sqrt{2}\\ 0 & -2\sqrt{2} & 1\end{pmatrix}\cdot\frac{1}{\sqrt{2}}\begin{pmatrix}2 & 1\\ 0 & 1\\ 0 & 2\sqrt{2}\end{pmatrix}=\frac{1}{\sqrt{2}}\begin{pmatrix}2 & 1\\ 0 & 3\\ 0 & 0\end{pmatrix}$ となる．ここで，

$G_3(2,3;\varphi)G_3(1,2;\theta)=\frac{1}{3}\begin{pmatrix}3 & 0 & 0\\ 0 & 1 & 2\sqrt{2}\\ 0 & -2\sqrt{2} & 1\end{pmatrix}\cdot\frac{1}{\sqrt{2}}\begin{pmatrix}1 & 1 & 0\\ -1 & 1 & 0\\ 0 & 0 & \sqrt{2}\end{pmatrix}=$

$\frac{1}{\sqrt{2}}\begin{pmatrix}1 & 1 & 0\\ -\frac{1}{3} & \frac{1}{3} & \frac{4}{3}\\ \frac{2\sqrt{2}}{3} & -\frac{2\sqrt{2}}{3} & \frac{\sqrt{2}}{3}\end{pmatrix}$ となる．よって，(2)と同じ QR 分解が得られる．

(4) まず，$\boldsymbol{p}\in\mathbf{R}^3$ を式(2.158)のように定めると，$\boldsymbol{p}=\begin{pmatrix}1\\ 1\\ 0\end{pmatrix}-\begin{pmatrix}\sqrt{1^2+1^2+0^2}\\ 0\\ 0\end{pmatrix}=$

$\begin{pmatrix}1-\sqrt{2}\\ 1\\ 0\end{pmatrix}$ である．よって，$\langle\boldsymbol{p},\boldsymbol{p}\rangle=(1-\sqrt{2})^2+1^2+0^2=4-2\sqrt{2}$，$\boldsymbol{p}\boldsymbol{p}^{\mathrm{T}}=$

$\begin{pmatrix}1-\sqrt{2}\\ 1\\ 0\end{pmatrix}(1-\sqrt{2}\ \ 1\ \ 0)=\begin{pmatrix}3-2\sqrt{2} & 1-\sqrt{2} & 0\\ 1-\sqrt{2} & 1 & 0\\ 0 & 0 & 0\end{pmatrix}$ となる．さらに，式(2.129)より，$H_3(\boldsymbol{p})=E_3-\frac{2\boldsymbol{p}\boldsymbol{p}^{\mathrm{T}}}{\langle\boldsymbol{p},\boldsymbol{p}\rangle}=\begin{pmatrix}1 & 0 & 0\\ 0 & 1 & 0\\ 0 & 0 & 1\end{pmatrix}-\frac{2}{4-2\sqrt{2}}\begin{pmatrix}3-2\sqrt{2} & 1-\sqrt{2} & 0\\ 1-\sqrt{2} & 1 & 0\\ 0 & 0 & 0\end{pmatrix}=$

$\frac{1}{\sqrt{2}}\begin{pmatrix}1 & 1 & 0\\ 1 & -1 & 0\\ 0 & 0 & \sqrt{2}\end{pmatrix}$ である．したがって，$H_3(\boldsymbol{p})A=\frac{1}{\sqrt{2}}\begin{pmatrix}1 & 1 & 0\\ 1 & -1 & 0\\ 0 & 0 & \sqrt{2}\end{pmatrix}\begin{pmatrix}1 & 0\\ 1 & 1\\ 0 & 2\end{pmatrix}=$

$\frac{1}{\sqrt{2}}\begin{pmatrix}2 & 1\\ 0 & -1\\ 0 & 2\sqrt{2}\end{pmatrix}$ である．次に，$\boldsymbol{q}\in\mathbf{R}^3$ を式(2.160)のように定めると，$\boldsymbol{q}=\frac{1}{\sqrt{2}}\begin{pmatrix}0\\ -1\\ 2\sqrt{2}\end{pmatrix}$

$-\frac{1}{\sqrt{2}}\begin{pmatrix}0\\ \sqrt{(-1)^2+(2\sqrt{2})^2}\\ 0\end{pmatrix}=\begin{pmatrix}0\\ -2\sqrt{2}\\ 2\end{pmatrix}$ である．よって，$\langle\boldsymbol{q},\boldsymbol{q}\rangle=0^2+$

$(-2\sqrt{2})^2+2^2=12$，$\boldsymbol{q}\boldsymbol{q}^{\mathrm{T}}=\begin{pmatrix}0\\ -2\sqrt{2}\\ 2\end{pmatrix}(0\ \ -2\sqrt{2}\ \ 2)=\begin{pmatrix}0 & 0 & 0\\ 0 & 8 & -4\sqrt{2}\\ 0 & -4\sqrt{2} & 4\end{pmatrix}$ となる．さらに，式(2.129)より，$H_3(\boldsymbol{q})=E_3-\frac{2\boldsymbol{q}\boldsymbol{q}^{\mathrm{T}}}{\langle\boldsymbol{q},\boldsymbol{q}\rangle}=\begin{pmatrix}1 & 0 & 0\\ 0 & 1 & 0\\ 0 & 0 & 1\end{pmatrix}-$

$\frac{2}{12}\begin{pmatrix}0 & 0 & 0\\ 0 & 8 & -4\sqrt{2}\\ 0 & -4\sqrt{2} & 4\end{pmatrix}=\frac{1}{3}\begin{pmatrix}3 & 0 & 0\\ 0 & -1 & 2\sqrt{2}\\ 0 & 2\sqrt{2} & 1\end{pmatrix}$ である．したがって，$H_3(\boldsymbol{q})H_3(\boldsymbol{p})A=$

$\frac{1}{3}\begin{pmatrix}3 & 0 & 0\\ 0 & -1 & 2\sqrt{2}\\ 0 & 2\sqrt{2} & 1\end{pmatrix}\cdot\frac{1}{\sqrt{2}}\begin{pmatrix}2 & 1\\ 0 & -1\\ 0 & 2\sqrt{2}\end{pmatrix}=\frac{1}{\sqrt{2}}\begin{pmatrix}2 & 1\\ 0 & 3\\ 0 & 0\end{pmatrix}$ である．また，$H_3(\boldsymbol{q})H_3(\boldsymbol{p})=$

$$\frac{1}{3}\begin{pmatrix}3 & 0 & 0\\0 & -1 & 2\sqrt{2}\\0 & 2\sqrt{2} & 1\end{pmatrix}\cdot\frac{1}{\sqrt{2}}\begin{pmatrix}1 & 1 & 0\\1 & -1 & 0\\0 & 0 & \sqrt{2}\end{pmatrix} = \frac{1}{\sqrt{2}}\begin{pmatrix}1 & 1 & 0\\-\frac{1}{3} & \frac{1}{3} & \frac{4}{3}\\\frac{2\sqrt{2}}{3} & -\frac{2\sqrt{2}}{3} & \frac{\sqrt{2}}{3}\end{pmatrix}$$ である．以上より，(2)と同じ QR 分解が得られる．

(5) 式(2.174)および(2)より，求める最小 2 乗近似解は $\boldsymbol{x} = R^{-1}Q^{\mathrm{T}}\begin{pmatrix}1\\0\\0\end{pmatrix} =$

$$\frac{1}{\sqrt{2}}\begin{pmatrix}1 & -\frac{1}{3}\\0 & \frac{2}{3}\end{pmatrix}\cdot\frac{1}{\sqrt{2}}\begin{pmatrix}1 & 1 & 0\\-\frac{1}{3} & \frac{1}{3} & \frac{4}{3}\end{pmatrix}\begin{pmatrix}1\\0\\0\end{pmatrix} = \frac{1}{2}\begin{pmatrix}1 & -\frac{1}{3}\\0 & \frac{2}{3}\end{pmatrix}\begin{pmatrix}1\\-\frac{1}{3}\end{pmatrix} = \begin{pmatrix}\frac{5}{9}\\-\frac{1}{9}\end{pmatrix}$$ である．

問題 2.5　(1) 式(2.71)より，$|\,\boldsymbol{a}_1\ \boldsymbol{a}_2\ \boldsymbol{a}_3\,| = \begin{vmatrix}1 & 0 & 0\\1 & 1 & 1\\0 & 0 & 1\end{vmatrix} = 1$ となる．よって，定理 2.7 より，$\boldsymbol{a}_1, \boldsymbol{a}_2, \boldsymbol{a}_3$ は 1 次独立である．

(2) 定理 2.13 と同じ記号を用いる．まず，式(1.14)より，$\boldsymbol{b}_1 = \frac{1}{\|\boldsymbol{a}_1\|}\boldsymbol{a}_1 = \frac{1}{\sqrt{1^2+1^2+0^2}}\boldsymbol{a}_1 = \frac{1}{\sqrt{2}}\boldsymbol{a}_1 = \frac{1}{\sqrt{2}}\begin{pmatrix}1\\1\\0\end{pmatrix}$ である．次に，式(1.9)より，$\boldsymbol{b}'_2 = \boldsymbol{a}_2 - \langle\boldsymbol{a}_2, \boldsymbol{b}_1\rangle\boldsymbol{b}_1 = \boldsymbol{a}_2 - \frac{1}{\sqrt{2}}(0\cdot1+1\cdot1+0\cdot0)\cdot\frac{1}{\sqrt{2}}\boldsymbol{a}_1 = -\frac{1}{2}\boldsymbol{a}_1 + \boldsymbol{a}_2 = -\frac{1}{2}\begin{pmatrix}1\\1\\0\end{pmatrix} + \begin{pmatrix}0\\1\\0\end{pmatrix} = \frac{1}{2}\begin{pmatrix}-1\\1\\0\end{pmatrix}$ である．さらに，$\boldsymbol{b}_2 = \frac{1}{\|\boldsymbol{b}'_2\|}\boldsymbol{b}'_2 = \frac{1}{\frac{1}{2}\sqrt{(-1)^2+1^2+0^2}}\left(-\frac{1}{2}\boldsymbol{a}_1 + \boldsymbol{a}_2\right) = \frac{1}{\sqrt{2}}(-\boldsymbol{a}_1 + 2\boldsymbol{a}_2) = \frac{1}{\sqrt{2}}\begin{pmatrix}-1\\1\\0\end{pmatrix}$ である．また，$\boldsymbol{b}'_3 = \boldsymbol{a}_3 - \langle\boldsymbol{a}_3, \boldsymbol{b}_1\rangle\boldsymbol{b}_1 - \langle\boldsymbol{a}_3, \boldsymbol{b}_2\rangle\boldsymbol{b}_2 = \boldsymbol{a}_3 - \frac{1}{\sqrt{2}}(0\cdot1+1\cdot1+1\cdot0)\cdot\frac{1}{\sqrt{2}}\boldsymbol{a}_1 - \frac{1}{\sqrt{2}}\{0\cdot(-1)+1\cdot1+1\cdot0\}\cdot\frac{1}{\sqrt{2}}(-\boldsymbol{a}_1 + 2\boldsymbol{a}_2) = -\boldsymbol{a}_2 + \boldsymbol{a}_3 = -\begin{pmatrix}0\\1\\0\end{pmatrix} + \begin{pmatrix}0\\1\\1\end{pmatrix} = \begin{pmatrix}0\\0\\1\end{pmatrix}$ である．さらに，$\boldsymbol{b}_3 = \frac{1}{\|\boldsymbol{b}'_3\|}\boldsymbol{b}'_3 = \frac{1}{\sqrt{0^2+0^2+1^2}}(-\boldsymbol{a}_2 + \boldsymbol{a}_3) = -\boldsymbol{a}_2 + \boldsymbol{a}_3 = \begin{pmatrix}0\\0\\1\end{pmatrix}$ である．よって，$\boldsymbol{b}_1 = \frac{1}{\sqrt{2}}\boldsymbol{a}_1$，$\boldsymbol{b}_2 = -\frac{1}{\sqrt{2}}\boldsymbol{a}_1 + \frac{2}{\sqrt{2}}\boldsymbol{a}_2$，$\boldsymbol{b}_3 = -\boldsymbol{a}_2 + \boldsymbol{a}_3$，すなわち，$\frac{1}{\sqrt{2}}\begin{pmatrix}1 & -1 & 0\\1 & 1 & 0\\0 & 0 & \sqrt{2}\end{pmatrix} = (\,\boldsymbol{a}_1\ \boldsymbol{a}_2\ \boldsymbol{a}_3\,)\cdot\frac{1}{\sqrt{2}}\begin{pmatrix}1 & -1 & 0\\0 & 2 & -\sqrt{2}\\0 & 0 & \sqrt{2}\end{pmatrix}$ である．したがって，$Q = \frac{1}{\sqrt{2}}\begin{pmatrix}1 & -1 & 0\\1 & 1 & 0\\0 & 0 & \sqrt{2}\end{pmatrix}$，$R = \left(\frac{1}{\sqrt{2}}\begin{pmatrix}1 & -1 & 0\\0 & 2 & -\sqrt{2}\\0 & 0 & \sqrt{2}\end{pmatrix}\right)^{-1} =$

$\dfrac{\sqrt{2}}{2\sqrt{2}}\begin{pmatrix} 2\sqrt{2} & \sqrt{2} & \sqrt{2} \\ 0 & \sqrt{2} & \sqrt{2} \\ 0 & 0 & 2 \end{pmatrix} = \dfrac{1}{\sqrt{2}}\begin{pmatrix} 2 & 1 & 1 \\ 0 & 1 & 1 \\ 0 & 0 & \sqrt{2} \end{pmatrix}$ ➲問題 2.2 (2) とおくと，QR 分解 $A = QR$ が得られる．

(3) 式(2.174)および(2)より，求める解は $\boldsymbol{x} = R^{-1}Q^{\mathrm{T}}\begin{pmatrix} 1 \\ 0 \\ 0 \end{pmatrix} = \dfrac{1}{\sqrt{2}}\begin{pmatrix} 1 & -1 & 0 \\ 0 & 2 & -\sqrt{2} \\ 0 & 0 & \sqrt{2} \end{pmatrix}$ $\cdot\dfrac{1}{\sqrt{2}}\begin{pmatrix} 1 & 1 & 0 \\ -1 & 1 & 0 \\ 0 & 0 & \sqrt{2} \end{pmatrix}\begin{pmatrix} 1 \\ 0 \\ 0 \end{pmatrix} = \dfrac{1}{2}\begin{pmatrix} 1 & -1 & 0 \\ 0 & 2 & -\sqrt{2} \\ 0 & 0 & \sqrt{2} \end{pmatrix}\begin{pmatrix} 1 \\ -1 \\ 0 \end{pmatrix} = \begin{pmatrix} 1 \\ -1 \\ 0 \end{pmatrix}$ である．

第 3 章

問 3.1 求める基底変換行列を P とすると，定理 3.2，式(3.5)および式(3.9)より，$\begin{pmatrix} 1 & 2 \\ 3 & 4 \end{pmatrix} = \begin{pmatrix} 1 & 3 \\ 2 & 4 \end{pmatrix}P$ である．よって，式(3.7)より，$P = \begin{pmatrix} 1 & 3 \\ 2 & 4 \end{pmatrix}^{-1}\begin{pmatrix} 1 & 2 \\ 3 & 4 \end{pmatrix} =$ $\dfrac{1}{1\cdot 4 - 3\cdot 2}\begin{pmatrix} 4 & -3 \\ -2 & 1 \end{pmatrix}\begin{pmatrix} 1 & 2 \\ 3 & 4 \end{pmatrix} = \dfrac{1}{-2}\begin{pmatrix} -5 & -4 \\ 1 & 0 \end{pmatrix} = \begin{pmatrix} \frac{5}{2} & 2 \\ -\frac{1}{2} & 0 \end{pmatrix}$ である．

問 3.2 まず，式(3.9)，(3.15)より，$f(\boldsymbol{b}_1) = \begin{pmatrix} 1 & 0 \\ 0 & 2 \end{pmatrix}\begin{pmatrix} 1 \\ 3 \end{pmatrix} = \begin{pmatrix} 1 \\ 6 \end{pmatrix}$，$f(\boldsymbol{b}_2) =$ $\begin{pmatrix} 1 & 0 \\ 0 & 2 \end{pmatrix}\begin{pmatrix} 2 \\ 4 \end{pmatrix} = \begin{pmatrix} 2 \\ 8 \end{pmatrix}$ である．よって，求める表現行列を A とすると，式(3.11)より，$\begin{pmatrix} 1 & 2 \\ 6 & 8 \end{pmatrix} = \begin{pmatrix} 1 & 2 \\ 3 & 4 \end{pmatrix}A$ である．したがって，式(3.7)より，$A = \begin{pmatrix} 1 & 2 \\ 3 & 4 \end{pmatrix}^{-1}\begin{pmatrix} 1 & 2 \\ 6 & 8 \end{pmatrix} =$ $\dfrac{1}{1\cdot 4 - 2\cdot 3}\begin{pmatrix} 4 & -2 \\ -3 & 1 \end{pmatrix}\begin{pmatrix} 1 & 2 \\ 6 & 8 \end{pmatrix} = \dfrac{1}{-2}\begin{pmatrix} -8 & -8 \\ 3 & 2 \end{pmatrix} = \begin{pmatrix} 4 & 4 \\ -\frac{3}{2} & -1 \end{pmatrix}$ である．

問 3.3 (1) A の固有多項式を $\phi_A(\lambda)$ と表すと，$\phi_A(\lambda) = |\lambda E_2 - A| = \begin{vmatrix} \lambda - 1 & -2 \\ -3 & \lambda - 2 \end{vmatrix} =$ $(\lambda - 1)(\lambda - 2) - (-2)\cdot(-3) = \lambda^2 - 3\lambda - 4 = (\lambda + 1)(\lambda - 4)$ である．よって，固有方程式 $\phi_A(\lambda) = 0$ を解くと，A の固有値 λ は $\lambda = -1, 4$ である．したがって，A は 2 個の異なる固有値 $\lambda = -1, 4$ をもつので，定理 3.6 より，A は対角化可能である．

(2) まず，固有値 $\lambda = -1$ に対する A の固有ベクトルを求める．同次連立 1 次方程式

$$(\lambda E_2 - A)\boldsymbol{x} = \boldsymbol{0} \qquad \text{(a)}$$

において $\lambda = -1$ を代入し，$\boldsymbol{x} = \begin{pmatrix} x_1 \\ x_2 \end{pmatrix}$ とすると，$\begin{pmatrix} -2 & -2 \\ -3 & -3 \end{pmatrix}\begin{pmatrix} x_1 \\ x_2 \end{pmatrix} = \begin{pmatrix} 0 \\ 0 \end{pmatrix}$ である．よって，$-2x_1 - 2x_2 = 0$，$-3x_1 - 3x_2 = 0$ となり，解は $c \in \mathbf{R}$ を任意の定数として，$x_1 = c$，$x_2 = -c$ である．したがって，$\boldsymbol{x} = \begin{pmatrix} x_1 \\ x_2 \end{pmatrix} = \begin{pmatrix} c \\ -c \end{pmatrix} = c\begin{pmatrix} 1 \\ -1 \end{pmatrix}$ と表されるので，$c = 1$ としたベクトル $\boldsymbol{p}_1 = \begin{pmatrix} 1 \\ -1 \end{pmatrix}$ は固有値 $\lambda = -1$ に対する A の固有ベクトルであ

る．次に，固有値 $\lambda = 4$ に対する A の固有ベクトルを求める．同次連立 1 次方程式(a)において $\lambda = 4$ を代入し $\boldsymbol{x} = \begin{pmatrix} x_1 \\ x_2 \end{pmatrix}$ とすると，$\begin{pmatrix} 3 & -2 \\ -3 & 2 \end{pmatrix}\begin{pmatrix} x_1 \\ x_2 \end{pmatrix} = \begin{pmatrix} 0 \\ 0 \end{pmatrix}$ である．よって，$3x_1 - 2x_2 = 0$，$-3x_1 + 2x_2 = 0$ となり，解は $c \in \mathbf{R}$ を任意の定数として，$x_1 = 2c$，$x_2 = 3c$ である．したがって，$\boldsymbol{x} = \begin{pmatrix} x_1 \\ x_2 \end{pmatrix} = \begin{pmatrix} 2c \\ 3c \end{pmatrix} = c\begin{pmatrix} 2 \\ 3 \end{pmatrix}$ と表されるので，$c = 1$ としたベクトル $\boldsymbol{p}_2 = \begin{pmatrix} 2 \\ 3 \end{pmatrix}$ は固有値 $\lambda = 4$ に対する A の固有ベクトルである．以上より，$P = (\,\boldsymbol{p}_1\ \boldsymbol{p}_2\,) = \begin{pmatrix} 1 & 2 \\ -1 & 3 \end{pmatrix}$ とおくと，P は正則となるので，逆行列 P^{-1} が存在する．さらに，$P^{-1}AP = \begin{pmatrix} -1 & 0 \\ 0 & 4 \end{pmatrix}$ となり，A は P によって対角化される．

問 3.4　仮定より，ある $\lambda_1, \lambda_2, \ldots, \lambda_n \in \mathbf{R}$ が存在し，$P^{-1}AP$
$= \begin{pmatrix} \lambda_1 & & & 0 \\ & \lambda_2 & & \\ & & \ddots & \\ 0 & & & \lambda_n \end{pmatrix}$ となる．この行列を D とおく．このとき，$A = PDP^{-1}$ である．
ここで，$P \in \mathrm{O}(n)$ より，$P^{-1} = P^{\mathrm{T}}$ ➲注意 1.4，また $D^{\mathrm{T}} = D$ なので，定理 1.5 (1)，(4) を用いると，$A^{\mathrm{T}} = (PDP^{-1})^{\mathrm{T}} = (PDP^{\mathrm{T}})^{\mathrm{T}} = (P^{\mathrm{T}})^{\mathrm{T}} D^{\mathrm{T}} P^{\mathrm{T}} = PDP^{-1} = A$ となる．すなわち，$A^{\mathrm{T}} = A$ である．よって，A は対称行列である．

問 3.5　A の固有値を重複度も含めて $\lambda_1, \lambda_2, \ldots, \lambda_n$ とすると，定理 3.10 より，$\lambda_1, \lambda_2, \ldots, \lambda_n \in \mathbf{R}$ であり，さらに，定理 3.9 より，ある $P \in \mathrm{O}(n)$ が存在し，$P^{\mathrm{T}}AP = \begin{pmatrix} \lambda_1 & & & 0 \\ & \lambda_2 & & \\ & & \ddots & \\ 0 & & & \lambda_n \end{pmatrix}$ となる．ここで，$\boldsymbol{x} \in \mathbf{R}^n$ に対して，$\boldsymbol{y} = \begin{pmatrix} y_1 \\ y_2 \\ \vdots \\ y_n \end{pmatrix} = P^{-1}\boldsymbol{x}$ とおくと，

$$\boldsymbol{x}^{\mathrm{T}}A\boldsymbol{x} = (P\boldsymbol{y})^{\mathrm{T}}A(P\boldsymbol{y}) = \boldsymbol{y}^{\mathrm{T}}P^{\mathrm{T}}AP\boldsymbol{y} = (\,y_1\ y_2\ \cdots\ y_n\,)\begin{pmatrix} \lambda_1 & & & 0 \\ & \lambda_2 & & \\ & & \ddots & \\ 0 & & & \lambda_n \end{pmatrix}\begin{pmatrix} y_1 \\ y_2 \\ \vdots \\ y_n \end{pmatrix} =$$

$\lambda_1 y_1^2 + \lambda_2 y_2^2 + \cdots + \lambda_n y_n^2$ となる．すなわち，$\boldsymbol{x}^{\mathrm{T}}A\boldsymbol{x} = \lambda_1 y_1^2 + \lambda_2 y_2^2 + \cdots + \lambda_n y_n^2$ である．よって，任意の $\boldsymbol{x} \in \mathbf{R}^n$ に対して，$\boldsymbol{x}^{\mathrm{T}}A\boldsymbol{x} \geq 0$ であることと $\lambda_1, \lambda_2, \ldots, \lambda_n \geq 0$ であることは同値である．すなわち，A が半正定値であることと A の固有値がすべて 0 以上であることは同値である．

問 3.6　$A \in M_n(\mathbf{R})$ を交代行列とする．A を複素行列とみなすと，A のすべての成分は実数なので，式(3.59)がなりたつ．また，$\boldsymbol{x} \in \mathbf{C}^n \setminus \{\mathbf{0}\}$ を固有値 $\lambda \in \mathbf{C}$ に対する A の固有ベクトルとする．すなわち，式(3.60)がなりたつ．式(3.60)の両辺のすべての成分を

共役複素数に代えると，式(3.59)より，式(3.61)がなりたつ．よって，$A^{\mathrm{T}} = -A$ より，$\bar{\lambda}\bar{\boldsymbol{x}}^{\mathrm{T}}\boldsymbol{x} = (\bar{\lambda}\bar{\boldsymbol{x}})^{\mathrm{T}}\boldsymbol{x} = (A\bar{\boldsymbol{x}})^{\mathrm{T}}\boldsymbol{x} = (\bar{\boldsymbol{x}}^{\mathrm{T}}A^{\mathrm{T}})\boldsymbol{x} = (-\bar{\boldsymbol{x}}^{\mathrm{T}}A)\boldsymbol{x} = -\bar{\boldsymbol{x}}^{\mathrm{T}}(A\boldsymbol{x}) = -\bar{\boldsymbol{x}}^{\mathrm{T}}(\lambda\boldsymbol{x}) = -\lambda\bar{\boldsymbol{x}}^{\mathrm{T}}\boldsymbol{x}$ となる．すなわち，$(\lambda + \bar{\lambda})\bar{\boldsymbol{x}}^{\mathrm{T}}\boldsymbol{x} = 0$ である．ここで，$\boldsymbol{x}$ を式(3.64)のように表しておくと，$\boldsymbol{x} \neq \boldsymbol{0}$ なので，式(3.65)がなりたつ．したがって，$\lambda + \bar{\lambda} = 0$ となり，λ は純虚数である．以上より，交代行列の固有値はすべて純虚数である．

問 3.7　(1) A の固有多項式を $\phi_A(\lambda)$ と表すと，式(2.71)より，$\phi_A(\lambda) = |\lambda E_3 - A| = \begin{vmatrix} \lambda-2 & -2 & 1 \\ -2 & \lambda+1 & -2 \\ 1 & -2 & \lambda-2 \end{vmatrix} = (\lambda-2)^2(\lambda+1) + (-2)\cdot(-2)\cdot 1 + 1\cdot(-2)\cdot(-2) - 1\cdot(\lambda+1)\cdot 1 - (-2)\cdot(-2)\cdot(\lambda-2) - (\lambda-2)\cdot(-2)\cdot(-2) = (\lambda^2-4\lambda+4)(\lambda+1) - 9\lambda + 23 = \lambda^3 - 3\lambda^2 + 4 - 9\lambda + 23 = \lambda^3 - 3\lambda^2 - 9\lambda + 27 = (\lambda-3)(\lambda^2-9) = (\lambda+3)(\lambda-3)^2$ である．よって，固有方程式 $\phi_A(\lambda) = 0$ を解くと，A の固有値 λ は $\lambda = -3, 3$ である．
(2) まず，固有値 $\lambda = -3$ に対する A の固有空間 $W(-3)$ を求める．同次連立 1 次方程式

$$(\lambda E_3 - A)\boldsymbol{x} = \boldsymbol{0} \tag{a}$$

において $\lambda = -3$ を代入し，

$$\boldsymbol{x} = \begin{pmatrix} x_1 \\ x_2 \\ x_3 \end{pmatrix} \tag{b}$$

とすると，$\begin{pmatrix} -5 & -2 & 1 \\ -2 & -2 & -2 \\ 1 & -2 & -5 \end{pmatrix}\begin{pmatrix} x_1 \\ x_2 \\ x_3 \end{pmatrix} = \begin{pmatrix} 0 \\ 0 \\ 0 \end{pmatrix}$ である．ここで，係数行列の簡約化を行うと，$\begin{pmatrix} -5 & -2 & 1 \\ -2 & -2 & -2 \\ 1 & -2 & -5 \end{pmatrix} \xrightarrow[\text{第 2 行}+\text{第 3 行}\times 2]{\text{第 1 行}+\text{第 3 行}\times 5} \begin{pmatrix} 0 & -12 & -24 \\ 0 & -6 & -12 \\ 1 & -2 & -5 \end{pmatrix} \xrightarrow{\text{第 1 行と第 3 行の入れ替え}}$
$\begin{pmatrix} 1 & -2 & -5 \\ 0 & -6 & -12 \\ 0 & -12 & -24 \end{pmatrix} \xrightarrow{\text{第 3 行}-\text{第 2 行}\times 2} \begin{pmatrix} 1 & -2 & -5 \\ 0 & -6 & -12 \\ 0 & 0 & 0 \end{pmatrix} \xrightarrow{\text{第 2 行}\times(-\frac{1}{6})} \begin{pmatrix} 1 & -2 & -5 \\ 0 & 1 & 2 \\ 0 & 0 & 0 \end{pmatrix}$
$\xrightarrow{\text{第 1 行}+\text{第 2 行}\times 2} \begin{pmatrix} 1 & 0 & -1 \\ 0 & 1 & 2 \\ 0 & 0 & 0 \end{pmatrix}$ となる．最後に現れた簡約行列に対する方程式は
$\begin{pmatrix} 1 & 0 & -1 \\ 0 & 1 & 2 \\ 0 & 0 & 0 \end{pmatrix}\begin{pmatrix} x_1 \\ x_2 \\ x_3 \end{pmatrix} = \begin{pmatrix} 0 \\ 0 \\ 0 \end{pmatrix}$ である．よって，解は $c \in \mathbf{R}$ を任意の定数として，$x_1 = c$, $x_2 = -2c$, $x_3 = c$ である．したがって，$\boldsymbol{x} = \begin{pmatrix} x_1 \\ x_2 \\ x_3 \end{pmatrix} = \begin{pmatrix} c \\ -2c \\ c \end{pmatrix} = c\begin{pmatrix} 1 \\ -2 \\ 1 \end{pmatrix}$ と表されるので，

$$W(-3) = \left\{ c\begin{pmatrix} 1 \\ -2 \\ 1 \end{pmatrix} \middle| c \in \mathbf{R} \right\} \tag{c}$$

である．次に，固有値 $\lambda=3$ に対する A の固有空間 $W(3)$ を求める．同次連立 1 次方程式(a)において $\lambda=3$ を代入し，$\boldsymbol{x}$ を式(b)のように表しておくと，$\begin{pmatrix}1&-2&1\\-2&4&-2\\1&-2&1\end{pmatrix}\begin{pmatrix}x_1\\x_2\\x_3\end{pmatrix}=\begin{pmatrix}0\\0\\0\end{pmatrix}$ である．よって，解は $c_1,\ c_2\in\mathbf{R}$ を任意の定数として，$x_1=c_1$，$x_2=c_2$，$x_3=-c_1+2c_2$ である．したがって，$\boldsymbol{x}=\begin{pmatrix}x_1\\x_2\\x_3\end{pmatrix}=\begin{pmatrix}c_1\\c_2\\-c_1+2c_2\end{pmatrix}=c_1\begin{pmatrix}1\\0\\-1\end{pmatrix}+c_2\begin{pmatrix}0\\1\\2\end{pmatrix}$ と表されるので，

$$W(3)=\left\{c_1\begin{pmatrix}1\\0\\-1\end{pmatrix}+c_2\begin{pmatrix}0\\1\\2\end{pmatrix}\ \middle|\ c_1,c_2\in\mathbf{R}\right\}\tag{d}$$

である．

(3) まず，$W(-3)$ の正規直交基底を求める．$\boldsymbol{q}_1\in\mathbf{R}^3$ を $\boldsymbol{q}_1=\begin{pmatrix}1\\-2\\1\end{pmatrix}$ により定める．このとき，$\boldsymbol{q}_1$ は 1 次独立であり，式(c)より，$\{\boldsymbol{q}_1\}$ は $W(-3)$ の基底である．さらに，$\boldsymbol{q}_1$ を正規化したものを $\boldsymbol{p}_1$ とおくと，$\boldsymbol{p}_1=\dfrac{1}{\|\boldsymbol{q}_1\|}\boldsymbol{q}_1=\dfrac{1}{\sqrt{1^2+(-2)^2+1^2}}\begin{pmatrix}1\\-2\\1\end{pmatrix}=\dfrac{1}{\sqrt{6}}\begin{pmatrix}1\\-2\\1\end{pmatrix}$ である．このとき，$\{\boldsymbol{p}_1\}$ は $W(-3)$ の正規直交基底である．次に，$W(3)$ の正規直交基底を求める．$\boldsymbol{q}_2,\ \boldsymbol{q}_3\in\mathbf{R}^3$ を $\boldsymbol{q}_2=\begin{pmatrix}1\\0\\-1\end{pmatrix}$，$\boldsymbol{q}_3=\begin{pmatrix}0\\1\\2\end{pmatrix}$ により定める．このとき，$(\,\boldsymbol{q}_2\ \boldsymbol{q}_3\,)$ に対して，行に関する基本変形を繰り返すと，$\begin{pmatrix}1&0\\0&1\\-1&2\end{pmatrix}\xrightarrow{\text{第 3 行}+\text{第 1 行}}\begin{pmatrix}1&0\\0&1\\0&2\end{pmatrix}\xrightarrow{\text{第 3 行}-\text{第 2 行}\times 2}\begin{pmatrix}1&0\\0&1\\0&0\end{pmatrix}$ となり，最後の行列は簡約行列である．さらに，$\mathrm{rank}(\,\boldsymbol{q}_2\ \ \boldsymbol{q}_3\,)=2$ なので，$\boldsymbol{q}_2,\ \boldsymbol{q}_3$ は 1 次独立であり➲問題 2.3，式(d)より，$\{\boldsymbol{q}_2,\ \boldsymbol{q}_3\}$ は $W(3)$ の基底である．さらに，グラム－シュミットの直交化法を用いることにより，$\{\boldsymbol{q}_2,\ \boldsymbol{q}_3\}$ から $W(3)$ の基底 $\{\boldsymbol{p}_2',\ \boldsymbol{p}_3'\}$ を $\boldsymbol{p}_2',\ \boldsymbol{p}_3'$ が直交するように作り，続いて，$W(3)$ の正規直交基底 $\{\boldsymbol{p}_2,\ \boldsymbol{p}_3\}$ を求める．まず，$\boldsymbol{p}_2=\boldsymbol{p}_2'=\dfrac{1}{\|\boldsymbol{q}_2\|}\boldsymbol{q}_2=\dfrac{1}{\sqrt{1^2+0^2+(-1)^2}}\begin{pmatrix}1\\0\\-1\end{pmatrix}=\dfrac{1}{\sqrt{2}}\begin{pmatrix}1\\0\\-1\end{pmatrix}$ である．次に，

$$\boldsymbol{p}_3'=\boldsymbol{q}_3-\langle\boldsymbol{q}_3,\boldsymbol{p}_2\rangle\boldsymbol{p}_2=\begin{pmatrix}0\\1\\2\end{pmatrix}-\frac{1}{\sqrt{2}}\{0\cdot1+1\cdot0+2\cdot(-1)\}\cdot\frac{1}{\sqrt{2}}\begin{pmatrix}1\\0\\-1\end{pmatrix}=\begin{pmatrix}1\\1\\1\end{pmatrix}$$

である．さらに，$\boldsymbol{p}_3 = \dfrac{1}{\|\boldsymbol{p}'_3\|}\boldsymbol{p}'_3 = \dfrac{1}{\sqrt{1^2+1^2+1^2}}\begin{pmatrix}1\\1\\1\end{pmatrix} = \dfrac{1}{\sqrt{3}}\begin{pmatrix}1\\1\\1\end{pmatrix}$ である．よって，$P = (\,\boldsymbol{p}_1\ \boldsymbol{p}_2\ \boldsymbol{p}_3\,) = \begin{pmatrix}\frac{1}{\sqrt{6}} & \frac{1}{\sqrt{2}} & \frac{1}{\sqrt{3}}\\ -\frac{2}{\sqrt{6}} & 0 & \frac{1}{\sqrt{3}}\\ \frac{1}{\sqrt{6}} & -\frac{1}{\sqrt{2}} & \frac{1}{\sqrt{3}}\end{pmatrix}$ とおくと，$P \in \mathrm{O}(3)$ となるので，逆行列 P^{-1} が存在する．さらに，$P^{-1}AP = \begin{pmatrix}-3&0&0\\0&3&0\\0&0&3\end{pmatrix}$ となり，A は P によって対角化される．

問 3.8　$\theta \in \mathbf{R}$ を $\cos\theta = \dfrac{4}{\sqrt{4^2+3^2}} = \dfrac{4}{5}, \sin\theta = \dfrac{3}{\sqrt{4^2+3^2}} = \dfrac{3}{5}$ となるように選んでおく．このとき，$G_3(2,3;\theta)A = \begin{pmatrix}1&0&0\\0&\cos\theta&\sin\theta\\0&-\sin\theta&\cos\theta\end{pmatrix}A = \dfrac{1}{5}\begin{pmatrix}5&0&0\\0&4&3\\0&-3&4\end{pmatrix}\begin{pmatrix}0&0&1\\4&1&0\\3&0&0\end{pmatrix} = \dfrac{1}{5}\begin{pmatrix}0&0&5\\25&4&0\\0&-3&0\end{pmatrix}$ となる．さらに，$G_3(2,3;\theta)AG_3(2,3;\theta)^{\mathrm{T}} = \dfrac{1}{5}\begin{pmatrix}0&0&5\\25&4&0\\0&-3&0\end{pmatrix}\cdot\dfrac{1}{5}\begin{pmatrix}5&0&0\\0&4&-3\\0&3&4\end{pmatrix} = \dfrac{1}{25}\begin{pmatrix}0&15&20\\125&16&-12\\0&-12&9\end{pmatrix}$ である．よって，$P \in \mathrm{O}(3)$ を $P = G_3(2,3;\theta)^{\mathrm{T}} = \dfrac{1}{5}\begin{pmatrix}5&0&0\\0&4&-3\\0&3&4\end{pmatrix}$ により定めると，$P^{\mathrm{T}}AP = \dfrac{1}{25}\begin{pmatrix}0&15&20\\125&16&-12\\0&-12&9\end{pmatrix}$ となり，A は P によってヘッセンベルク化される．

問 3.9　$\boldsymbol{p} \in \mathbf{R}^3$ を式(3.123)のように定めると，$\boldsymbol{p} = \begin{pmatrix}0\\4\\3\end{pmatrix} - \begin{pmatrix}0\\\sqrt{(0^2+4^2+3^2)-0^2}\\0\end{pmatrix} = \begin{pmatrix}0\\-1\\3\end{pmatrix}$ である．よって，$\langle\boldsymbol{p},\boldsymbol{p}\rangle = 0^2+(-1)^2+3^2 = 10$，$\boldsymbol{p}\boldsymbol{p}^{\mathrm{T}} = \begin{pmatrix}0\\-1\\3\end{pmatrix}(\,0\ \ -1\ \ 3\,) = \begin{pmatrix}0&0&0\\0&1&-3\\0&-3&9\end{pmatrix}$ となる．さらに，式(2.129)より，$H_3(\boldsymbol{p}) = E_3 - \dfrac{2\boldsymbol{p}\boldsymbol{p}^{\mathrm{T}}}{\langle\boldsymbol{p},\boldsymbol{p}\rangle} = \begin{pmatrix}1&0&0\\0&1&0\\0&0&1\end{pmatrix} - \dfrac{2}{10}\begin{pmatrix}0&0&0\\0&1&-3\\0&-3&9\end{pmatrix} = \dfrac{1}{5}\begin{pmatrix}5&0&0\\0&4&3\\0&3&-4\end{pmatrix}$ である．したがって，$H_3(\boldsymbol{p})A = \dfrac{1}{5}\begin{pmatrix}5&0&0\\0&4&3\\0&3&-4\end{pmatrix}\begin{pmatrix}0&0&1\\4&1&0\\3&0&0\end{pmatrix} = \dfrac{1}{5}\begin{pmatrix}0&0&5\\25&4&0\\0&3&0\end{pmatrix}$ である．さらに，

$H_3(\boldsymbol{p})AH_3(\boldsymbol{p})^{\mathrm{T}} = \dfrac{1}{5}\begin{pmatrix} 0 & 0 & 5 \\ 25 & 4 & 0 \\ 0 & 3 & 0 \end{pmatrix} \cdot \dfrac{1}{5}\begin{pmatrix} 5 & 0 & 0 \\ 0 & 4 & 3 \\ 0 & 3 & -4 \end{pmatrix} = \dfrac{1}{25}\begin{pmatrix} 0 & 15 & -20 \\ 125 & 16 & 12 \\ 0 & 12 & 9 \end{pmatrix}$ である．

以上より，$P \in \mathrm{O}(3)$ を $P = H_3(\boldsymbol{p})^{\mathrm{T}} = \dfrac{1}{5}\begin{pmatrix} 5 & 0 & 0 \\ 0 & 4 & 3 \\ 0 & 3 & -4 \end{pmatrix}$ により定めると，$P^{\mathrm{T}}AP =$

$\dfrac{1}{25}\begin{pmatrix} 0 & 15 & -20 \\ 125 & 16 & 12 \\ 0 & 12 & 9 \end{pmatrix}$ となり，A は P によってヘッセンベルク化される．

問 3.10 (1) まず，$\theta \in \mathbf{R}$ を $\cos\theta = \dfrac{3}{\sqrt{3^2 + (-4)^2}} = \dfrac{3}{5}, \sin\theta = \dfrac{-4}{\sqrt{3^2 + (-4)^2}} = -\dfrac{4}{5}$

となるように選んでおく．このとき，$G_4(2,3;\theta)A = \begin{pmatrix} 1 & 0 & 0 & 0 \\ 0 & \cos\theta & \sin\theta & 0 \\ 0 & -\sin\theta & \cos\theta & 0 \\ 0 & 0 & 0 & 1 \end{pmatrix} A =$

$\dfrac{1}{5}\begin{pmatrix} 5 & 0 & 0 & 0 \\ 0 & 3 & -4 & 0 \\ 0 & 4 & 3 & 0 \\ 0 & 0 & 0 & 5 \end{pmatrix}\begin{pmatrix} 0 & 3 & -4 & 0 \\ 3 & 0 & 0 & 2 \\ -4 & 0 & 0 & 0 \\ 0 & 2 & 0 & 0 \end{pmatrix} = \dfrac{1}{5}\begin{pmatrix} 0 & 15 & -20 & 0 \\ 25 & 0 & 0 & 6 \\ 0 & 0 & 0 & 8 \\ 0 & 10 & 0 & 0 \end{pmatrix}$ となる．さらに，

$G_4(2,3;\theta)AG_4(2,3;\theta)^{\mathrm{T}} = \dfrac{1}{5}\begin{pmatrix} 0 & 15 & -20 & 0 \\ 25 & 0 & 0 & 6 \\ 0 & 0 & 0 & 8 \\ 0 & 10 & 0 & 0 \end{pmatrix} \cdot \dfrac{1}{5}\begin{pmatrix} 5 & 0 & 0 & 0 \\ 0 & 3 & 4 & 0 \\ 0 & -4 & 3 & 0 \\ 0 & 0 & 0 & 5 \end{pmatrix} =$

$\dfrac{1}{5}\begin{pmatrix} 0 & 25 & 0 & 0 \\ 25 & 0 & 0 & 6 \\ 0 & 0 & 0 & 8 \\ 0 & 6 & 8 & 0 \end{pmatrix}$ である．次に，$\varphi \in \mathbf{R}$ を $\cos\varphi = \dfrac{0}{\sqrt{0^2 + 6^2}} = 0$，$\sin\varphi =$

$\dfrac{6}{\sqrt{0^2 + 6^2}} = 1$ となるように選んでおく．このとき，$G_4(3,4;\varphi)G_4(2,3;\theta)AG_4(2,3;\theta)^{\mathrm{T}}$

$= \begin{pmatrix} 1 & 0 & 0 & 0 \\ 0 & 1 & 0 & 0 \\ 0 & 0 & \cos\varphi & \sin\varphi \\ 0 & 0 & -\sin\varphi & \cos\varphi \end{pmatrix} G_4(2,3;\theta)AG_4(2,3;\theta)^{\mathrm{T}} =$

$\begin{pmatrix} 1 & 0 & 0 & 0 \\ 0 & 1 & 0 & 0 \\ 0 & 0 & 0 & 1 \\ 0 & 0 & -1 & 0 \end{pmatrix} \cdot \dfrac{1}{5}\begin{pmatrix} 0 & 25 & 0 & 0 \\ 25 & 0 & 0 & 6 \\ 0 & 0 & 0 & 8 \\ 0 & 6 & 8 & 0 \end{pmatrix} = \dfrac{1}{5}\begin{pmatrix} 0 & 25 & 0 & 0 \\ 25 & 0 & 0 & 6 \\ 0 & 6 & 8 & 0 \\ 0 & 0 & 0 & -8 \end{pmatrix}$ となる．さらに，

$G_4(3,4;\varphi)G_4(2,3;\theta)AG_4(2,3;\theta)^{\mathrm{T}}G_4(3,4;\varphi)^{\mathrm{T}} =$

$\dfrac{1}{5}\begin{pmatrix} 0 & 25 & 0 & 0 \\ 25 & 0 & 0 & 6 \\ 0 & 6 & 8 & 0 \\ 0 & 0 & 0 & -8 \end{pmatrix}\begin{pmatrix} 1 & 0 & 0 & 0 \\ 0 & 1 & 0 & 0 \\ 0 & 0 & 0 & -1 \\ 0 & 0 & 1 & 0 \end{pmatrix} = \dfrac{1}{5}\begin{pmatrix} 0 & 25 & 0 & 0 \\ 25 & 0 & 6 & 0 \\ 0 & 6 & 0 & -8 \\ 0 & 0 & -8 & 0 \end{pmatrix}$ である．よって，

$P \in \mathrm{O}(3)$ を $P = (G_4(3,4;\varphi)G_4(2,3;\theta))^{\mathrm{T}} = G_4(2,3;\theta)^{\mathrm{T}}G_4(3,4;\varphi)^{\mathrm{T}} =$

$\dfrac{1}{5}\begin{pmatrix}5 & 0 & 0 & 0\\ 0 & 3 & 4 & 0\\ 0 & -4 & 3 & 0\\ 0 & 0 & 0 & 5\end{pmatrix}\begin{pmatrix}1 & 0 & 0 & 0\\ 0 & 1 & 0 & 0\\ 0 & 0 & 0 & -1\\ 0 & 0 & 1 & 0\end{pmatrix} = \dfrac{1}{5}\begin{pmatrix}5 & 0 & 0 & 0\\ 0 & 3 & 0 & -4\\ 0 & -4 & 0 & -3\\ 0 & 0 & 5 & 0\end{pmatrix}$ により定めると，$P^{\mathrm{T}}AP =$
$\dfrac{1}{5}\begin{pmatrix}0 & 25 & 0 & 0\\ 25 & 0 & 6 & 0\\ 0 & 6 & 0 & -8\\ 0 & 0 & -8 & 0\end{pmatrix}$ となり，A は P によって 3 重対角化される．

(2) まず，$\boldsymbol{p} \in \mathbf{R}^4$ を式(3.123)のように定めると，$\boldsymbol{p} = \begin{pmatrix}0\\ 3\\ -4\\ 0\end{pmatrix} -$
$\begin{pmatrix}0\\ \sqrt{\{0^2+3^2+(-4)^2+0^2\}-0^2}\\ 0\\ 0\end{pmatrix} = \begin{pmatrix}0\\ -2\\ -4\\ 0\end{pmatrix}$ である．よって，$\langle \boldsymbol{p}, \boldsymbol{p}\rangle = 0^2+(-2)^2+$
$(-4)^2+0^2 = 20$，$\boldsymbol{p}\boldsymbol{p}^{\mathrm{T}} = \begin{pmatrix}0\\ -2\\ -4\\ 0\end{pmatrix}\begin{pmatrix}0 & -2 & -4 & 0\end{pmatrix} = \begin{pmatrix}0 & 0 & 0 & 0\\ 0 & 4 & 8 & 0\\ 0 & 8 & 16 & 0\\ 0 & 0 & 0 & 0\end{pmatrix}$ となる．さらに，式(2.129)より，$H_4(\boldsymbol{p}) = E_4 - \dfrac{2\boldsymbol{p}\boldsymbol{p}^{\mathrm{T}}}{\langle \boldsymbol{p}, \boldsymbol{p}\rangle} = \begin{pmatrix}1 & 0 & 0 & 0\\ 0 & 1 & 0 & 0\\ 0 & 0 & 1 & 0\\ 0 & 0 & 0 & 1\end{pmatrix} - \dfrac{2}{20}\begin{pmatrix}0 & 0 & 0 & 0\\ 0 & 4 & 8 & 0\\ 0 & 8 & 16 & 0\\ 0 & 0 & 0 & 0\end{pmatrix} =$
$\dfrac{1}{5}\begin{pmatrix}5 & 0 & 0 & 0\\ 0 & 3 & -4 & 0\\ 0 & -4 & -3 & 0\\ 0 & 0 & 0 & 5\end{pmatrix}$ である．したがって，$H_4(\boldsymbol{p})A =$
$\dfrac{1}{5}\begin{pmatrix}5 & 0 & 0 & 0\\ 0 & 3 & -4 & 0\\ 0 & -4 & -3 & 0\\ 0 & 0 & 0 & 5\end{pmatrix}\begin{pmatrix}0 & 3 & -4 & 0\\ 3 & 0 & 0 & 2\\ -4 & 0 & 0 & 0\\ 0 & 2 & 0 & 0\end{pmatrix} = \dfrac{1}{5}\begin{pmatrix}0 & 15 & -20 & 0\\ 25 & 0 & 0 & 6\\ 0 & 0 & 0 & -8\\ 0 & 10 & 0 & 0\end{pmatrix}$ である．さらに，
$H_4(\boldsymbol{p})AH_4(\boldsymbol{p})^{\mathrm{T}} = \dfrac{1}{5}\begin{pmatrix}0 & 15 & -20 & 0\\ 25 & 0 & 0 & 6\\ 0 & 0 & 0 & -8\\ 0 & 10 & 0 & 0\end{pmatrix} \cdot \dfrac{1}{5}\begin{pmatrix}5 & 0 & 0 & 0\\ 0 & 3 & -4 & 0\\ 0 & -4 & -3 & 0\\ 0 & 0 & 0 & 5\end{pmatrix} =$
$\dfrac{1}{5}\begin{pmatrix}0 & 25 & 0 & 0\\ 25 & 0 & 0 & 6\\ 0 & 0 & 0 & -8\\ 0 & 6 & -8 & 0\end{pmatrix}$ である．次に，$\boldsymbol{q} \in \mathbf{R}^4$ を式(3.126)のように定めると，$\boldsymbol{q} =$
$\begin{pmatrix}0\\ 0\\ 0\\ 6\end{pmatrix} - \begin{pmatrix}0\\ 0\\ \sqrt{(0^2+0^2+6^2)-0^2}\\ 0\end{pmatrix} = \begin{pmatrix}0\\ 0\\ -6\\ 6\end{pmatrix}$ である．よって，$\langle \boldsymbol{q}, \boldsymbol{q}\rangle = 0^2+0^2+$

$(-6)^2+6^2=72$, $\boldsymbol{q}\boldsymbol{q}^{\mathrm{T}}=\begin{pmatrix}0\\0\\-6\\6\end{pmatrix}(0\ \ 0\ \ -6\ \ 6)=\begin{pmatrix}0&0&0&0\\0&0&0&0\\0&0&36&-36\\0&0&-36&36\end{pmatrix}$ となる．さらに，式(2.129)より，$H_4(\boldsymbol{q})=E_4-\dfrac{2\boldsymbol{q}\boldsymbol{q}^{\mathrm{T}}}{\langle\boldsymbol{q},\boldsymbol{q}\rangle}=\begin{pmatrix}1&0&0&0\\0&1&0&0\\0&0&1&0\\0&0&0&1\end{pmatrix}-\dfrac{2}{72}\begin{pmatrix}0&0&0&0\\0&0&0&0\\0&0&36&-36\\0&0&-36&36\end{pmatrix}=$ $\begin{pmatrix}1&0&0&0\\0&1&0&0\\0&0&0&1\\0&0&1&0\end{pmatrix}$ である．したがって，$H_4(\boldsymbol{q})H_4(\boldsymbol{p})AH_4(\boldsymbol{p})^{\mathrm{T}}=\begin{pmatrix}1&0&0&0\\0&1&0&0\\0&0&0&1\\0&0&1&0\end{pmatrix}\cdot$ $\dfrac{1}{5}\begin{pmatrix}0&25&0&0\\25&0&0&6\\0&0&0&-8\\0&6&-8&0\end{pmatrix}=\dfrac{1}{5}\begin{pmatrix}0&25&0&0\\25&0&0&6\\0&6&-8&0\\0&0&0&-8\end{pmatrix}$ である．さらに，

$H_4(\boldsymbol{q})H_4(\boldsymbol{p})AH_4(\boldsymbol{p})^{\mathrm{T}}H_4(\boldsymbol{q})^{\mathrm{T}}=\dfrac{1}{5}\begin{pmatrix}0&25&0&0\\25&0&0&6\\0&6&-8&0\\0&0&0&-8\end{pmatrix}\begin{pmatrix}1&0&0&0\\0&1&0&0\\0&0&0&1\\0&0&1&0\end{pmatrix}=$ $\dfrac{1}{5}\begin{pmatrix}0&25&0&0\\25&0&6&0\\0&6&0&-8\\0&0&-8&0\end{pmatrix}$ である．以上より，$P\in\mathrm{O}(3)$ を $P=(H_4(\boldsymbol{q})H_4(\boldsymbol{p}))^{\mathrm{T}}=$ $H_4(\boldsymbol{p})^{\mathrm{T}}H_4(\boldsymbol{q})^{\mathrm{T}}=\dfrac{1}{5}\begin{pmatrix}5&0&0&0\\0&3&-4&0\\0&-4&-3&0\\0&0&0&5\end{pmatrix}\begin{pmatrix}1&0&0&0\\0&1&0&0\\0&0&0&1\\0&0&1&0\end{pmatrix}=\dfrac{1}{5}\begin{pmatrix}5&0&0&0\\0&3&0&-4\\0&-4&0&-3\\0&0&5&0\end{pmatrix}$ により定めると，$P^{\mathrm{T}}AP=\dfrac{1}{5}\begin{pmatrix}0&25&0&0\\25&0&6&0\\0&6&0&-8\\0&0&-8&0\end{pmatrix}$ となり，A は P によって 3 重対角化される．

章末問題

問題 3.1　(1) 同次連立 1 次方程式

$$(\lambda E_3-A)\boldsymbol{x}=\boldsymbol{0} \tag{a}$$

において $\lambda=1$ を代入し，

$$\boldsymbol{x}=\begin{pmatrix}x_1\\x_2\\x_3\end{pmatrix} \tag{b}$$

とすると，$\begin{pmatrix} -1 & -a & -b \\ 0 & 0 & -a \\ 0 & 0 & -1 \end{pmatrix}\begin{pmatrix} x_1 \\ x_2 \\ x_3 \end{pmatrix} = \begin{pmatrix} 0 \\ 0 \\ 0 \end{pmatrix}$ である．よって，解は $c \in \mathbf{R}$ を任意の定数として，$x_1 = -ac$，$x_2 = c$，$x_3 = 0$ である．したがって，$\boldsymbol{x} = \begin{pmatrix} x_1 \\ x_2 \\ x_3 \end{pmatrix} = \begin{pmatrix} -ac \\ c \\ 0 \end{pmatrix} = c\begin{pmatrix} -a \\ 1 \\ 0 \end{pmatrix}$ と表されるので，求める固有空間を $W(1)$ とすると，

$$W(1) = \left\{ c\begin{pmatrix} -a \\ 1 \\ 0 \end{pmatrix} \;\middle|\; c \in \mathbf{R} \right\} \tag{c}$$

である．

(2) 同次連立 1 次方程式(a)において $\lambda = 2$ を代入し，$\boldsymbol{x}$ を式(b)のように表しておくと，$\begin{pmatrix} 0 & -a & -b \\ 0 & 1 & -a \\ 0 & 0 & 0 \end{pmatrix}\begin{pmatrix} x_1 \\ x_2 \\ x_3 \end{pmatrix} = \begin{pmatrix} 0 \\ 0 \\ 0 \end{pmatrix}$ である．ここで，係数行列の行に関する基本変形を繰り返すと，$\begin{pmatrix} 0 & -a & -b \\ 0 & 1 & -a \\ 0 & 0 & 0 \end{pmatrix} \xrightarrow{\text{第 1 行}+\text{第 2 行}\times a} \begin{pmatrix} 0 & 0 & -a^2-b \\ 0 & 1 & -a \\ 0 & 0 & 0 \end{pmatrix} \xrightarrow{\text{第 1 行と第 2 行の入れ替え}} \begin{pmatrix} 0 & 1 & -a \\ 0 & 0 & -a^2-b \\ 0 & 0 & 0 \end{pmatrix}$ となる．$a^2 + b = 0$ のとき，上の変形の最後の行列は簡約行列 $\begin{pmatrix} 0 & 1 & -a \\ 0 & 0 & 0 \\ 0 & 0 & 0 \end{pmatrix}$ である．よって，解は $c_1, c_2 \in \mathbf{R}$ を任意の定数として，$x_1 = c_1$，$x_2 = ac_2$，$x_3 = c_2$ である．したがって，$\boldsymbol{x} = \begin{pmatrix} x_1 \\ x_2 \\ x_3 \end{pmatrix} = \begin{pmatrix} c_1 \\ ac_2 \\ c_2 \end{pmatrix} = c_1\begin{pmatrix} 1 \\ 0 \\ 0 \end{pmatrix} + c_2\begin{pmatrix} 0 \\ a \\ 1 \end{pmatrix}$ と表されるので，求める固有空間を $W(2)$ とすると，

$$W(2) = \left\{ c_1\begin{pmatrix} 1 \\ 0 \\ 0 \end{pmatrix} + c_2\begin{pmatrix} 0 \\ a \\ 1 \end{pmatrix} \;\middle|\; c_1, c_2 \in \mathbf{R} \right\} \tag{d}$$

である．$a^2 + b \neq 0$ のとき，係数行列の簡約化を行うと，$\begin{pmatrix} 0 & 1 & -a \\ 0 & 0 & -a^2-b \\ 0 & 0 & 0 \end{pmatrix} \xrightarrow{\text{第 2 行}\times\left(-\frac{1}{a^2+b}\right)} \begin{pmatrix} 0 & 1 & -a \\ 0 & 0 & 1 \\ 0 & 0 & 0 \end{pmatrix} \xrightarrow{\text{第 1 行}+\text{第 2 行}\times a} \begin{pmatrix} 0 & 1 & 0 \\ 0 & 0 & 1 \\ 0 & 0 & 0 \end{pmatrix}$ となる．よって，解は $c \in \mathbf{R}$ を任意の定数として，$x_1 = c$，$x_2 = 0$，$x_3 = 0$ である．したがって，$\boldsymbol{x} = \begin{pmatrix} x_1 \\ x_2 \\ x_3 \end{pmatrix} =$

$\begin{pmatrix} c \\ 0 \\ 0 \end{pmatrix} = c\begin{pmatrix} 1 \\ 0 \\ 0 \end{pmatrix}$ と表されるので，

$$W(2) = \left\{ c\begin{pmatrix} 1 \\ 0 \\ 0 \end{pmatrix} \;\middle|\; c \in \mathbf{R} \right\} \tag{e}$$

である．

(3) まず，$\boldsymbol{p}_1 \in \mathbf{R}^3$ を $\boldsymbol{p}_1 = \begin{pmatrix} -a \\ 1 \\ 0 \end{pmatrix}$ により定める．このとき，$\boldsymbol{p}_1$ は 1 次独立であり，式(c)より，$\{\boldsymbol{p}_1\}$ は $W(1)$ の基底である．よって，$\dim W(1) = 1$ である．次に，$a^2+b=0$ のとき，$\boldsymbol{p}_2, \boldsymbol{p}_3 \in \mathbf{R}^3$ を $\boldsymbol{p}_2 = \begin{pmatrix} 1 \\ 0 \\ 0 \end{pmatrix}$，$\boldsymbol{p}_3 = \begin{pmatrix} 0 \\ a \\ 1 \end{pmatrix}$ により定める．このとき，$(\,\boldsymbol{p}_2\ \boldsymbol{p}_3\,)$ に対して，行に関する基本変形を繰り返すと，$\begin{pmatrix} 1 & 0 \\ 0 & a \\ 0 & 1 \end{pmatrix} \xrightarrow{\text{第 2 行}-\text{第 3 行}\times a} \begin{pmatrix} 1 & 0 \\ 0 & 0 \\ 0 & 1 \end{pmatrix} \xrightarrow{\text{第 2 行と第 3 行の入れ替え}}$ $\begin{pmatrix} 1 & 0 \\ 0 & 1 \\ 0 & 0 \end{pmatrix}$ となり，最後の行列は簡約行列である．さらに，$\operatorname{rank}(\,\boldsymbol{p}_2\ \boldsymbol{p}_3\,) = 2$ なので，$\boldsymbol{p}_2, \boldsymbol{p}_3$ は 1 次独立であり➲問題 2.3，式(d)より，$\{\boldsymbol{p}_2, \boldsymbol{p}_3\}$ は $W(2)$ の基底である．したがって，$\dim W(2) = 2$ である．さらに，$\dim W(1) + \dim W(2) = 1+2 = 3$ となるので，定理 3.7 より，A は対角化可能である．$a^2+b \neq 0$ のとき，$\boldsymbol{p}_2' \in \mathbf{R}^3$ を $\boldsymbol{p}_2' = \begin{pmatrix} 1 \\ 0 \\ 0 \end{pmatrix}$ により定める．このとき，$\boldsymbol{p}_2'$ は 1 次独立であり，式(e)より，$\{\boldsymbol{p}_2'\}$ は $W(2)$ の基底である．よって，$\dim W(2) = 1$ である．さらに，$\dim W(1) + \dim W(2) = 1+1 = 2 \neq 3$ となるので，定理 3.7 より，A は対角化可能ではない．以上より，A が対角化可能であるための条件は，$a^2+b=0$ である．

(4) (3)より，$a^2+b=0$ のとき，$P = (\,\boldsymbol{p}_1\ \boldsymbol{p}_2\ \boldsymbol{p}_3\,) = \begin{pmatrix} -a & 1 & 0 \\ 1 & 0 & a \\ 0 & 0 & 1 \end{pmatrix}$ とおくと，P は正則となるので，逆行列 P^{-1} が存在する．さらに，$P^{-1}AP = \begin{pmatrix} 1 & 0 & 0 \\ 0 & 2 & 0 \\ 0 & 0 & 2 \end{pmatrix}$ となり，A は P によって対角化される．

問題 3.2　まず，$\boldsymbol{x} \in W(\lambda)$，$\boldsymbol{y} \in W(\mu)$ より，$A\boldsymbol{x} = \lambda\boldsymbol{x}$，$A\boldsymbol{y} = \mu\boldsymbol{y}$ である．さらに，式(1.44)および $A^{\mathrm{T}} = A$ より，$\lambda\langle \boldsymbol{x}, \boldsymbol{y}\rangle = \langle \lambda\boldsymbol{x}, \boldsymbol{y}\rangle = \langle A\boldsymbol{x}, \boldsymbol{y}\rangle = \langle A^{\mathrm{T}}\boldsymbol{x}, \boldsymbol{y}\rangle = \langle \boldsymbol{x}, A\boldsymbol{y}\rangle = \langle \boldsymbol{x}, \mu\boldsymbol{y}\rangle = \mu\langle \boldsymbol{x}, \boldsymbol{y}\rangle$ となる．すなわち，$\lambda\langle \boldsymbol{x}, \boldsymbol{y}\rangle = \mu\langle \boldsymbol{x}, \boldsymbol{y}\rangle$ である．ここで，$\lambda \neq \mu$ より，$\langle \boldsymbol{x}, \boldsymbol{y}\rangle = 0$ となる．すなわち，$\boldsymbol{x}$ と $\boldsymbol{y}$ は直交する．

問題 3.3　(1) まず，$A - A = O$ である．ここで，任意の $\boldsymbol{x} \in \mathbf{R}^n$ に対して，$\boldsymbol{x}^{\mathrm{T}} O \boldsymbol{x} = 0$ なので，O は半正定値である．よって，$A \geq A$ である．

(2) $A \geq B$ および $B \geq A$ より，$A - B$ および $B - A$ は半正定値である．よって，問 3.5 より，$A - B$ および $B - A$ の固有値はすべて 0 以上である．ここで，$B - A = -(A - B)$ より，$A - B$ の固有値の -1 倍は $B - A$ の固有値となる．したがって，$A - B$ の固有値はすべて 0 である．さらに，$A - B \in \mathrm{Sym}(n)$ なので，$A - B = O$ となり，$A = B$ である．

(3) $A \geq B$ および $B \geq C$ より，$A - B$ および $B - C$ は半正定値である．よって，$\boldsymbol{x} \in \mathbf{R}^n$ とすると，$\boldsymbol{x}^{\mathrm{T}}(A - C)\boldsymbol{x} = \boldsymbol{x}^{\mathrm{T}}\{(A - B) + (B - C)\}\boldsymbol{x} = \boldsymbol{x}^{\mathrm{T}}(A - B)\boldsymbol{x} + \boldsymbol{x}^{\mathrm{T}}(B - C)\boldsymbol{x} \geq 0 + 0 = 0$ となる．すなわち，$\boldsymbol{x}^{\mathrm{T}}(A - C)\boldsymbol{x} \geq 0$ である．よって，$A - C$ は半正定値となり，$A \geq C$ である．

問題 3.4　まず，第 k 行に関する余因子展開より，$|\lambda E_k - A_k|$

$$
= \begin{vmatrix}
\lambda - a_1 & -b_1 & 0 & \cdots & 0 & 0 \\
-c_1 & \lambda - a_2 & -b_2 & \cdots & 0 & 0 \\
0 & -c_2 & \lambda - a_3 & \cdots & 0 & 0 \\
\vdots & \vdots & \vdots & \ddots & \vdots & \vdots \\
0 & 0 & 0 & \cdots & \lambda - a_{k-1} & -b_{k-1} \\
0 & 0 & 0 & \cdots & -c_{k-1} & \lambda - a_k
\end{vmatrix}
$$

$$
= -(-1)^{k+(k-1)} c_{k-1} \begin{vmatrix}
\lambda - a_1 & -b_1 & 0 & \cdots & 0 & 0 \\
-c_1 & \lambda - a_2 & -b_2 & \cdots & 0 & 0 \\
0 & -c_2 & \lambda - a_3 & \cdots & 0 & 0 \\
\vdots & \vdots & \vdots & \ddots & \vdots & \vdots \\
0 & 0 & 0 & \cdots & \lambda - a_{k-2} & 0 \\
0 & 0 & 0 & \cdots & -c_{k-2} & -b_{k-1}
\end{vmatrix}
$$

$$
+ (-1)^{k+k}(\lambda - a_k) \begin{vmatrix}
\lambda - a_1 & -b_1 & 0 & \cdots & 0 \\
-c_1 & \lambda - a_2 & -b_2 & \cdots & 0 \\
0 & -c_2 & \lambda - a_3 & \cdots & 0 \\
\vdots & \vdots & \vdots & \ddots & \vdots \\
0 & 0 & 0 & \cdots & \lambda - a_{k-1}
\end{vmatrix}
$$

$$
= c_{k-1} \begin{vmatrix}
\lambda - a_1 & -b_1 & 0 & \cdots & 0 & 0 \\
-c_1 & \lambda - a_2 & -b_2 & \cdots & 0 & 0 \\
0 & -c_2 & \lambda - a_3 & \cdots & 0 & 0 \\
\vdots & \vdots & \vdots & \ddots & \vdots & \vdots \\
0 & 0 & 0 & \cdots & \lambda - a_{k-2} & 0 \\
0 & 0 & 0 & \cdots & -c_{k-2} & -b_{k-1}
\end{vmatrix}
$$

$+ (\lambda - a_k)|\lambda E_{k-1} - A_{k-1}|$ である．さらに，第 $(k-1)$ 列に関する余因子展開より，

$$\begin{vmatrix} \lambda - a_1 & -b_1 & 0 & \cdots & 0 & 0 \\ -c_1 & \lambda - a_2 & -b_2 & \cdots & 0 & 0 \\ 0 & -c_2 & \lambda - a_3 & \cdots & 0 & 0 \\ \vdots & \vdots & \vdots & \ddots & \vdots & \vdots \\ 0 & 0 & 0 & \cdots & \lambda - a_{k-2} & 0 \\ 0 & 0 & 0 & \cdots & -c_{k-2} & -b_{k-1} \end{vmatrix}$$

$$= -(-1)^{(k-1)+(k-1)} b_{k-1} \begin{vmatrix} \lambda - a_1 & -b_1 & 0 & \cdots & 0 \\ -c_1 & \lambda - a_2 & -b_2 & \cdots & 0 \\ 0 & -c_2 & \lambda - a_3 & \cdots & 0 \\ \vdots & \vdots & \vdots & \ddots & \vdots \\ 0 & 0 & 0 & \cdots & \lambda - a_{k-2} \end{vmatrix}$$

$= -b_{k-1}|\lambda E_{k-2} - A_{k-2}|$ である．よって，式(3.164)がなりたつ．

第4章

問 4.1　まず，$A^{\mathrm{T}}A = \begin{pmatrix} 0 & b \\ a & 0 \end{pmatrix}\begin{pmatrix} 0 & a \\ b & 0 \end{pmatrix} = \begin{pmatrix} b^2 & 0 \\ 0 & a^2 \end{pmatrix}$ である．よって，$A^{\mathrm{T}}A$ は対角行列であり，$0 < a \leq b$ に注意すると，固有値は大きい順に b^2, a^2 である．さらに，$Q = E_2$ とおくと，$Q \in \mathrm{O}(2)$ であり，$Q^{-1}A^{\mathrm{T}}AQ = \begin{pmatrix} b^2 & 0 \\ 0 & a^2 \end{pmatrix}$ となる．ここで，式(4.29)より，$\boldsymbol{p}_1, \boldsymbol{p}_2 \in \mathbf{R}^2$ を $\boldsymbol{p}_1 = \dfrac{1}{b}\begin{pmatrix} 0 & a \\ b & 0 \end{pmatrix}\begin{pmatrix} 1 \\ 0 \end{pmatrix} = \begin{pmatrix} 0 \\ 1 \end{pmatrix}$，$\boldsymbol{p}_2 = \dfrac{1}{a}\begin{pmatrix} 0 & a \\ b & 0 \end{pmatrix}\begin{pmatrix} 0 \\ 1 \end{pmatrix} = \begin{pmatrix} 1 \\ 0 \end{pmatrix}$ により定めると，$\{\boldsymbol{p}_1\ \boldsymbol{p}_2\}$ は $\mathbf{R}^2$ の正規直交基底となる．したがって，$P = (\boldsymbol{p}_1\ \boldsymbol{p}_2)$ とおくと，$P \in \mathrm{O}(2)$ である．さらに，$A = P\begin{pmatrix} b & 0 \\ 0 & a \end{pmatrix}Q^{\mathrm{T}}$ となり，A の特異値分解が得られる．とくに，A の特異値は b，a である．

問 4.2　A の特異値分解を式(4.67)とする．このとき，

$$S_2 = Q\begin{pmatrix} \sigma_1 & & & \text{\Large 0} & \\ & \sigma_2 & & & \\ & & \ddots & & O_{r,n-r} \\ \text{\Large 0} & & & \sigma_r & \\ & & O_{n-r,r} & & O_{n-r,n-r} \end{pmatrix}Q^{\mathrm{T}},\quad T_2 = PQ^{\mathrm{T}}$$

とおくと，$Q \in \mathrm{O}(n)$ より，$A = T_2S_2$ となる．ここで，$S_2 \in \mathrm{Sym}(n)$ である．また，S_2 の固有値は A の特異値からなり，すべて 0 以上である．よって，問 3.5 より，S_2 は半正定値である．さらに，$P, Q \in \mathrm{O}(n)$ より，$T_2 \in \mathrm{O}(n)$ である．

問 4.3　(1) まず，$A^{\mathrm{T}}A = \begin{pmatrix} 0 & -3 & 4 \\ 6 & 0 & 0 \end{pmatrix}\begin{pmatrix} 0 & 6 \\ -3 & 0 \\ 4 & 0 \end{pmatrix} = \begin{pmatrix} 25 & 0 \\ 0 & 36 \end{pmatrix}$ である．よって，$A^{\mathrm{T}}A$ の固有値 λ は大きい順に $\lambda = 36, 25$ である．さらに，固有値 $\lambda = 36$ に対する $A^{\mathrm{T}}A$ の固有空間 $W(36)$ は $W(36) = \left\{ c\begin{pmatrix} 0 \\ 1 \end{pmatrix} \middle|\ c \in \mathbf{R} \right\}$ であり，$\left\{ \begin{pmatrix} 0 \\ 1 \end{pmatrix} \right\}$ は $W(36)$ の正規

直交基底である．また，固有値 $\lambda = 25$ に対する $A^{\mathrm{T}}A$ の固有空間 $W(25)$ は $W(25) = \left\{ c\begin{pmatrix} 1 \\ 0 \end{pmatrix} \middle| c \in \mathbf{R} \right\}$ であり，$\left\{ \begin{pmatrix} 1 \\ 0 \end{pmatrix} \right\}$ は $W(25)$ の正規直交基底である．したがって，$Q = \begin{pmatrix} 0 & 1 \\ 1 & 0 \end{pmatrix}$ とおくと，$Q \in \mathrm{O}(2)$ となるので，逆行列 Q^{-1} が存在する．さらに，$Q^{-1}A^{\mathrm{T}}AQ = \begin{pmatrix} 36 & 0 \\ 0 & 25 \end{pmatrix}$ となり，$A^{\mathrm{T}}A$ は Q によって対角化される．

(2) 式(4.29)より，$\boldsymbol{p}_1 \in \mathbf{R}^3$ を $\boldsymbol{p}_1 = \dfrac{1}{6}\begin{pmatrix} 0 & 6 \\ -3 & 0 \\ 4 & 0 \end{pmatrix}\begin{pmatrix} 0 \\ 1 \end{pmatrix} = \begin{pmatrix} 1 \\ 0 \\ 0 \end{pmatrix}$ により定める．また，$\boldsymbol{p}_2 \in \mathbf{R}^3$ を $\boldsymbol{p}_2 = \dfrac{1}{5}\begin{pmatrix} 0 & 6 \\ -3 & 0 \\ 4 & 0 \end{pmatrix}\begin{pmatrix} 1 \\ 0 \end{pmatrix} = \dfrac{1}{5}\begin{pmatrix} 0 \\ -3 \\ 4 \end{pmatrix}$ により定める．このとき，$\boldsymbol{p}_1, \boldsymbol{p}_2$ は直交し，大きさが 1 である．さらに，$\boldsymbol{p}_3 = \dfrac{1}{5}\begin{pmatrix} 0 \\ 4 \\ 3 \end{pmatrix}$ とおくと，$\{\boldsymbol{p}_1, \boldsymbol{p}_2, \boldsymbol{p}_3\}$ は $\mathbf{R}^3$ の正規直交基底となる．よって，$P = (\,\boldsymbol{p}_1\ \boldsymbol{p}_2\ \boldsymbol{p}_3\,)$ とおくと，$P \in \mathrm{O}(3)$ である．さらに，$A = P\begin{pmatrix} 6 & 0 \\ 0 & 5 \\ 0 & 0 \end{pmatrix}Q^{\mathrm{T}}$ となり，A の特異値分解が得られる．とくに，A の特異値は 6，5 である．

(3) 式(4.89)より，$P_1 = \dfrac{1}{5}\begin{pmatrix} 5 & 0 \\ 0 & -3 \\ 0 & 4 \end{pmatrix}$，$Q_1 = \begin{pmatrix} 0 & 1 \\ 1 & 0 \end{pmatrix}$，$\Sigma = \begin{pmatrix} 6 & 0 \\ 0 & 5 \end{pmatrix}$ とおくと[2)]，最小 2 乗近似解は $\boldsymbol{x} = Q_1\Sigma^{-1}P_1^{\mathrm{T}}\begin{pmatrix} 0 \\ 0 \\ 1 \end{pmatrix} = \begin{pmatrix} 0 & 1 \\ 1 & 0 \end{pmatrix} \cdot \dfrac{1}{30}\begin{pmatrix} 5 & 0 \\ 0 & 6 \end{pmatrix} \cdot \dfrac{1}{5}\begin{pmatrix} 5 & 0 & 0 \\ 0 & -3 & 4 \end{pmatrix}\begin{pmatrix} 0 \\ 0 \\ 1 \end{pmatrix} = \dfrac{1}{30}\begin{pmatrix} 0 & 6 \\ 5 & 0 \end{pmatrix} \cdot \dfrac{1}{5}\begin{pmatrix} 0 \\ 4 \end{pmatrix} = \begin{pmatrix} \frac{4}{25} \\ 0 \end{pmatrix}$ である．

問 4.4 (1) $\{\boldsymbol{a}_1, \boldsymbol{a}_2, \ldots, \boldsymbol{a}_n\}$，$\{\boldsymbol{b}_1, \boldsymbol{b}_2, \ldots, \boldsymbol{b}_n\}$ を W の正規直交基底とすると，$i, j = 1, 2, \ldots, n$ に対して，$\langle \boldsymbol{a}_i, \boldsymbol{a}_j \rangle = \delta_{ij}$，$\langle \boldsymbol{b}_i, \boldsymbol{b}_j \rangle = \delta_{ij}$ である．また，$j = 1, 2, \ldots, n$ に対して，ある $p_{1j}, p_{2j}, \ldots, p_{nj} \in \mathbf{R}$ が存在し，$\boldsymbol{b}_j = p_{1j}\boldsymbol{a}_1 + p_{2j}\boldsymbol{a}_2 + \cdots + p_{nj}\boldsymbol{a}_n$ となる．このとき，$\delta_{ij} = \langle \boldsymbol{b}_i, \boldsymbol{b}_j \rangle = \langle p_{1i}\boldsymbol{a}_1 + p_{2i}\boldsymbol{a}_2 + \cdots + p_{ni}\boldsymbol{a}_n, p_{1j}\boldsymbol{a}_1 + p_{2j}\boldsymbol{a}_2 + \cdots + p_{nj}\boldsymbol{a}_n \rangle = p_{1i}p_{1j} + p_{2i}p_{2j} + \cdots + p_{ni}p_{nj}$ となる．よって，$\boldsymbol{p}_j = \begin{pmatrix} p_{1j} \\ p_{2j} \\ \vdots \\ p_{nj} \end{pmatrix}$，$P = (\,\boldsymbol{p}_1\ \boldsymbol{p}_2\ \cdots\ \boldsymbol{p}_n\,)$ とおくと，$P^{\mathrm{T}}P = E_n$ となり，$P \in \mathrm{O}(n)$ である．このとき，$\boldsymbol{x} \in \mathbf{R}^m$ とすると，式(1.43)よ

2) $\mathrm{rank}\,A = 2$ より，最小 2 乗近似解は一意的であり，Q_2 は現れない．

り，$\langle \boldsymbol{b}_j, \boldsymbol{x}\rangle \boldsymbol{b}_j = \boldsymbol{b}_j^{\mathrm{T}} \boldsymbol{x} \boldsymbol{b}_j = \boldsymbol{b}_j \boldsymbol{b}_j^{\mathrm{T}} \boldsymbol{x} = (\boldsymbol{a}_1\ \boldsymbol{a}_2\ \cdots\ \boldsymbol{a}_n)\boldsymbol{p}_j((\boldsymbol{a}_1\ \boldsymbol{a}_2\ \cdots\ \boldsymbol{a}_n)\boldsymbol{p}_j)^{\mathrm{T}}\boldsymbol{x} =$ $(\boldsymbol{a}_1\ \boldsymbol{a}_2\ \cdots\ \boldsymbol{a}_n)\boldsymbol{p}_j\boldsymbol{p}_j^{\mathrm{T}}\begin{pmatrix}\boldsymbol{a}_1^{\mathrm{T}}\\ \boldsymbol{a}_2^{\mathrm{T}}\\ \vdots \\ \boldsymbol{a}_n^{\mathrm{T}}\end{pmatrix}\boldsymbol{x}$ となる．したがって，$\langle \boldsymbol{b}_1, \boldsymbol{x}\rangle \boldsymbol{b}_1 + \langle \boldsymbol{b}_2, \boldsymbol{x}\rangle \boldsymbol{b}_2 +$ $\cdots + \langle \boldsymbol{b}_n, \boldsymbol{x}\rangle \boldsymbol{b}_n = (\boldsymbol{a}_1\ \boldsymbol{a}_2\ \cdots\ \boldsymbol{a}_n)\big(\boldsymbol{p}_1\boldsymbol{p}_1^{\mathrm{T}} + \boldsymbol{p}_2\boldsymbol{p}_2^{\mathrm{T}} + \cdots + \boldsymbol{p}_n\boldsymbol{p}_n^{\mathrm{T}}\big)\begin{pmatrix}\boldsymbol{a}_1^{\mathrm{T}}\\ \boldsymbol{a}_2^{\mathrm{T}}\\ \vdots \\ \boldsymbol{a}_n^{\mathrm{T}}\end{pmatrix}\boldsymbol{x} =$ $(\boldsymbol{a}_1\ \boldsymbol{a}_2\ \cdots\ \boldsymbol{a}_n)PP^{\mathrm{T}}\begin{pmatrix}\boldsymbol{a}_1^{\mathrm{T}}\\ \boldsymbol{a}_2^{\mathrm{T}}\\ \vdots \\ \boldsymbol{a}_n^{\mathrm{T}}\end{pmatrix}\boldsymbol{x} = \boldsymbol{a}_1\boldsymbol{a}_1^{\mathrm{T}}\boldsymbol{x} + \boldsymbol{a}_2\boldsymbol{a}_2^{\mathrm{T}}\boldsymbol{x} + \cdots + \boldsymbol{a}_n\boldsymbol{a}_n^{\mathrm{T}}\boldsymbol{x} = \langle \boldsymbol{a}_1, \boldsymbol{x}\rangle \boldsymbol{a}_1 +$ $\langle \boldsymbol{a}_2, \boldsymbol{x}\rangle \boldsymbol{a}_2 + \cdots + \langle \boldsymbol{a}_n, \boldsymbol{x}\rangle \boldsymbol{a}_n$ となる．すなわち，f は正規直交基底の選び方に依存しない．

(2) $\boldsymbol{x} \in W$ のとき，ある $c_1, c_2, \ldots, c_n \in \mathbf{R}$ が存在し，$\boldsymbol{x} = c_1\boldsymbol{a}_1 + c_2\boldsymbol{a}_2 + \cdots + c_n\boldsymbol{a}_n$ となる．このとき，$i, j = 1, 2, \ldots, n$ に対して，$\langle \boldsymbol{a}_i, \boldsymbol{a}_j\rangle = \delta_{ij}$ なので，$\langle \boldsymbol{a}_j, \boldsymbol{x}\rangle \boldsymbol{a}_j =$ $\langle \boldsymbol{a}_j, c_1\boldsymbol{a}_1 + c_2\boldsymbol{a}_2 + \cdots + c_n\boldsymbol{a}_n\rangle \boldsymbol{a}_j = c_j\boldsymbol{a}_j$ となる．よって，$f(\boldsymbol{x}) = \boldsymbol{x}$ である．

(3) $j = 1, 2, \ldots, n$ とすると，$\langle \boldsymbol{x} - f(\boldsymbol{x}), \boldsymbol{a}_j\rangle = \langle \boldsymbol{x}, \boldsymbol{a}_j\rangle - \langle f(\boldsymbol{x}), \boldsymbol{a}_j\rangle = \langle \boldsymbol{x}, \boldsymbol{a}_j\rangle -$ $\langle \langle \boldsymbol{a}_1, \boldsymbol{x}\rangle \boldsymbol{a}_1 + \langle \boldsymbol{a}_2, \boldsymbol{x}\rangle \boldsymbol{a}_2 + \cdots + \langle \boldsymbol{a}_n, \boldsymbol{x}\rangle \boldsymbol{a}_n, \boldsymbol{a}_j\rangle = \langle \boldsymbol{a}_j, \boldsymbol{x}\rangle - \langle \boldsymbol{a}_j, \boldsymbol{x}\rangle = 0$ となる．よって，$\boldsymbol{x}$ と $f(\boldsymbol{x})$ を通る直線は W と直交する．

(4) $\boldsymbol{x} \in \mathbf{R}^m$ とすると，$j = 1, 2, \ldots, n$ に対して，$\langle \boldsymbol{a}_j, \boldsymbol{x}\rangle \boldsymbol{a}_j = \boldsymbol{a}_j^{\mathrm{T}}\boldsymbol{x}\boldsymbol{a}_j = \boldsymbol{a}_j\boldsymbol{a}_j^{\mathrm{T}}\boldsymbol{x}$ である．よって，$f(\boldsymbol{x}) = (\boldsymbol{a}_1\boldsymbol{a}_1^{\mathrm{T}} + \boldsymbol{a}_2\boldsymbol{a}_2^{\mathrm{T}} + \cdots + \boldsymbol{a}_n\boldsymbol{a}_n^{\mathrm{T}})\boldsymbol{x} = AA^{\mathrm{T}}\boldsymbol{x}$ となる．すなわち，式(4.110)がなりたつ．

問 4.5　(1) Y の固有多項式を $\phi_Y(\lambda)$ と表すと，$\phi_Y(\lambda) = |\lambda E_2 - Y| = \begin{vmatrix}\lambda - 6 & 3\\ 3 & \lambda - 6\end{vmatrix} =$ $(\lambda - 6)^2 - 3^2 = (\lambda - 9)(\lambda - 3)$ である．よって，固有方程式 $\phi_Y(\lambda) = 0$ を解くと，Y の固有値 λ は $\lambda = 9, 3$ である．

(2) まず，固有値 $\lambda = 9$ に対する Y の固有空間 $W(9)$ を求める．同次連立 1 次方程式

$$(\lambda E_2 - Y)\boldsymbol{x} = \mathbf{0} \tag{a}$$

において $\lambda = 9$ を代入し，

$$\boldsymbol{x} = \begin{pmatrix}x_1\\ x_2\end{pmatrix} \tag{b}$$

とすると，$\begin{pmatrix}3 & 3\\ 3 & 3\end{pmatrix}\begin{pmatrix}x_1\\ x_2\end{pmatrix} = \begin{pmatrix}0\\ 0\end{pmatrix}$ である．よって，解は $c \in \mathbf{R}$ を任意の定数として，$x_1 = c$，$x_2 = -c$ である．したがって，$\boldsymbol{x} = \begin{pmatrix}x_1\\ x_2\end{pmatrix} = \begin{pmatrix}c\\ -c\end{pmatrix} = c\begin{pmatrix}1\\ -1\end{pmatrix}$ と表されるので，

$$W(9) = \left\{ c\begin{pmatrix} 1 \\ -1 \end{pmatrix} \;\middle|\; c \in \mathbf{R} \right\} \tag{c}$$

である．次に，固有値 $\lambda = 3$ に対する Y の固有空間 $W(3)$ を求める．同次連立 1 次方程式(a)において $\lambda = 3$ を代入し，$\boldsymbol{x}$ を式(b)のように表しておくと，$\begin{pmatrix} -3 & 3 \\ 3 & -3 \end{pmatrix}\begin{pmatrix} x_1 \\ x_2 \end{pmatrix} = \begin{pmatrix} 0 \\ 0 \end{pmatrix}$ である．よって，解は $c \in \mathbf{R}$ を任意の定数として，$x_1 = c$，$x_2 = c$ である．したがって，$\boldsymbol{x} = \begin{pmatrix} x_1 \\ x_2 \end{pmatrix} = \begin{pmatrix} c \\ c \end{pmatrix} = c\begin{pmatrix} 1 \\ 1 \end{pmatrix}$ と表されるので，

$$W(3) = \left\{ c\begin{pmatrix} 1 \\ 1 \end{pmatrix} \;\middle|\; c \in \mathbf{R} \right\} \tag{d}$$

である．

(3) まず，$W(9)$ の正規直交基底を求める．$\boldsymbol{q}_1 \in \mathbf{R}^2$ を $\boldsymbol{q}_1 = \begin{pmatrix} 1 \\ -1 \end{pmatrix}$ により定める．このとき，$\boldsymbol{q}_1$ は 1 次独立であり，式(c)より，$\{\boldsymbol{q}_1\}$ は $W(9)$ の基底である．さらに，$\boldsymbol{q}_1$ を正規化したものを $\boldsymbol{p}_1$ とおくと，$\boldsymbol{p}_1 = \dfrac{1}{\|\boldsymbol{q}_1\|}\boldsymbol{q}_1 = \dfrac{1}{\sqrt{1^2 + (-1)^2}}\begin{pmatrix} 1 \\ -1 \end{pmatrix} = \dfrac{1}{\sqrt{2}}\begin{pmatrix} 1 \\ -1 \end{pmatrix}$ である．このとき，$\{\boldsymbol{p}_1\}$ は $W(9)$ の正規直交基底である．次に，$W(3)$ の正規直交基底を求める．$\boldsymbol{q}_2 \in \mathbf{R}^2$ を $\boldsymbol{q}_2 = \begin{pmatrix} 1 \\ 1 \end{pmatrix}$ により定める．このとき，$\boldsymbol{q}_2$ は 1 次独立であり，式(d)より，$\{\boldsymbol{q}_2\}$ は $W(3)$ の基底である．さらに，$\boldsymbol{q}_2$ を正規化したものを $\boldsymbol{p}_2$ とおくと，$\boldsymbol{p}_2 = \dfrac{1}{\|\boldsymbol{q}_2\|}\boldsymbol{q}_2 = \dfrac{1}{\sqrt{1^2 + 1^2}}\begin{pmatrix} 1 \\ 1 \end{pmatrix} = \dfrac{1}{\sqrt{2}}\begin{pmatrix} 1 \\ 1 \end{pmatrix}$ である．このとき，$\{\boldsymbol{p}_2\}$ は $W(3)$ の正規直交基底である．よって，$P = (\,\boldsymbol{p}_1\ \boldsymbol{p}_2\,) = \dfrac{1}{\sqrt{2}}\begin{pmatrix} 1 & 1 \\ -1 & 1 \end{pmatrix}$ とおくと，$P \in \mathrm{O}(2)$ となるので，逆行列 P^{-1} が存在する．さらに，式(4.142)がなりたつ．

問 4.6 (1) まず，$A^{\mathrm{T}}A = \begin{pmatrix} 0 & -2 \\ 0 & 0 \\ 3 & 0 \end{pmatrix}\begin{pmatrix} 0 & 0 & 3 \\ -2 & 0 & 0 \end{pmatrix} = \begin{pmatrix} 4 & 0 & 0 \\ 0 & 0 & 0 \\ 0 & 0 & 9 \end{pmatrix}$ である．よって，$A^{\mathrm{T}}A$ の固有値 λ は大きい順に $\lambda = 9,\ 4,\ 0$ である．したがって，固有値 $\lambda = 9$ に対する $A^{\mathrm{T}}A$ の固有空間 $W(9)$ は $W(9) = \left\{ c\begin{pmatrix} 0 \\ 0 \\ 1 \end{pmatrix} \;\middle|\; c \in \mathbf{R} \right\}$ であり，$\left\{ \begin{pmatrix} 0 \\ 0 \\ 1 \end{pmatrix} \right\}$ は $W(9)$ の正規直交基底である．また，固有値 $\lambda = 4$ に対する $A^{\mathrm{T}}A$ の固有空間 $W(4)$ は $W(4) = \left\{ c\begin{pmatrix} 1 \\ 0 \\ 0 \end{pmatrix} \;\middle|\; c \in \mathbf{R} \right\}$ であり，$\left\{ \begin{pmatrix} 1 \\ 0 \\ 0 \end{pmatrix} \right\}$ は $W(4)$ の正規直交基底である．さらに，固有値 $\lambda = 0$ に対する $A^{\mathrm{T}}A$ の固有空間 $W(0)$ は $W(0) = \left\{ c\begin{pmatrix} 0 \\ 1 \\ 0 \end{pmatrix} \;\middle|\; c \in \mathbf{R} \right\}$ であり，$\left\{ \begin{pmatrix} 0 \\ 1 \\ 0 \end{pmatrix} \right\}$

は $W(0)$ の正規直交基底である．以上より，$Q = \begin{pmatrix} 0 & 1 & 0 \\ 0 & 0 & 1 \\ 1 & 0 & 0 \end{pmatrix}$ とおくと，$Q \in \mathrm{O}(3)$ となるので，逆行列 Q^{-1} が存在する．さらに，$Q^{-1}A^{\mathrm{T}}AQ = \begin{pmatrix} 9 & 0 & 0 \\ 0 & 4 & 0 \\ 0 & 0 & 0 \end{pmatrix}$ となり，$A^{\mathrm{T}}A$ は Q によって対角化される．

(2) 式(4.29)より，$\boldsymbol{p}_1 \in \mathbf{R}^2$ を $\boldsymbol{p}_1 = \frac{1}{3}\begin{pmatrix} 0 & 0 & 3 \\ -2 & 0 & 0 \end{pmatrix}\begin{pmatrix} 0 \\ 0 \\ 1 \end{pmatrix} = \begin{pmatrix} 1 \\ 0 \end{pmatrix}$ により定める．また，$\boldsymbol{p}_2 \in \mathbf{R}^2$ を $\boldsymbol{p}_2 = \frac{1}{2}\begin{pmatrix} 0 & 0 & 3 \\ -2 & 0 & 0 \end{pmatrix}\begin{pmatrix} 1 \\ 0 \\ 0 \end{pmatrix} = \begin{pmatrix} 0 \\ -1 \end{pmatrix}$ により定める．このとき，$\{\boldsymbol{p}_1, \boldsymbol{p}_2\}$ は $\mathbf{R}^2$ の正規直交基底となる．よって，$P = (\, \boldsymbol{p}_1 \ \boldsymbol{p}_2 \,)$ とおくと，$P \in \mathrm{O}(2)$ である．さらに，$A = P\begin{pmatrix} 3 & 0 & 0 \\ 0 & 2 & 0 \end{pmatrix}Q^{\mathrm{T}}$ となり，A の特異値分解が得られる．とくに，A の特異値は 3，2 である．

(3) 式(4.146)および(2)より，A のムーア－ペンローズ一般逆行列は

$$A^{+} = Q\begin{pmatrix} \frac{1}{3} & 0 \\ 0 & \frac{1}{2} \\ 0 & 0 \end{pmatrix}P^{\mathrm{T}} = \begin{pmatrix} 0 & 1 & 0 \\ 0 & 0 & 1 \\ 1 & 0 & 0 \end{pmatrix}\begin{pmatrix} \frac{1}{3} & 0 \\ 0 & \frac{1}{2} \\ 0 & 0 \end{pmatrix}\begin{pmatrix} 1 & 0 \\ 0 & -1 \end{pmatrix}^{\mathrm{T}} = \begin{pmatrix} 0 & \frac{1}{2} \\ 0 & 0 \\ \frac{1}{3} & 0 \end{pmatrix}\begin{pmatrix} 1 & 0 \\ 0 & -1 \end{pmatrix} =$$

$\begin{pmatrix} 0 & -\frac{1}{2} \\ 0 & 0 \\ \frac{1}{3} & 0 \end{pmatrix}$ である．

問 4.7　(1) 式(4.162)がなりたつとき，$A^{+}AA^{+}$

$$= Q\begin{pmatrix} \Sigma^{-1} & C_{12} \\ C_{21} & C_{22} \end{pmatrix}P^{\mathrm{T}} \cdot P\begin{pmatrix} \Sigma & O_{r,n-r} \\ O_{m-r,r} & O_{m-r,n-r} \end{pmatrix}Q^{\mathrm{T}} \cdot Q\begin{pmatrix} \Sigma^{-1} & C_{12} \\ C_{21} & C_{22} \end{pmatrix}P^{\mathrm{T}}$$

$= Q\begin{pmatrix} \Sigma^{-1} & C_{12} \\ C_{21} & C_{21}\Sigma C_{12} \end{pmatrix}P^{\mathrm{T}}$ となる．よって，条件(2)より，式(4.163)の第 1 式が得られる．

(2) 式(4.162)がなりたつとき，$AA^{+} = P\begin{pmatrix} \Sigma & O_{r,n-r} \\ O_{m-r,r} & O_{m-r,n-r} \end{pmatrix}Q^{\mathrm{T}} \cdot Q\begin{pmatrix} \Sigma^{-1} & C_{12} \\ C_{21} & C_{22} \end{pmatrix}P^{\mathrm{T}}$

$= P\begin{pmatrix} E_r & \Sigma C_{12} \\ O_{m-r,r} & O_{m-r,m-r} \end{pmatrix}P^{\mathrm{T}}$ となる．よって，条件(3)より，式(4.163)の第 2 式が得られる．

(3) 式(4.162)がなりたつとき，$A^{+}A = Q\begin{pmatrix} \Sigma^{-1} & C_{12} \\ C_{21} & C_{22} \end{pmatrix}P^{\mathrm{T}} \cdot P\begin{pmatrix} \Sigma & O_{r,n-r} \\ O_{m-r,r} & O_{m-r,n-r} \end{pmatrix}Q^{\mathrm{T}}$

$= Q\begin{pmatrix} E_r & O_{r,n-r} \\ C_{21}\Sigma & O_{n-r,n-r} \end{pmatrix}Q^{\mathrm{T}}$ となる．よって，条件(4)より，式(4.163)の第 3 式が得られる．

問 4.8　A に対して，基本変形を繰り返すと，$\begin{pmatrix} 3 & 6 \\ 1 & 2 \end{pmatrix} \xrightarrow{\text{第 1 行}-\text{第 2 行}\times 3} \begin{pmatrix} 0 & 0 \\ 1 & 2 \end{pmatrix}$

$\xrightarrow{\text{第 1 行と第 2 行の入れ替え}} \begin{pmatrix} 1 & 2 \\ 0 & 0 \end{pmatrix} \xrightarrow{\text{第 2 列}-\text{第 1 列}\times 2} \begin{pmatrix} 1 & 0 \\ 0 & 0 \end{pmatrix}$ となり，これは階数標準形である．よって，それぞれの基本変形に対応する基本行列を考え➡定理 2.2，問題 2.1(2)，$P = Q_2(1,2)R_2(1,2;-3) = \begin{pmatrix} 0 & 1 \\ 1 & 0 \end{pmatrix}\begin{pmatrix} 1 & -3 \\ 0 & 1 \end{pmatrix} = \begin{pmatrix} 0 & 1 \\ 1 & -3 \end{pmatrix}$，$Q = R_2(1,2;-2) = \begin{pmatrix} 1 & -2 \\ 0 & 1 \end{pmatrix}$ とおくと，$PAQ = \begin{pmatrix} 1 & 0 \\ 0 & 0 \end{pmatrix}$ である．したがって，A の一般逆行列は a, b, $c \in \mathbf{R}$ を任意の定数として，$A^- = Q\begin{pmatrix} 1 & a \\ b & c \end{pmatrix}P = \begin{pmatrix} 1 & -2 \\ 0 & 1 \end{pmatrix}\begin{pmatrix} 1 & a \\ b & c \end{pmatrix}\begin{pmatrix} 0 & 1 \\ 1 & -3 \end{pmatrix} = \begin{pmatrix} 1 & -2 \\ 0 & 1 \end{pmatrix}\begin{pmatrix} a & 1-3a \\ c & b-3c \end{pmatrix} = \begin{pmatrix} a-2c & 1-3a-2b+6c \\ c & b-3c \end{pmatrix}$ である．

問 4.9　式(4.179)，(4.182)より，
$AA^- = P^{-1}\begin{pmatrix} E_r & O_{r,n-r} \\ O_{m-r,r} & O_{m-r,n-r} \end{pmatrix}Q^{-1} \cdot Q\begin{pmatrix} E_r & C_{12} \\ C_{21} & C_{22} \end{pmatrix}P =$
$P^{-1}\begin{pmatrix} E_r & C_{12} \\ O_{m-r,r} & O_{m-r,m-r} \end{pmatrix}P$ となる．さらに，$(AA^-)^{\mathrm{T}} = P^{\mathrm{T}}\begin{pmatrix} E_r & O_{r,m-r} \\ C_{12}^{\mathrm{T}} & O_{m-r,m-r} \end{pmatrix}(P^{\mathrm{T}})^{-1}$ である．よって，$(AA^-)^{\mathrm{T}} = AA^-$ とすると，$PP^{\mathrm{T}}\begin{pmatrix} E_r & O_{r,m-r} \\ C_{12}^{\mathrm{T}} & O_{m-r,m-r} \end{pmatrix} = \begin{pmatrix} E_r & C_{12} \\ O_{m-r,r} & O_{m-r,m-r} \end{pmatrix}PP^{\mathrm{T}}$ となり，式(4.194)より，$\begin{pmatrix} S_{11} & S_{12} \\ S_{21} & S_{22} \end{pmatrix}\begin{pmatrix} E_r & O_{r,m-r} \\ C_{12}^{\mathrm{T}} & O_{m-r,m-r} \end{pmatrix} = \begin{pmatrix} E_r & C_{12} \\ O_{m-r,r} & O_{m-r,m-r} \end{pmatrix}\begin{pmatrix} S_{11} & S_{12} \\ S_{21} & S_{22} \end{pmatrix}$ である．したがって，
$\begin{pmatrix} S_{11}+S_{12}C_{12}^{\mathrm{T}} & O_{r,m-r} \\ S_{21}+S_{22}C_{12}^{\mathrm{T}} & O_{m-r,m-r} \end{pmatrix} = \begin{pmatrix} S_{11}+C_{12}S_{21} & S_{12}+C_{12}S_{22} \\ O_{m-r,r} & O_{m-r,m-r} \end{pmatrix}$ となり，$S_{12}C_{12}^{\mathrm{T}} = C_{12}S_{21}$，$S_{12}+C_{12}S_{22} = O_{r,m-r}$，$S_{21}+S_{22}C_{12}^{\mathrm{T}} = O_{m-r,r}$ である．さらに，$PP^{\mathrm{T}} \in \mathrm{Sym}(m)$ であることに注意すると，$S_{22}^{\mathrm{T}} = S_{22}$，$S_{12}^{\mathrm{T}} = S_{21}$ なので，$C_{12} = -S_{12}S_{22}^{-1}$ が得られる．すなわち，式(4.207)がなりたつ．

問 4.10　式(4.179)，(4.182)より，
$A^-A = Q\begin{pmatrix} E_r & C_{12} \\ C_{21} & C_{22} \end{pmatrix}P \cdot P^{-1}\begin{pmatrix} E_r & O_{r,n-r} \\ O_{m-r,r} & O_{m-r,n-r} \end{pmatrix}Q^{-1} =$
$Q\begin{pmatrix} E_r & O_{r,n-r} \\ C_{21} & O_{n-r,n-r} \end{pmatrix}Q^{-1}$ となる．さらに，$(A^-A)^{\mathrm{T}} = (Q^{\mathrm{T}})^{-1}\begin{pmatrix} E_r & C_{21}^{\mathrm{T}} \\ O_{n-r,r} & O_{n-r,n-r} \end{pmatrix}Q^{\mathrm{T}}$ である．よって，$(A^-A)^{\mathrm{T}} = A^-A$ とすると，$\begin{pmatrix} E_r & C_{21}^{\mathrm{T}} \\ O_{n-r,r} & O_{n-r,n-r} \end{pmatrix}Q^{\mathrm{T}}Q = Q^{\mathrm{T}}Q\begin{pmatrix} E_r & O_{r,n-r} \\ C_{21} & O_{n-r,n-r} \end{pmatrix}$ となり，式(4.217)より，$\begin{pmatrix} E_r & C_{21}^{\mathrm{T}} \\ O_{n-r,r} & O_{n-r,n-r} \end{pmatrix}\begin{pmatrix} T_{11} & T_{12} \\ T_{21} & T_{22} \end{pmatrix} = \begin{pmatrix} T_{11} & T_{12} \\ T_{21} & T_{22} \end{pmatrix}\begin{pmatrix} E_r & O_{r,n-r} \\ C_{21} & O_{n-r,n-r} \end{pmatrix}$ である．したがって，$\begin{pmatrix} T_{11}+C_{21}^{\mathrm{T}}T_{21} & T_{12}+C_{21}^{\mathrm{T}}T_{22} \\ O_{n-r,r} & O_{n-r,n-r} \end{pmatrix} =$

$\begin{pmatrix} T_{11}+T_{12}C_{21} & O_{r,n-r} \\ T_{21}+T_{22}C_{21} & O_{n-r,n-r} \end{pmatrix}$ となり，$C_{21}^{\mathrm{T}}T_{21}=T_{12}C_{21}$，$T_{12}+C_{21}^{\mathrm{T}}T_{22}=O_{r,n-r}$，$T_{21}+T_{22}C_{21}=O_{n-r,r}$ である．さらに，$Q^{\mathrm{T}}Q\in \mathrm{Sym}(n)$ であることに注意すると，$T_{22}^{\mathrm{T}}=T_{22}$，$T_{12}^{\mathrm{T}}=T_{21}$ なので，$C_{21}=-T_{22}^{-1}T_{21}$ が得られる．すなわち，式(4.218)がなりたつ．

章末問題

問題 4.1　(1) まず，$A^{\mathrm{T}}A=\begin{pmatrix} 2 & 0 \\ 3 & 2 \end{pmatrix}\begin{pmatrix} 2 & 3 \\ 0 & 2 \end{pmatrix}=\begin{pmatrix} 4 & 6 \\ 6 & 13 \end{pmatrix}$ である．よって，$A^{\mathrm{T}}A$ の固有多項式を $\phi(\lambda)$ と表すと，$\phi(\lambda)=|\lambda E_2-A^{\mathrm{T}}A|=\begin{vmatrix} \lambda-4 & -6 \\ -6 & \lambda-13 \end{vmatrix}=(\lambda-4)(\lambda-13)-(-6)^2=(\lambda-16)(\lambda-1)$ である．したがって，固有方程式 $\phi(\lambda)=0$ を解くと，$A^{\mathrm{T}}A$ の固有値 λ は $\lambda=16, 1$ である．

(2) まず，固有値 $\lambda=16$ に対する $A^{\mathrm{T}}A$ の固有空間 $W(16)$ を求める．同次連立 1 次方程式

$$(\lambda E_2-A^{\mathrm{T}}A)\boldsymbol{x}=\boldsymbol{0} \tag{a}$$

において $\lambda=16$ を代入し，

$$\boldsymbol{x}=\begin{pmatrix} x_1 \\ x_2 \end{pmatrix} \tag{b}$$

とすると，$\begin{pmatrix} 12 & -6 \\ -6 & 3 \end{pmatrix}\begin{pmatrix} x_1 \\ x_2 \end{pmatrix}=\begin{pmatrix} 0 \\ 0 \end{pmatrix}$ である．よって，解は $c\in\mathbf{R}$ を任意の定数として，$x_1=c$，$x_2=2c$ である．したがって，$\boldsymbol{x}=\begin{pmatrix} x_1 \\ x_2 \end{pmatrix}=\begin{pmatrix} c \\ 2c \end{pmatrix}=c\begin{pmatrix} 1 \\ 2 \end{pmatrix}$ と表されるので，

$$W(16)=\left\{c\begin{pmatrix} 1 \\ 2 \end{pmatrix} \middle| \, c\in\mathbf{R}\right\} \tag{c}$$

である．次に，固有値 $\lambda=1$ に対する $A^{\mathrm{T}}A$ の固有空間 $W(1)$ を求める．同次連立 1 次方程式(a)において $\lambda=1$ を代入し，$\boldsymbol{x}$ を式(b)のように表しておくと，$\begin{pmatrix} -3 & -6 \\ -6 & -12 \end{pmatrix}\begin{pmatrix} x_1 \\ x_2 \end{pmatrix}=\begin{pmatrix} 0 \\ 0 \end{pmatrix}$ である．よって，解は $c\in\mathbf{R}$ を任意の定数として，$x_1=2c$，$x_2=-c$ である．したがって，$\boldsymbol{x}=\begin{pmatrix} x_1 \\ x_2 \end{pmatrix}=\begin{pmatrix} 2c \\ -c \end{pmatrix}=c\begin{pmatrix} 2 \\ -1 \end{pmatrix}$ と表されるので，

$$W(1)=\left\{c\begin{pmatrix} 2 \\ -1 \end{pmatrix} \middle| \, c\in\mathbf{R}\right\} \tag{d}$$

である．

(3) まず，$W(16)$ の正規直交基底を求める．$\boldsymbol{q}_1'\in\mathbf{R}^2$ を $\boldsymbol{q}_1'=\begin{pmatrix} 1 \\ 2 \end{pmatrix}$ により定める．このとき，$\boldsymbol{q}_1'$ は 1 次独立であり，式(c)より，$\{\boldsymbol{q}_1'\}$ は $W(16)$ の基底である．さらに，$\boldsymbol{q}_1'$ を正規化したものを $\boldsymbol{q}_1$ とおくと，$\boldsymbol{q}_1=\dfrac{1}{\|\boldsymbol{q}_1'\|}\boldsymbol{q}_1'=\dfrac{1}{\sqrt{1^2+2^2}}\begin{pmatrix} 1 \\ 2 \end{pmatrix}=\dfrac{1}{\sqrt{5}}\begin{pmatrix} 1 \\ 2 \end{pmatrix}$ である．このとき，$\{\boldsymbol{q}_1\}$ は $W(16)$ の正規直交基底である．次に，$W(1)$ の正規直交基底

を求める．$\boldsymbol{q}_2' \in \mathbf{R}^2$ を $\boldsymbol{q}_2' = \begin{pmatrix} 2 \\ -1 \end{pmatrix}$ により定める．このとき，$\boldsymbol{q}_2'$ は1次独立であり，式(d)より，$\{\boldsymbol{q}_2'\}$ は $W(1)$ の基底である．さらに，$\boldsymbol{q}_2'$ を正規化したものを $\boldsymbol{q}_2$ とおくと，$\boldsymbol{q}_2 = \dfrac{1}{\|\boldsymbol{q}_2'\|}\boldsymbol{q}_2' = \dfrac{1}{\sqrt{2^2+(-1)^2}}\begin{pmatrix} 2 \\ -1 \end{pmatrix} = \dfrac{1}{\sqrt{5}}\begin{pmatrix} 2 \\ -1 \end{pmatrix}$ である．このとき，$\{\boldsymbol{q}_2\}$ は $W(1)$ の正規直交基底である．よって，$Q = (\,\boldsymbol{q}_1\ \boldsymbol{q}_2\,) = \dfrac{1}{\sqrt{5}}\begin{pmatrix} 1 & 2 \\ 2 & -1 \end{pmatrix}$ とおくと，$Q \in \mathrm{O}(2)$ となるので，逆行列 Q^{-1} が存在する．さらに，$Q^{-1}A^{\mathrm{T}}AQ = \begin{pmatrix} 16 & 0 \\ 0 & 1 \end{pmatrix}$ となり，$A^{\mathrm{T}}A$ は Q によって対角化される．

(4) 式(4.29)より，$\boldsymbol{p}_1 \in \mathbf{R}^2$ を $\boldsymbol{p}_1 = \dfrac{1}{4}\begin{pmatrix} 2 & 3 \\ 0 & 2 \end{pmatrix}\cdot\dfrac{1}{\sqrt{5}}\begin{pmatrix} 1 \\ 2 \end{pmatrix} = \dfrac{1}{\sqrt{5}}\begin{pmatrix} 2 \\ 1 \end{pmatrix}$ により定める．また，$\boldsymbol{p}_2 \in \mathbf{R}^2$ を $\boldsymbol{p}_2 = \dfrac{1}{1}\begin{pmatrix} 2 & 3 \\ 0 & 2 \end{pmatrix}\cdot\dfrac{1}{\sqrt{5}}\begin{pmatrix} 2 \\ -1 \end{pmatrix} = \dfrac{1}{\sqrt{5}}\begin{pmatrix} 1 \\ -2 \end{pmatrix}$ により定める．このとき，$\{\boldsymbol{p}_1, \boldsymbol{p}_2\}$ は $\mathbf{R}^2$ の正規直交基底となる．よって，$P = (\,\boldsymbol{p}_1\ \boldsymbol{p}_2\,) = \dfrac{1}{\sqrt{5}}\begin{pmatrix} 2 & 1 \\ 1 & -2 \end{pmatrix}$ とおくと，$P \in \mathrm{O}(2)$ である．さらに，$A = P\begin{pmatrix} 4 & 0 \\ 0 & 1 \end{pmatrix}Q^{\mathrm{T}}$ となり，A の特異値分解が得られる．とくに，A の特異値は4，1である．

(5) 式(4.68)および(4)より，$S_1 = P\begin{pmatrix} 4 & 0 \\ 0 & 1 \end{pmatrix}P^{\mathrm{T}} =$
$\dfrac{1}{\sqrt{5}}\begin{pmatrix} 2 & 1 \\ 1 & -2 \end{pmatrix}\begin{pmatrix} 4 & 0 \\ 0 & 1 \end{pmatrix}\cdot\dfrac{1}{\sqrt{5}}\begin{pmatrix} 2 & 1 \\ 1 & -2 \end{pmatrix} = \dfrac{1}{5}\begin{pmatrix} 8 & 1 \\ 4 & -2 \end{pmatrix}\begin{pmatrix} 2 & 1 \\ 1 & -2 \end{pmatrix} = \dfrac{1}{5}\begin{pmatrix} 17 & 6 \\ 6 & 8 \end{pmatrix}$，$T_1 = PQ^{\mathrm{T}} = \dfrac{1}{\sqrt{5}}\begin{pmatrix} 2 & 1 \\ 1 & -2 \end{pmatrix}\cdot\dfrac{1}{\sqrt{5}}\begin{pmatrix} 1 & 2 \\ 2 & -1 \end{pmatrix} = \dfrac{1}{5}\begin{pmatrix} 4 & 3 \\ -3 & 4 \end{pmatrix}$ とおくと，A の右極分解 $A = S_1T_1$ が得られる．

(6) 問4.2および(4)より，$S_2 = Q\begin{pmatrix} 4 & 0 \\ 0 & 1 \end{pmatrix}Q^{\mathrm{T}} =$
$\dfrac{1}{\sqrt{5}}\begin{pmatrix} 1 & 2 \\ 2 & -1 \end{pmatrix}\begin{pmatrix} 4 & 0 \\ 0 & 1 \end{pmatrix}\cdot\dfrac{1}{\sqrt{5}}\begin{pmatrix} 1 & 2 \\ 2 & -1 \end{pmatrix} = \dfrac{1}{5}\begin{pmatrix} 4 & 2 \\ 8 & -1 \end{pmatrix}\begin{pmatrix} 1 & 2 \\ 2 & -1 \end{pmatrix} = \dfrac{1}{5}\begin{pmatrix} 8 & 6 \\ 6 & 17 \end{pmatrix}$，$T_2 = PQ^{\mathrm{T}} = \dfrac{1}{5}\begin{pmatrix} 4 & 3 \\ -3 & 4 \end{pmatrix}$ とおくと，A の左極分解 $A = T_2S_2$ が得られる．

問題 4.2　(1) まず，$\dfrac{1}{3}\displaystyle\sum_{k=1}^{3}\boldsymbol{x}_k = \dfrac{1}{3}\left(\begin{pmatrix} 0 \\ 1 \end{pmatrix} + \begin{pmatrix} 1 \\ 3 \end{pmatrix} + \begin{pmatrix} 2 \\ 2 \end{pmatrix}\right) = \begin{pmatrix} 1 \\ 2 \end{pmatrix}$ である．よって，$\boldsymbol{y}_1 = \begin{pmatrix} 0 \\ 1 \end{pmatrix} - \begin{pmatrix} 1 \\ 2 \end{pmatrix} = \begin{pmatrix} -1 \\ -1 \end{pmatrix}$，$\boldsymbol{y}_2 = \begin{pmatrix} 1 \\ 3 \end{pmatrix} - \begin{pmatrix} 1 \\ 2 \end{pmatrix} = \begin{pmatrix} 0 \\ 1 \end{pmatrix}$，$\boldsymbol{y}_3 = \begin{pmatrix} 2 \\ 2 \end{pmatrix} - \begin{pmatrix} 1 \\ 2 \end{pmatrix} = \begin{pmatrix} 1 \\ 0 \end{pmatrix}$ である．したがって，$Y = \begin{pmatrix} -1 \\ -1 \end{pmatrix}(-1\ \ -1) + \begin{pmatrix} 0 \\ 1 \end{pmatrix}(0\ \ 1) + \begin{pmatrix} 1 \\ 0 \end{pmatrix}(1\ \ 0) = \begin{pmatrix} 1 & 1 \\ 1 & 1 \end{pmatrix} + \begin{pmatrix} 0 & 0 \\ 0 & 1 \end{pmatrix} + \begin{pmatrix} 1 & 0 \\ 0 & 0 \end{pmatrix} = \begin{pmatrix} 2 & 1 \\ 1 & 2 \end{pmatrix}$ である．

(2) Y の固有多項式を $\phi_Y(\lambda)$ と表すと，$\phi_Y(\lambda) = |\lambda E_2 - Y| = \begin{vmatrix} \lambda-2 & -1 \\ -1 & \lambda-2 \end{vmatrix} = (\lambda-2)^2 - (-1)^2 = (\lambda-3)(\lambda-1)$ である．よって，固有方程式 $\phi_Y(\lambda) = 0$ を解くと，Y の固有値 λ は $\lambda = 3, 1$ である．

(3) まず，固有値 $\lambda = 3$ に対する Y の固有空間 $W(3)$ を求める．同次連立 1 次方程式

$$(\lambda E_2 - Y)\boldsymbol{x} = \boldsymbol{0} \tag{a}$$

において $\lambda = 3$ を代入し，

$$\boldsymbol{x} = \begin{pmatrix} x_1 \\ x_2 \end{pmatrix} \tag{b}$$

とすると，$\begin{pmatrix} 1 & -1 \\ -1 & 1 \end{pmatrix}\begin{pmatrix} x_1 \\ x_2 \end{pmatrix} = \begin{pmatrix} 0 \\ 0 \end{pmatrix}$ である．よって，解は $c \in \mathbf{R}$ を任意の定数として，$x_1 = c$，$x_2 = c$ である．したがって，$\boldsymbol{x} = \begin{pmatrix} x_1 \\ x_2 \end{pmatrix} = \begin{pmatrix} c \\ c \end{pmatrix} = c\begin{pmatrix} 1 \\ 1 \end{pmatrix}$ と表されるので，

$$W(3) = \left\{ c\begin{pmatrix} 1 \\ 1 \end{pmatrix} \;\middle|\; c \in \mathbf{R} \right\} \tag{c}$$

である．次に，固有値 $\lambda = 1$ に対する Y の固有空間 $W(1)$ を求める．同次連立 1 次方程式 (a)において $\lambda = 1$ を代入し，$\boldsymbol{x}$ を式(b)のように表しておくと，$\begin{pmatrix} -1 & -1 \\ -1 & -1 \end{pmatrix}\begin{pmatrix} x_1 \\ x_2 \end{pmatrix} = \begin{pmatrix} 0 \\ 0 \end{pmatrix}$ である．よって，解は $c \in \mathbf{R}$ を任意の定数として，$x_1 = c$，$x_2 = -c$ である．したがって，$\boldsymbol{x} = \begin{pmatrix} x_1 \\ x_2 \end{pmatrix} = \begin{pmatrix} c \\ -c \end{pmatrix} = c\begin{pmatrix} 1 \\ -1 \end{pmatrix}$ と表されるので，

$$W(1) = \left\{ c\begin{pmatrix} 1 \\ -1 \end{pmatrix} \;\middle|\; c \in \mathbf{R} \right\} \tag{d}$$

である．

(4) まず，$W(3)$ の正規直交基底を求める．$\boldsymbol{q}_1 \in \mathbf{R}^2$ を $\boldsymbol{q}_1 = \begin{pmatrix} 1 \\ 1 \end{pmatrix}$ により定める．このとき，$\boldsymbol{q}_1$ は 1 次独立であり，式(c)より，$\{\boldsymbol{q}_1\}$ は $W(3)$ の基底である．さらに，$\boldsymbol{q}_1$ を正規化したものを $\boldsymbol{p}_1$ とおくと，$\boldsymbol{p}_1 = \dfrac{1}{\|\boldsymbol{q}_1\|}\boldsymbol{q}_1 = \dfrac{1}{\sqrt{1^2+1^2}}\begin{pmatrix} 1 \\ 1 \end{pmatrix} = \dfrac{1}{\sqrt{2}}\begin{pmatrix} 1 \\ 1 \end{pmatrix}$ である．このとき，$\{\boldsymbol{p}_1\}$ は $W(3)$ の正規直交基底である．次に，$W(1)$ の正規直交基底を求める．$\boldsymbol{q}_2 \in \mathbf{R}^2$ を $\boldsymbol{q}_2 = \begin{pmatrix} 1 \\ -1 \end{pmatrix}$ により定める．このとき，$\boldsymbol{q}_2$ は 1 次独立であり，式(d)より，$\{\boldsymbol{q}_2\}$ は $W(1)$ の基底である．さらに，$\boldsymbol{q}_2$ を正規化したものを $\boldsymbol{p}_2$ とおくと，$\boldsymbol{p}_2 = \dfrac{1}{\|\boldsymbol{q}_2\|}\boldsymbol{q}_2 = \dfrac{1}{\sqrt{1^2+(-1)^2}}\begin{pmatrix} 1 \\ -1 \end{pmatrix} = \dfrac{1}{\sqrt{2}}\begin{pmatrix} 1 \\ -1 \end{pmatrix}$ である．このとき，$\{\boldsymbol{p}_2\}$ は $W(1)$ の正規直交基底である．よって，$P = (\,\boldsymbol{p}_1\ \boldsymbol{p}_2\,) = \dfrac{1}{\sqrt{2}}\begin{pmatrix} 1 & 1 \\ 1 & -1 \end{pmatrix}$ とおくと，$P \in \mathrm{O}(2)$ と

なるので，逆行列 P^{-1} が存在する．さらに，$P^{\mathrm{T}}YP = P^{-1}YP = \begin{pmatrix} 3 & 0 \\ 0 & 1 \end{pmatrix}$ となる．

(5) (4) および式(4.133) より，$AA^{\mathrm{T}} = P\begin{pmatrix} 1 & 0 \\ 0 & 0 \end{pmatrix}P^{\mathrm{T}} = \dfrac{1}{\sqrt{2}}\begin{pmatrix} 1 & 1 \\ 1 & -1 \end{pmatrix}\begin{pmatrix} 1 & 0 \\ 0 & 0 \end{pmatrix} \cdot \dfrac{1}{\sqrt{2}}\begin{pmatrix} 1 & 1 \\ 1 & -1 \end{pmatrix} = \dfrac{1}{2}\begin{pmatrix} 1 & 0 \\ 1 & 0 \end{pmatrix}\begin{pmatrix} 1 & 1 \\ 1 & -1 \end{pmatrix} = \dfrac{1}{2}\begin{pmatrix} 1 & 1 \\ 1 & 1 \end{pmatrix}$ である．さらに，式(4.124) より，$\boldsymbol{b} = \dfrac{1}{3}(E_2 - AA^{\mathrm{T}})\displaystyle\sum_{j=1}^{3}\boldsymbol{x}_j = \dfrac{1}{3}\left(\begin{pmatrix} 1 & 0 \\ 0 & 1 \end{pmatrix} - \dfrac{1}{2}\begin{pmatrix} 1 & 1 \\ 1 & 1 \end{pmatrix}\right)\begin{pmatrix} 3 \\ 6 \end{pmatrix} = \dfrac{1}{2}\begin{pmatrix} 1 & -1 \\ -1 & 1 \end{pmatrix}\begin{pmatrix} 1 \\ 2 \end{pmatrix} = \dfrac{1}{2}\begin{pmatrix} -1 \\ 1 \end{pmatrix}$ である．

問題 4.3 (1) まず，$A^{\mathrm{T}}A = \begin{pmatrix} 2 & 1 \\ 4 & 2 \end{pmatrix}\begin{pmatrix} 2 & 4 \\ 1 & 2 \end{pmatrix} = \begin{pmatrix} 5 & 10 \\ 10 & 20 \end{pmatrix}$ である．よって，$A^{\mathrm{T}}A$ の固有多項式を $\phi(\lambda)$ と表すと，$\phi(\lambda) = |\lambda E_2 - A^{\mathrm{T}}A| = \begin{vmatrix} \lambda - 5 & -10 \\ -10 & \lambda - 20 \end{vmatrix} = (\lambda - 5)(\lambda - 20) - (-10)^2 = \lambda(\lambda - 25)$ である．したがって，固有方程式 $\phi(\lambda) = 0$ を解くと，$A^{\mathrm{T}}A$ の固有値 λ は $\lambda = 25, 0$ である．

(2) まず，固有値 $\lambda = 25$ に対する $A^{\mathrm{T}}A$ の固有空間 $W(25)$ を求める．同次連立 1 次方程式

$$(\lambda E_2 - A^{\mathrm{T}}A)\boldsymbol{x} = \boldsymbol{0} \tag{a}$$

において $\lambda = 25$ を代入し，

$$\boldsymbol{x} = \begin{pmatrix} x_1 \\ x_2 \end{pmatrix} \tag{b}$$

とすると，$\begin{pmatrix} 20 & -10 \\ -10 & 5 \end{pmatrix}\begin{pmatrix} x_1 \\ x_2 \end{pmatrix} = \begin{pmatrix} 0 \\ 0 \end{pmatrix}$ である．よって，解は $c \in \mathbf{R}$ を任意の定数として，$x_1 = c$，$x_2 = 2c$ である．したがって，$\boldsymbol{x} = \begin{pmatrix} x_1 \\ x_2 \end{pmatrix} = \begin{pmatrix} c \\ 2c \end{pmatrix} = c\begin{pmatrix} 1 \\ 2 \end{pmatrix}$ と表されるので，

$$W(25) = \left\{ c\begin{pmatrix} 1 \\ 2 \end{pmatrix} \middle| \, c \in \mathbf{R} \right\} \tag{c}$$

である．次に，固有値 $\lambda = 0$ に対する $A^{\mathrm{T}}A$ の固有空間 $W(0)$ を求める．同次連立 1 次方程式(a)において $\lambda = 0$ を代入し，$\boldsymbol{x}$ を式(b)のように表しておくと，$\begin{pmatrix} -5 & -10 \\ -10 & -20 \end{pmatrix}\begin{pmatrix} x_1 \\ x_2 \end{pmatrix} = \begin{pmatrix} 0 \\ 0 \end{pmatrix}$ である．よって，解は $c \in \mathbf{R}$ を任意の定数として，$x_1 = 2c$，$x_2 = -c$ である．したがって，$\boldsymbol{x} = \begin{pmatrix} x_1 \\ x_2 \end{pmatrix} = \begin{pmatrix} 2c \\ -c \end{pmatrix} = c\begin{pmatrix} 2 \\ -1 \end{pmatrix}$ と表されるので，

$$W(0) = \left\{ c\begin{pmatrix} 2 \\ -1 \end{pmatrix} \middle| \, c \in \mathbf{R} \right\} \tag{d}$$

である．

(3) まず，$W(25)$ の正規直交基底を求める．$\boldsymbol{q}'_1 \in \mathbf{R}^2$ を $\boldsymbol{q}'_1 = \begin{pmatrix} 1 \\ 2 \end{pmatrix}$ により定める．このとき，$\boldsymbol{q}'_1$ は 1 次独立であり，式(c)より，$\{\boldsymbol{q}'_1\}$ は $W(25)$ の基底である．さらに，$\boldsymbol{q}'_1$ を正規化したものを $\boldsymbol{q}_1$ とおくと，$\boldsymbol{q}_1 = \dfrac{1}{\|\boldsymbol{q}'_1\|}\boldsymbol{q}'_1 = \dfrac{1}{\sqrt{1^2+2^2}}\begin{pmatrix} 1 \\ 2 \end{pmatrix} = \dfrac{1}{\sqrt{5}}\begin{pmatrix} 1 \\ 2 \end{pmatrix}$ である．このとき，$\{\boldsymbol{q}_1\}$ は $W(25)$ の正規直交基底である．次に，$W(0)$ の正規直交基底を求める．$\boldsymbol{q}'_2 \in \mathbf{R}^2$ を $\boldsymbol{q}'_2 = \begin{pmatrix} 2 \\ -1 \end{pmatrix}$ により定める．このとき，$\boldsymbol{q}'_2$ は 1 次独立であり，式(d)より，$\{\boldsymbol{q}'_2\}$ は $W(0)$ の基底である．さらに，$\boldsymbol{q}'_2$ を正規化したものを $\boldsymbol{q}_2$ とおくと，$\boldsymbol{q}_2 = \dfrac{1}{\|\boldsymbol{q}'_2\|}\boldsymbol{q}'_2 = \dfrac{1}{\sqrt{2^2+(-1)^2}}\begin{pmatrix} 2 \\ -1 \end{pmatrix} = \dfrac{1}{\sqrt{5}}\begin{pmatrix} 2 \\ -1 \end{pmatrix}$ である．このとき，$\{\boldsymbol{q}_2\}$ は $W(0)$ の正規直交基底である．よって，$Q = (\,\boldsymbol{q}_1\ \boldsymbol{q}_2\,) = \dfrac{1}{\sqrt{5}}\begin{pmatrix} 1 & 2 \\ 2 & -1 \end{pmatrix}$ とおくと，$Q \in \mathrm{O}(2)$ となるので，逆行列 Q^{-1} が存在する．さらに，$Q^{-1}A^{\mathrm{T}}AQ = \begin{pmatrix} 25 & 0 \\ 0 & 0 \end{pmatrix}$ となり，$A^{\mathrm{T}}A$ は Q によって対角化される．

(4) 式(4.29)より，$\boldsymbol{p}_1 \in \mathbf{R}^2$ を $\boldsymbol{p}_1 = \dfrac{1}{5}\begin{pmatrix} 2 & 4 \\ 1 & 2 \end{pmatrix} \cdot \dfrac{1}{\sqrt{5}}\begin{pmatrix} 1 \\ 2 \end{pmatrix} = \dfrac{1}{\sqrt{5}}\begin{pmatrix} 2 \\ 1 \end{pmatrix}$ により定めると，$\|\boldsymbol{p}_1\| = 1$ である．さらに，$\boldsymbol{p}_2 \in \mathbf{R}^2$ を $\boldsymbol{p}_2 = \dfrac{1}{\sqrt{5}}\begin{pmatrix} 1 \\ -2 \end{pmatrix}$ により定めると，$\{\boldsymbol{p}_1, \boldsymbol{p}_2\}$ は $\mathbf{R}^2$ の正規直交基底となる➲例 2.13．よって，$P = (\,\boldsymbol{p}_1\ \boldsymbol{p}_2\,) = \dfrac{1}{\sqrt{5}}\begin{pmatrix} 2 & 1 \\ 1 & -2 \end{pmatrix}$ とおくと，$P \in \mathrm{O}(2)$ である．さらに，$A = P\begin{pmatrix} 5 & 0 \\ 0 & 0 \end{pmatrix}Q^{\mathrm{T}}$ となり，A の特異値分解が得られる．とくに，A の特異値は 5, 0 である．

(5) 式(4.146)および(4)より，A のムーア－ペンローズ一般逆行列は $A^{+} = Q\begin{pmatrix} \frac{1}{5} & 0 \\ 0 & 0 \end{pmatrix}P^{\mathrm{T}} = \dfrac{1}{\sqrt{5}}\begin{pmatrix} 1 & 2 \\ 2 & -1 \end{pmatrix}\begin{pmatrix} \frac{1}{5} & 0 \\ 0 & 0 \end{pmatrix} \cdot \dfrac{1}{\sqrt{5}}\begin{pmatrix} 2 & 1 \\ 1 & -2 \end{pmatrix}^{\mathrm{T}} = \dfrac{1}{5}\begin{pmatrix} \frac{1}{5} & 0 \\ \frac{2}{5} & 0 \end{pmatrix}\begin{pmatrix} 2 & 1 \\ 1 & -2 \end{pmatrix} = \dfrac{1}{25}\begin{pmatrix} 2 & 1 \\ 4 & 2 \end{pmatrix}$ である．

問題 4.4　(1) まず，$A^{\mathrm{T}}A = \begin{pmatrix} 3 & 1 \\ 6 & 2 \end{pmatrix}\begin{pmatrix} 3 & 6 \\ 1 & 2 \end{pmatrix} = \begin{pmatrix} 10 & 20 \\ 20 & 40 \end{pmatrix}$ である．よって，$A^{\mathrm{T}}A$ の固有多項式を $\phi(\lambda)$ と表すと，$\phi(\lambda) = |\lambda E_2 - A^{\mathrm{T}}A| = \begin{vmatrix} \lambda - 10 & -20 \\ -20 & \lambda - 40 \end{vmatrix} = (\lambda - 10)(\lambda - 40) - (-20)^2 = \lambda(\lambda - 50)$ である．したがって，固有方程式 $\phi(\lambda) = 0$ を解くと，$A^{\mathrm{T}}A$ の固有値 λ は $\lambda = 50, 0$ である．

(2) まず，固有値 $\lambda = 50$ に対する $A^{\mathrm{T}}A$ の固有空間 $W(50)$ を求める．同次連立 1 次方程式

$$(\lambda E_2 - A^{\mathrm{T}}A)\boldsymbol{x} = \boldsymbol{0} \tag{a}$$

において $\lambda = 50$ を代入し，

$$\boldsymbol{x} = \begin{pmatrix} x_1 \\ x_2 \end{pmatrix} \tag{b}$$

とすると，$\begin{pmatrix} 40 & -20 \\ -20 & 10 \end{pmatrix}\begin{pmatrix} x_1 \\ x_2 \end{pmatrix} = \begin{pmatrix} 0 \\ 0 \end{pmatrix}$ である．よって，解は $c \in \mathbf{R}$ を任意の定数として，$x_1 = c$，$x_2 = 2c$ である．したがって，$\boldsymbol{x} = \begin{pmatrix} x_1 \\ x_2 \end{pmatrix} = \begin{pmatrix} c \\ 2c \end{pmatrix} = c\begin{pmatrix} 1 \\ 2 \end{pmatrix}$ と表されるので，

$$W(50) = \left\{ c\begin{pmatrix} 1 \\ 2 \end{pmatrix} \,\middle|\, c \in \mathbf{R} \right\} \tag{c}$$

である．次に，固有値 $\lambda = 0$ に対する $A^{\mathrm{T}}A$ の固有空間 $W(0)$ を求める．同次連立 1 次方程式(a)において $\lambda = 0$ を代入し，$\boldsymbol{x}$ を式(b)のように表しておくと，$\begin{pmatrix} -10 & -20 \\ -20 & -40 \end{pmatrix}\begin{pmatrix} x_1 \\ x_2 \end{pmatrix} = \begin{pmatrix} 0 \\ 0 \end{pmatrix}$ である．よって，解は $c \in \mathbf{R}$ を任意の定数として，$x_1 = 2c$，$x_2 = -c$ である．したがって，$\boldsymbol{x} = \begin{pmatrix} x_1 \\ x_2 \end{pmatrix} = \begin{pmatrix} 2c \\ -c \end{pmatrix} = c\begin{pmatrix} 2 \\ -1 \end{pmatrix}$ と表されるので，

$$W(0) = \left\{ c\begin{pmatrix} 2 \\ -1 \end{pmatrix} \,\middle|\, c \in \mathbf{R} \right\} \tag{d}$$

である．

(3) まず，$W(50)$ の正規直交基底を求める．$\boldsymbol{q}_1' \in \mathbf{R}^2$ を $\boldsymbol{q}_1' = \begin{pmatrix} 1 \\ 2 \end{pmatrix}$ により定める．このとき，$\boldsymbol{q}_1'$ は 1 次独立であり，式(c)より，$\{\boldsymbol{q}_1'\}$ は $W(50)$ の基底である．さらに，$\boldsymbol{q}_1'$ を正規化したものを $\boldsymbol{q}_1$ とおくと，$\boldsymbol{q}_1 = \dfrac{1}{\|\boldsymbol{q}_1'\|}\boldsymbol{q}_1' = \dfrac{1}{\sqrt{1^2+2^2}}\begin{pmatrix} 1 \\ 2 \end{pmatrix} = \dfrac{1}{\sqrt{5}}\begin{pmatrix} 1 \\ 2 \end{pmatrix}$ である．このとき，$\{\boldsymbol{q}_1\}$ は $W(50)$ の正規直交基底である．次に，$W(0)$ の正規直交基底を求める．$\boldsymbol{q}_2' \in \mathbf{R}^2$ を $\boldsymbol{q}_2' = \begin{pmatrix} 2 \\ -1 \end{pmatrix}$ により定める．このとき，$\boldsymbol{q}_2'$ は 1 次独立であり，式(d)より，$\{\boldsymbol{q}_2'\}$ は $W(0)$ の基底である．さらに，$\boldsymbol{q}_2'$ を正規化したものを $\boldsymbol{q}_2$ とおくと，$\boldsymbol{q}_2 = \dfrac{1}{\|\boldsymbol{q}_2'\|}\boldsymbol{q}_2' = \dfrac{1}{\sqrt{2^2+(-1)^2}}\begin{pmatrix} 2 \\ -1 \end{pmatrix} = \dfrac{1}{\sqrt{5}}\begin{pmatrix} 2 \\ -1 \end{pmatrix}$ である．このとき，$\{\boldsymbol{q}_2\}$ は $W(0)$ の正規直交基底である．よって，$Q = (\,\boldsymbol{q}_1\ \boldsymbol{q}_2\,) = \dfrac{1}{\sqrt{5}}\begin{pmatrix} 1 & 2 \\ 2 & -1 \end{pmatrix}$ とおくと，$Q \in \mathrm{O}(2)$ となるので，逆行列 Q^{-1} が存在する．さらに，$Q^{-1}A^{\mathrm{T}}AQ = \begin{pmatrix} 50 & 0 \\ 0 & 0 \end{pmatrix}$ となり，$A^{\mathrm{T}}A$ は Q によって対角化される．

(4) 式(4.29)より，$\boldsymbol{p}_1 \in \mathbf{R}^2$ を $\boldsymbol{p}_1 = \dfrac{1}{5\sqrt{2}}\begin{pmatrix} 3 & 6 \\ 1 & 2 \end{pmatrix} \cdot \dfrac{1}{\sqrt{5}}\begin{pmatrix} 1 \\ 2 \end{pmatrix} = \dfrac{1}{\sqrt{10}}\begin{pmatrix} 3 \\ 1 \end{pmatrix}$ により定めると，$\|\boldsymbol{p}_1\| = 1$ である．さらに，$\boldsymbol{p}_2 \in \mathbf{R}^2$ を $\boldsymbol{p}_2 = \dfrac{1}{\sqrt{10}}\begin{pmatrix} 1 \\ -3 \end{pmatrix}$ により定めると，$\{\boldsymbol{p}_1, \boldsymbol{p}_2\}$

は $\mathbf{R}^2$ の正規直交基底となる➲例 2.13．よって，$P = (\,\boldsymbol{p}_1\ \boldsymbol{p}_2\,) = \dfrac{1}{\sqrt{10}}\begin{pmatrix} 3 & 1 \\ 1 & -3 \end{pmatrix}$ とおくと，$P \in \mathrm{O}(2)$ である．さらに，$A = P\begin{pmatrix} 5\sqrt{2} & 0 \\ 0 & 0 \end{pmatrix}Q^{\mathrm{T}}$ となり，A の特異値分解が得られる．とくに，A の特異値は $5\sqrt{2}, 0$ である．

(5) 式(4.146)および(4)より，A のムーア－ペンローズ一般逆行列は $A^+ = Q\begin{pmatrix} \frac{1}{5\sqrt{2}} & 0 \\ 0 & 0 \end{pmatrix}P^{\mathrm{T}} = \dfrac{1}{\sqrt{5}}\begin{pmatrix} 1 & 2 \\ 2 & -1 \end{pmatrix}\begin{pmatrix} \frac{1}{5\sqrt{2}} & 0 \\ 0 & 0 \end{pmatrix} \cdot \dfrac{1}{\sqrt{10}}\begin{pmatrix} 3 & 1 \\ 1 & -3 \end{pmatrix}^{\mathrm{T}}$
$= \dfrac{1}{5\sqrt{2}}\begin{pmatrix} \frac{1}{5\sqrt{2}} & 0 \\ \frac{2}{5\sqrt{2}} & 0 \end{pmatrix}\begin{pmatrix} 3 & 1 \\ 1 & -3 \end{pmatrix} = \dfrac{1}{50}\begin{pmatrix} 3 & 1 \\ 6 & 2 \end{pmatrix}$ である．

問題 4.5　(1) 定理 4.11 より，(a) $AA^+A = A$，(b) $A^+AA^+ = A^+$，(c) $AA^+ \in \mathrm{Sym}(m)$，(d) $A^+A \in \mathrm{Sym}(n)$ である．よって，(b)，(a)，(d)，(c)より，A^+ に対して，A はそれぞれ定理 4.11 の条件(1)～(4)をみたす．したがって，(1)がなりたつ．

(2) (a)，(b)より，$A^{\mathrm{T}}(A^+)^{\mathrm{T}}A^{\mathrm{T}} = A^{\mathrm{T}}$，$(A^+)^{\mathrm{T}}A^{\mathrm{T}}(A^+)^{\mathrm{T}} = (A^+)^{\mathrm{T}}$ となる．また，(d)より，$(A^{\mathrm{T}}(A^+)^{\mathrm{T}})^{\mathrm{T}} = A^+A = (A^+A)^{\mathrm{T}} = A^{\mathrm{T}}(A^+)^{\mathrm{T}}$ となる．すなわち，$A^{\mathrm{T}}(A^+)^{\mathrm{T}} \in \mathrm{Sym}(n)$ である．同様に，(c)より，$(A^+)^{\mathrm{T}}A^{\mathrm{T}} \in \mathrm{Sym}(m)$ となる．よって，A^{T} に対して，$(A^+)^{\mathrm{T}}$ は定理 4.11 の条件(1)～(4)をみたす．したがって，(2)がなりたつ．

(3) (a)，(b)，$P \in \mathrm{O}(m)$，$Q \in \mathrm{O}(n)$ より，$(PAQ)(Q^{\mathrm{T}}A^+P^{\mathrm{T}})(PAQ) = PAQ$，$(Q^{\mathrm{T}}A^+P^{\mathrm{T}})(PAQ)(Q^{\mathrm{T}}A^+P^{\mathrm{T}}) = Q^{\mathrm{T}}A^+P^{\mathrm{T}}$ である．また，(c)より，
$((PAQ)(Q^{\mathrm{T}}A^+P^{\mathrm{T}}))^{\mathrm{T}} = (PAA^+P^{\mathrm{T}})^{\mathrm{T}} = P(AA^+)^{\mathrm{T}}P^{\mathrm{T}} = PAA^+P^{\mathrm{T}} = (PAQ)(Q^{\mathrm{T}}A^+P^{\mathrm{T}})$ となる．すなわち，$(PAQ)(Q^{\mathrm{T}}A^+P^{\mathrm{T}}) \in \mathrm{Sym}(m)$ である．同様に，(d)より，$(Q^{\mathrm{T}}A^+P^{\mathrm{T}})(PAQ) \in \mathrm{Sym}(n)$ となる．よって，PAQ に対して，$Q^{\mathrm{T}}A^+P^{\mathrm{T}}$ は定理 4.11 の条件(1)～(4)をみたす．したがって，(3)がなりたつ．

(4) (2)，(d)，(a)より，$(AA^{\mathrm{T}})((A^{\mathrm{T}})^+A^+)(AA^{\mathrm{T}}) = AA^{\mathrm{T}}(A^+)^{\mathrm{T}}A^+AA^{\mathrm{T}} = A(A^+A)^{\mathrm{T}}A^+AA^{\mathrm{T}} = AA^+AA^+AA^{\mathrm{T}} = AA^+AA^{\mathrm{T}} = AA^{\mathrm{T}}$ となる．また，(2)，(d)，(b)より，$((A^{\mathrm{T}})^+A^+)(AA^{\mathrm{T}})((A^{\mathrm{T}})^+A^+) = (A^{\mathrm{T}})^+A^+AA^{\mathrm{T}}(A^+)^{\mathrm{T}}A^+ = (A^{\mathrm{T}})^+A^+A(A^+A)^{\mathrm{T}}A^+ = (A^{\mathrm{T}})^+A^+AA^+AA^+ = (A^{\mathrm{T}})^+A^+AA^+ = (A^{\mathrm{T}})^+A^+$ となる．さらに，(2)，(d)，(a)より，$(AA^{\mathrm{T}})((A^{\mathrm{T}})^+A^+) = AA^{\mathrm{T}}(A^+)^{\mathrm{T}}A^+ = A(A^+A)^{\mathrm{T}}A^+ = AA^+AA^+ = AA^+$ となる．よって，(c)より，$(AA^{\mathrm{T}})((A^{\mathrm{T}})^+A^+) \in \mathrm{Sym}(m)$ である．同様に，$((A^{\mathrm{T}})^+A^+)(AA^{\mathrm{T}}) \in \mathrm{Sym}(n)$ である．したがって，AA^{T} に対して，$(A^{\mathrm{T}})^+A^+$ は定理 4.11 の条件(1)～(4)をみたす．以上より，(4)がなりたつ．

(5) (2)，(c)，(a)より，$(A^{\mathrm{T}}A)(A^+(A^{\mathrm{T}})^+)(A^{\mathrm{T}}A) = A^{\mathrm{T}}AA^+(A^+)^{\mathrm{T}}A^{\mathrm{T}}A = A^{\mathrm{T}}AA^+(AA^+)^{\mathrm{T}}A = A^{\mathrm{T}}AA^+AA^+A = A^{\mathrm{T}}AA^+A = A^{\mathrm{T}}A$ となる．また，(2)，(c)，(b)より，$(A^+(A^{\mathrm{T}})^+)(A^{\mathrm{T}}A)(A^+(A^{\mathrm{T}})^+) = A^+(A^+)^{\mathrm{T}}A^{\mathrm{T}}AA^+(A^{\mathrm{T}})^+ = A^+(AA^+)^{\mathrm{T}}AA^+(A^{\mathrm{T}})^+ = A^+AA^+AA^+(A^{\mathrm{T}})^+ = A^+AA^+(A^{\mathrm{T}})^+ = A^+(A^{\mathrm{T}})^+$ となる．さらに，(2)，(c)，(a)，(d)より，$(A^{\mathrm{T}}A)(A^+(A^{\mathrm{T}})^+) = A^{\mathrm{T}}AA^+(A^+)^{\mathrm{T}} =$

$A^{\mathrm{T}}(AA^+)^{\mathrm{T}}(A^+)^{\mathrm{T}} = (AA^+A)^{\mathrm{T}}(A^+)^{\mathrm{T}} = A^{\mathrm{T}}(A^+)^{\mathrm{T}} = (A^+A)^{\mathrm{T}} = A^+A$ となる．よって，(d)より，$(A^{\mathrm{T}}A)(A^+(A^{\mathrm{T}})^+) \in \mathrm{Sym}(n)$ である．同様に，$(A^+(A^{\mathrm{T}})^+)(A^{\mathrm{T}}A) \in \mathrm{Sym}(m)$ である．したがって，$A^{\mathrm{T}}A$ に対して，$A^+(A^{\mathrm{T}})^+$ は定理 4.11 の条件(1)〜(4)をみたす．以上より，(5)がなりたつ．

問題 4.6 (1) まず，$X \in M_{l,m}(\mathbf{R})$ を式(4.231)の解とする．また，A^-, B^- はそれぞれ A, B の一般逆行列なので，

$$AA^-A = A, \quad BB^-B = B \tag{a}$$

である．よって，$A(A^-CB^-)B = AA^-(AXB)B^-B = (AA^-A)X(BB^-B) = AXB = C$ となる．したがって，A^-CB^- も式(4.231)の解である．

(2) まず，$Y \in M_{l,m}(\mathbf{R})$ とすると，(1)，式(a)より，$A(A^-CB^- + Y - A^-AYBB^-)B = A(A^-CB^-)B + AYB - A(A^-AYBB^-)B = C + AYB - AYB = C$ となる．よって，$A^-CB^- + Y - A^-AYBB^-$ は式(4.231)の解である．次に，$X \in M_{l,m}(\mathbf{R})$ を式(4.231)の解とすると，$A^-CB^- + X - A^-AXBB^- = A^-CB^- + X - A^-CB^- = X$ となる．したがって，式(4.231)の解は式(4.232)のように表される．

参考文献

[1] 新井康平,『独習応用線形代数 基礎から一般逆行列の理工学的応用まで』, 近代科学社, 2006 年.

[2] 新井仁之,『線形代数 基礎と応用』, 日本評論社, 2006 年.

[3] 池辺八州彦・池辺淑子・浅井信吉・宮崎佳典,『現代線形代数—分解定理を中心として—』, 共立出版, 2009 年.

[4] 伊理正夫,『線形代数汎論』, 朝倉書店, 2009 年.

[5] 金谷健一,『線形代数セミナー 射影, 特異値分解, 一般逆行列』, 共立出版, 2018 年.

[6] 金子晃,『線形代数講義』, サイエンス社, 2004 年.

[7] 神谷紀生・北栄輔,『計算による線形代数』, 共立出版, 1999 年.

[8] 齋藤正彦,『線型代数演習』, 東京大学出版会, 1985 年.

[9] 佐藤一宏,『線形代数を基礎とする応用数理入門 最適化理論・システム制御理論を中心に』, サイエンス社, 2023 年.

[10] 杉原正顕・室田一雄,『線形計算の数理』(岩波オンデマンドブックス), 岩波書店, 2016 年.

[11] G. ストラング,『線形代数とその応用』, 産業図書, 1978 年.

[12] 高松瑞代,『応用がみえる線形代数』, 岩波書店, 2020 年.

[13] 日本計算工学会編,『固有値計算と特異値計算』, 丸善出版, 2019 年.

[14] 藤岡敦,『手を動かしてまなぶ 線形代数』, 裳華房, 2015 年.

[15] 藤岡敦,『手を動かしてまなぶ 続・線形代数』, 裳華房, 2021 年.

[16] 藤岡敦,『幾何学入門教室 線形代数から丁寧に学ぶ』, 共立出版, 2024 年.

[17] 溝畑潔・多久和英樹・浦部治一郎・渡部拓也,『線形代数学』, 学術図書出版社, 2018 年.

[18] 宮岡悦良・眞田克典,『応用線形代数』, 共立出版, 2007 年.

[19] 室田一雄・杉原正顕,『線形代数 II』, 丸善出版, 2013 年.

[20] 室田一雄・杉原正顕,『線形代数 I』, 丸善出版, 2015 年.

[21] 柳井晴夫・竹内啓,『射影行列・一般逆行列・特異値分解』(新装版), 東京大学出版会, 2018 年.

[22] 山本哲朗,『行列解析の基礎 Advanced 線形代数』, サイエンス社, 2010 年.

[23] 山本哲朗,『行列解析ノート 珠玉の定理と精選問題』, サイエンス社, 2013 年.

索引

あ 行

か 行

さ 行

た 行

な 行

は 行

ま 行

や 行

ら 行

わ 行

著者略歴
藤岡敦（ふじおか・あつし）
関西大学システム理工学部教授，博士（数理科学）．
1967 年愛知県生まれ．東京大学理学部卒業，東京大学大学院数理科学研究科博士課程修了．金沢大学助手・講師，一橋大学大学院経済学研究科助教授・准教授を経て現職．専門は微分幾何学．
主な著書に，『手を動かしてまなぶ 線形代数』『具体例から学ぶ 多様体』『手を動かしてまなぶ 微分積分』『手を動かしてまなぶ 集合と位相』『手を動かしてまなぶ 続・線形代数』『手を動かしてまなぶ ε-δ 論法』『手を動かしてまなぶ 曲線と曲面』（以上，裳華房），『入門 情報幾何』『学んで解いて身につける 大学数学入門教室』『幾何学入門教室』（以上，共立出版）がある．

これからの線形代数
3 重対角化，特異値分解，一般逆行列

2024 年 12 月 19 日　第 1 版第 1 刷発行
2025 年 2 月 17 日　第 1 版第 2 刷発行

著者　藤岡敦

編集担当　大野裕司（森北出版）
編集責任　藤原祐介（森北出版）
組版　プレイン
印刷　丸井工文社
製本　同

発行者　森北博巳
発行所　森北出版株式会社
〒102-0071　東京都千代田区富士見 1-4-11
03-3265-8342（営業・宣伝マネジメント部）
https://www.morikita.co.jp/

ISBN978-4-627-07921-2

MEMO

MEMO